"十二五"职业教育国家规划教材
经全国职业教育教材审定委员会审定

高等职业教育
工程造价专业系列教材

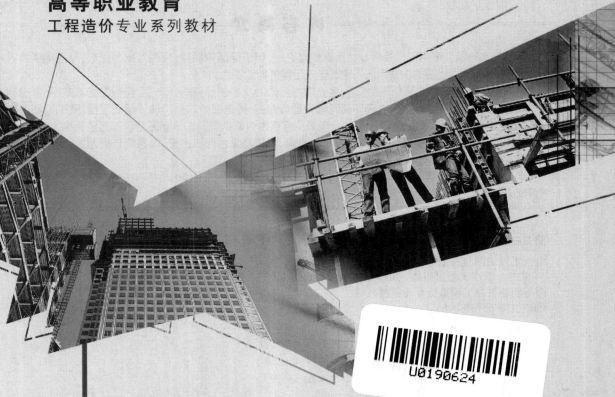

DIANQI GONGCHENG SHITU
YU SHIGONG GONGYI

电气工程识图与施工工艺 （第5版）

主　编　赵宏家
副主编　侯志伟　魏　明　倪秋鸿

重庆大学出版社

内容简介

　　本书是高等职业教育工程造价专业系列教材之一，以贯彻国家标准、规范为指导思想，从应用实践入手，介绍建筑电气工程图的识读方法与建筑电气工程的施工工艺。

　　本书重点强调了工程图的识读练习，全书的内容分为 3 个部分：建筑电气工程识图基本知识，考虑到有的专业没有开设电工学课程，补充了交流电的基本知识；强电部分内容讲述了配线工程、照明与动力工程、变配电工程、建筑防雷接地工程，并结合电气工程实例讲解系统图和平面图的识读方法与施工工艺；弱电部分内容，讲述了火灾报警与消防联动系统，通信、安防及综合布线系统，以系统分析为主，通过部分电气工程实例讲解系统图和平面图的识读方法。

　　本书适用于高等职业教育建筑类、电气类相关专业的教学用书，也可作为职业培训教材及安装工程技术管理人员的参考用书。

图书在版编目(CIP)数据

电气工程识图与施工工艺／赵宏家主编. -- 5 版
. -- 重庆：重庆大学出版社，2017.8(2021.7 重印)
高等职业教育工程造价专业系列教材
ISBN 978-7-5689-0784-2

Ⅰ.①电… Ⅱ.①赵… Ⅲ.①建筑工程—电气设备—电路图—识别—高等职业教育—教材②建筑工程—电气设备—工程施工—高等职业教育—教材 Ⅳ.①TU85

中国版本图书馆 CIP 数据核字(2017)第 199808 号

高等职业教育工程造价专业系列教材
电气工程识图与施工工艺
(第 5 版)
主　编　赵宏家
副主编　侯志伟　魏　明　倪秋鸿
责任编辑：林青山　李文杰　　版式设计：林青山
责任校对：刘雯娜　　　　　　责任印制：赵　晟
*
重庆大学出版社出版发行
出版人：饶帮华
社址：重庆市沙坪坝区大学城西路 21 号
邮编：401331
电话：(023)88617190　88617185(中小学)
传真：(023)88617186　88617166
网址：http://www.cqup.com.cn
邮箱：fxk@cqup.com.cn(营销中心)
全国新华书店经销
重庆升光电力印务有限公司印刷
*
开本：787mm×1092mm　1/16　印张：20.25　字数：486千　插页：8开1页
2017 年 8 月第 5 版　　2021 年 7 月第 25 次印刷
印数：131 001—134 000
ISBN 978-7-5689-0784-2　定价：49.00 元

特别鸣谢（排名不分先后）

天津理工大学经济管理学院
重庆市建设工程造价管理总站
重庆大学
重庆交通大学应用技术学院
重庆工程职业技术学院
平顶山工学院
徐州建筑职业技术学院
番禺职业技术学院
青海建筑职业技术学院
浙江万里学院
济南工程职业技术学院
湖北水利水电职业技术学院
洛阳大学
邢台职业技术学院
鲁东大学
成都大学
四川交通职业技术学院
湖南交通职业技术学院
青海交通职业技术学院
河北交通职业技术学院
江西交通职业技术学院
新疆交通职业技术学院
甘肃交通职业技术学院
山西交通职业技术学院
云南交通职业技术学院
重庆市建筑材料协会
重庆市交通大学管理学院
重庆市建设工程造价管理协会
重庆市泰莱建设工程造价事务所
江津市建设委员会

序

　　《高等职业教育工程造价专业系列教材》于 1992 年由重庆大学出版社正式出版发行,并分别于 2002 年和 2006 年对该系列教材进行修订和扩充,教材品种数也从 12 种增加至 36 种。该系列教材自问世以来,受到全国各有关院校师生及工程技术人员的欢迎,产生了一定的社会反响。编委会就广大读者对该系列教材出版的支持、认可与厚爱,在此表示衷心的感谢。

　　随着我国社会经济的蓬勃发展,建筑业管理体制改革的不断深化,工程技术和管理模式的更新与进步,以及我国工程造价计价模式和高等职业教育人才培养模式的变化等,这些变革必然对该专业系列教材的体系构成和教学内容提出更高的要求。另外,近年来我国对建筑行业的一些规范和标准进行了修订,如《建设工程工程量清单计价规范》(GB 50500—2008)等。为适应我国"高等职业教育工程造价专业"人才培养的需要,并以系列教材建设促进其专业发展,重庆大学出版社通过全面的信息跟踪和调查研究,在广泛征求有关院校师生和同行专家意见的基础上,决定重新改版、扩充以及修订《高等职业教育工程造价专业系列教材》。

　　本系列教材的编写是根据国家教育部制定颁发的《高职高专教育专业人才培养目标及规格》和《工程造价专业教育标准和培养方案》,以社会对工程造价专业人员的知识、能力及素质需求为目标,以国家注册造价工程师考试的内容为依据,以最新颁布的国家和行业规范、标准、法规为标准而编写的。本系列教材针对高等职业教育的特点,基础理论的讲授以应用为目的,以必需、够用为度,突出技术应用能力的培养,反映国内外工程造价专业发展的最新动态,体现我国当前工程造价管理体制改革的精神和主要内容,完全能够满足培养德、智、体全面发展的,掌握本专业基础理论、基本知识和基本技能,获得造价工程师初步训练,具有良好综合素质和独立工作能力,会编制一般土建、安装、装饰、工程造价,初步具有进行工程造价管理和过程控制能力的高等技术应用型人才。

由于现代教育技术在教学中的应用和教学模式的不断变革,教材作为学生学习功能的唯一性正在淡化,而学习资料的多元性也正在加强。因此,为适应高等职业教育"弹性教学"的需要,满足各院校根据建筑企业需求,灵活调整及设置专业培养方向。我们采用了专业"共用课程模块+专业课程模块"的教材体系设置,给各院校提供了发挥个性和设置专业方向的空间。

本系列教材的体系结构如下:

共用课程模块	建筑安装模块	道路桥梁模块
建设工程法规	建筑工程材料	道路工程概论
工程造价信息管理	建筑结构基础	道路工程材料
工程成本与控制	建设工程监理	公路工程经济
工程成本会计学	建筑工程技术经济	公路工程监理概论
工程测量	建设工程项目管理	公路工程施工组织设计
工程造价专业英语	建筑识图与房屋构造	道路工程制图与识图
	建筑识图与房屋构造习题集	道路工程制图与识图习题集
	建筑工程施工工艺	公路工程施工与计量
	电气工程识图与施工工艺	桥隧施工工艺与计量
	管道工程识图与施工工艺	公路工程造价编制与案例
	建筑工程造价	公路工程招投标与合同管理
	安装工程造价	公路工程造价管理
	安装工程造价编制指导	公路工程施工放样
	装饰工程造价	
	建设工程招投标与合同管理	
	建筑工程造价管理	
	建筑工程造价实训	

注:①本系列教材赠送电子教案。
②希望各院校和企业教师、专家参与本系列教材的建设,并请毛遂自荐担任后续教材的主编或参编,联系 E-mail:linqs@ cqup.com.cn。

本次系列教材的重新编写出版,对每门课程的内容都作了较大增加和删改,品种也增至 36 种,拓宽了该专业的适应面和培养方向,给各有关院校的专业设置提供了更多的空间。这说明,该系列教材是完全适应工程造价相关专业教学需要的一套好教材,并在此推荐给有关院校和广大读者。

编委会
2012 年 4 月

前言

（第5版）

《电气工程识图与施工工艺》是工程造价专业系列教材之一，本书从2003年10月出版以来，得到了广大同行的厚爱，有的同行还将其补充制作的PPT挂在筑龙网上进行交流，为本书的广泛使用增添了色彩。

本书是在第4版的基础上进行修订和编写的，以贯彻国家标准、规范为指导思想，从应用实践入手，介绍建筑电气工程图的识读方法与建筑电气工程的施工工艺，重点是加强了工程图的识读练习。根据许多院校使用本教材的经验和建议，结合目前最新的职业教育教学改革成果和工程造价专业教育发展的需要，广泛征求有关专家的意见和建议后进行了修订和补充编写，重点对纯理论性的内容做了删减，强化了实践性内容。

在本版编写中，力求做到内容精练，通俗易通，体系完整，以实用性理论知识为基础、实训操作为主导，把理论知识与实践技能有机地、紧密地结合起来。根据本课程的教学特点，书中配有大量的插图和大体量建筑的电气工程图案例，为拓宽知识面提供了实例范本。同时，为了方便教学，本次修订配套制作了教学PPT、课后习题参考答案等多媒体资源，供教师免费下载（网址：http://www.cqup.com.cn/edusrc/）。

本书是以案例教学方式进行编写的，贯彻以工程造价专业需要的"看懂图，能立项，会计量"为主线的原则。"看懂图"就是了解常见的强、弱电工程的系统组成和工作原理。能看懂电气工程图中各种不同的电器图形符号代表什么电器设备、图中文字标注的含义、用什么方式敷设导线、使用什么型号和规格的导线、需要配几根线等。"能立项"就是根据电气工程施工规范和定额中的项目名称，结合工程图讲解其施工工艺。"会计量"就是根据案例提供的系统图、平面布置图等进行自然量的统计（各种灯具、开关、插座等电器设备的套数）和物理量（各种配管、导线、扁钢、圆钢等电气施工用材料的长度）的计算。

物理量的计算是本书讲解的难点，也是重点，特别是配管配线，不同的施工方法、不同的路径，其配管和配线的长度是不同的，本书只能以常见的方式进行介绍，但由于篇幅所限，只能在案例中局部体现，很难以一概全，请同行理解并在教学中进行补充和比较优缺点。

本书由重庆大学（现受聘于重庆艺术工程职业学院）赵宏家任主编，侯志伟、魏明及倪秋鸿（中建第三工程局高工）任副主编。其中：第 1 章由王明昌、刘铁、彭雁英修订编写，第 2 章由倪秋鸿、肖燕、唐琰年修订编写，第 3 章由赵宏家、伍俊、张宝平修订编写，第 4 章由魏明、肖燕、刘军生修订编写，第 5 章由王延川、施毛弟、徐静修订编写，第 6 章由侯志伟、李文杰修订编写，第 7 章及附录、试题题型等由赵宏家、伍俊、胡琴编写。赵宏家负责组织编写及全书统稿工作。

本书在编写修订过程中，特别邀请重庆工业设备安装集团刘漫舟（高工、造价师）、重庆建工集团三建张与莉（高工、造价师）、重庆建工集团九建徐忠安（高工）、河北建工集团樊惠颜（高工、造价师）、中建第一工程局华北公司张大文（高工）、中建第八工程局天津公司马洪明（高工）、贵阳宏益房地产有限公司刘铁（高工）等具有丰富实践经验的工程师审阅了书稿，并提出了很多宝贵的修改意见和提供编写资料，在此表示衷心的感谢。

本书在编写修订过程中，编者查阅参考了大量公开或内部发行的技术书刊和资料，借用了其中的部分图表和内容，在此向原作者致以衷心的感谢，也特别感谢中国建筑设计研究院教授级高工孙成群老师授权本书编者使用其主编的《建筑工程设计编制深度实例范本》著作中的部分工程图。

在本书编写修订过程中得到了重庆艺术工程职业学院科研处教材建设基金的资助，以及重庆大学继续教育学院、重庆艺术工程职业学院等相关院系领导及同行们的大力支持，特别是本系列教材编委会组织了相关专家通审全文，并提出了极好的修改意见，在此向他们表示真诚的感谢。

建筑电气工程各领域发展迅速，学科综合性越来越强，虽然编者在编写时力求做到内容全面，通俗易懂，但由于自身专业水平有限，书中难免存在缺漏和不当之处，敬请各位同行、专家和广大读者批评指正。主编 QQ 邮箱：2867470164@ qq.com。

主编　赵宏家

2017 年 6 月

前言

　　《电气工程识图与施工工艺》是工程造价专业系列教材之一,本书以贯彻国家标准、规范为指导思想,从应用实践入手,介绍建筑电气工程图的识读方法与建筑电气工程的施工工艺。

　　建筑电气工程包括强电(建筑电气)和弱电(智能建筑)。强电主要是指电能的分配和使用,其特点是电压高、电流大、频率低,主要考虑的问题是节能、安全。其分配与控制用的导线截面与电气装置的占空性大,规模也比较大,是建筑物中最基本和最常见的工程,因此其重点是平面图的识读。弱电主要指信息的传送与控制,其特点是电压低、电流小、频率高,主要考虑的问题是信息传送的效果。弱电系统的前端设备多是高、新技术产品,发展速度比较快,更新换代也比较快,需要的专业知识面也非常宽,但其配线工程和信息终端接口相对比较简单,施工工艺与强电也基本相同,重点是系统介绍和系统图的识读。

　　本书是在第一版的基础上进行修改的,重点是加强了工程图的识读练习。内容可以分为 3 个部分,其一是建筑电气工程识图基本知识,考虑到有的专业没有开设电工学课程,本书补充了交流电的基本知识。其二是强电部分,主要内容有:配线工程、照明与动力工程、变配电工程和建筑防雷接地工程,并结合电气工程实例讲解系统图和平面图的识读方法与施工工艺。其三是弱电部分,主要内容有:火灾报警与消防联动系统,通信、安防及综合布线系统。以系统分析为主,通过部分电气工程实例讲解系统图和平面图的识读方法。

　　本书适用于电气类、建筑类本、专科及高职等相关专业的教学用书,也可作为职业培训教材及安装工程技术管理人员的参考用书。

本书由重庆大学赵宏家任主编,侯志伟、魏明及倪秋鸿(中建第三工程局高工)任副主编。其中,第1章及附录由赵宏家、施毛第编写,第2章由倪秋鸿、唐琰年编写,第3章由赵宏家、魏明、张宝平编写,第4章由倪秋鸿编写,第5章由刘军生、徐静、赵宏家编写,第6章由侯志伟、徐静编写,第7章由侯志伟、倪秋鸿编写。赵宏家负责组织编写及全书整体统稿工作。

本书在编写过程中,编者查阅参考了大量公开或内部发行的技术书刊和资料,借用了其中大量的图表及内容,在此向原作者致以衷心的感谢。也特别感谢中国建筑设计研究院教授级高工孙成群老师授权本书编者使用其主编的《建筑工程设计编制深度实例范本·建筑电气》著作中的部分工程图。在编写过程中得到重庆大学教材建设基金资助,以及重庆大学电气工程学院、继续教育学院等相关院、系领导及同志们的大力支持,特别是本系列教材编委会组织了相关专家通审全文,并提出了极好的意见,在此向他们表示真诚的感谢。

建筑电气工程各领域发展迅速,学科综合性越来越强,虽然编者在编写时力求做到内容全面、通俗易懂,但限于自身专业水平,书中难免存在缺漏和不当之处,敬请各位同行、专家和广大读者批评指正。

编　者
2006 年 3 月

目录

1 建筑电气工程识图基本知识

〖**本章导读**〗
- **基本要求**　了解单相交流电的特点、交流电的相量分析法、三相交流电源的星形连接、三相交流电源的相电压和线电压关系、低压配电系统的防触电形式、接地装置和等电位联结；熟悉三相负载平衡和三相负载不平衡时中性线电流的大小、电气图的特点、电气工程图的种类、低压配电系统的接地形式；掌握照明工程图导线数量分析方法。
- **重点**　三相负载平衡和三相负载不平衡时中性线的电流大小；电气图的特点、电气工程图的种类；照明工程图导线数量分析方法。
- **难点**　交流电的相量分析法、三相负载平衡和三相负载不平衡时中性线的电流大小、照明工程图导线数量分析方法。

　　建筑电气工程的主要功能是输送和分配电能、应用电能和传递信息，为人们提供舒适、便利、安全的建筑环境。电能的应用主要是交流电（工频强电），信息传递主要是高频弱电或直流电。本章主要介绍交流电的基本知识、建筑电气工程图的特点和低压配电系统的接地及安全。

1.1　交流电的基本知识

　　由于三相交流电在生产、输送和应用等方面有很多优点，因此交流电力系统都是采用三相三线制供电，三相四线制配电或三相五线制（增加一条接地保护线）配电。所谓三相四线制就是 3 条相线（火线）1 条零线的供电体制。3 条相线具有频率相同、幅值相等、相位互差 120° 的正弦交流电压，称为三相对称电压。而单相交流电就是三相交流电路中的一相，因此三相交流电路可视为 3 个特殊的单相电路组合。

· **1.1.1　单相交流电** ·

1）交流电的概念

　　大小和方向随时间做周期性变化的电压或电流统称为交流电。以交流电的形式产生电能或供给电能的设备称为交流电源，用交流电源供电的电路称为交流电路。

　　交流发电机发出的交流电一般都按正弦规律变化。如果将一个负载（电热器 R）接到这种电源上，通过负载的电流 i 也将按正弦规律变化。以横坐标表示时间 t，以纵坐标表示流过负载的电流 i 的大小和方向，那么这个正弦交变电流随时间变化的规律，就可以形象地用一条

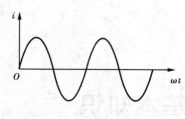

图 1.1　正弦交变电流

正弦曲线表示出来,如图 1.1 所示。

与图 1.1 所对应的正弦交变电流 i,可以用如下的数学式表达:

$$i = I_m \sin \omega t \qquad (1.1)$$

交流电和直流电是有明显区别的。交流电的大小和方向总是随时间变化的,交流电源并无正负极之分,交变电流一会儿从电源上端流出,一会儿从电源上端流入,电路中电流的方向总是不停地变化。而直流电则总是由电源的正极流出,流入电源的负极,电流的方向始终不变,而且电流的大小也总是保持着稳定的数值。

2)正弦交流电的特征量

式(1.1)如果用电动势表示,即:

$$e = E_m \sin (\omega t + \varphi) \qquad (1.2)$$

可以作出正弦交变电动势 e 的波形如图 1.2 所示。可见正弦电动势 e 的特征可由最大值 E_m、角频率 ω 和初相角 φ 这 3 个参数进行确定。因此称这 3 个参数为正弦量的特征量,亦称为正弦量的三要素。

(1)周期与频率

周期和频率都是表征交流电变化快慢的。正弦量变化一个循环的时间称为周期,用 T 表示,它的单位是秒(s)。周期越短,表明交流电变化越快。

交流电 1 s 变化的次数(或周期数)称为交流电的频率,用 f 表示,单位是赫[兹](Hz)。我国发电厂发出的交流电的频率均为 50 Hz,这一频率为我国工业用电的标准频率,简称工频。由定义可知,频率与周期互为倒数,即:

$$f = 1/T \quad 或 \quad T = 1/f \qquad (1.3)$$

交流电变化的快慢除了用周期和频率表示外,还可以用角频率 ω 表示,它在数值上等于正弦交流电每秒所经历的电角度(弧度数)。因为正弦交流电每一周期 T 时间内经历了 2π 弧度的电角度(见图 1.2),所以角频率为:

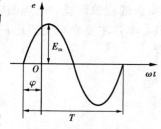

图 1.2　正弦电动势的波形

$$\omega = 2\pi f = 2\pi/T \qquad (1.4)$$

(2)相位和初相位

式(1.2)中的 $(\omega t + \varphi)$ 反映了正弦量变化的进程,称为相位角,简称相位。φ 是当 $t = 0$ 时的相位角,即:

$$\varphi = (\omega t + \varphi)\,|_{t=0}$$

故称 φ 为初相角或初相位,简称初相,它的单位是弧度(rad)或度(°)。初相位的绝对值一般规定用小于或等于 180°(π)的角表示,即 $|\varphi| \leqslant 180°$。

(3)同频率正弦量的相位差

为了比较同频率的正弦量的相位关系,引入相位差的概念。顾名思义,相位差就是两个同频率正弦量的相位之差,用 Ψ 表示。

例如:有两个同频率的正弦电流

$$i_1 = I_{1m}\sin(\omega t + \varphi_1)$$
$$i_2 = I_{2m}\sin(\omega t + \varphi_2)$$

由上述定义,得两电流的相位差为:

$$\Psi = (\omega t + \varphi_1) - (\omega t + \varphi_2) = \varphi_1 - \varphi_2 \qquad (1.5)$$

上式表明,两个同频率正弦量的相位差就等于它们的初相位之差。

当两个同频率的正弦量的相位差 $\Psi = 0$ 时,即 $\varphi_1 = \varphi_2$ 时,如图 1.3(a) 所示,i_1 与 i_2 同时达到零值(或最大值),称它们同相;当 $\Psi > 0$ 时,即 $\varphi_1 > \varphi_2$ 时,如图 1.3(b) 所示,i_1 先于 i_2 达到零值(或最大值),称 i_1 超前 i_2 一个 Ψ 角,也可以称 i_2 滞后 i_1 一个 Ψ 角;当 $\Psi = \pm\pi$ 时,如图 1.3(c) 所示,i_1 若达到正的最大值,i_2 与此同时达到负的最大值,就称这两个正弦量反相。

必须注意,超前、滞后是相对的。例如在 1.3(b) 中,i_1 超前 i_2 一个 Ψ 角,也可以说 i_1 滞后 i_2 一个 $(2\pi-\Psi)$ 角。为了避免混乱,规定 $|\Psi| \leqslant \pi$。

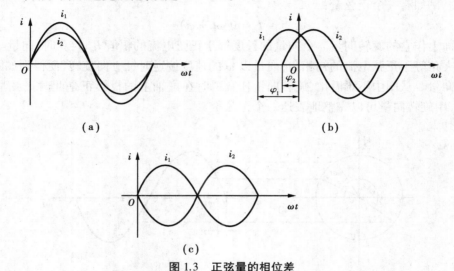

图 1.3 正弦量的相位差

3)正弦交流电的有效值

由于正弦量随时间瞬息变化,不便用它来计量交流电的大小,因而工程中常用有效值表示正弦量的大小。

何为交流电的有效值呢? 在物理学里已经知道,若把一交变电流 i 和一直流电流 I 分别通过两个等值的电阻 R,如果在相同的时间内它们产生的热量相等,则此直流电流值就叫作该交流电流的有效值。因此,交变电流的有效值实际上就是在热效应方面同它相当的直流电流值。按照规定,有效值都用大写字母表示,和表示直流的字母一样,例如 I,U 及 E 分别表示交流电流、交流电压及交流电动势的有效值。

对于给定的交流电来说,其有效值为一常数,且交流电的最大值越大,其有效值也越大。由实验与计算的结果证明,正弦交流电流的有效值与其最大值之间存在一个简单的关系,即:

$$I = \frac{1}{\sqrt{2}}I_m = 0.707\ I_m \qquad (1.6)$$

同理,正弦交流电压的有效值为 $\qquad U = \frac{1}{\sqrt{2}}U_m = 0.707\ U_m \qquad (1.7)$

这说明,正弦交流电的有效值等于其最大值的 $1/\sqrt{2}$ 倍或 0.707 倍。

工程计算与实际应用中所说的交流电压和电流的大小,都是指它的有效值。电机、电器等的额定电压、额定电流都是用有效值来表示的。例如,说一个灯泡的额定电压是 220 V,某台电动机的额定电流是 10 A,都是指其有效值,一般的电流表和电压表的刻度(读数)也是根据有效值来定的。

4)相量的概念与正弦量的相量表示法

正弦量可以用三角函数表示,也可以用波形图表示。但是,利用三角函数表达式进行正弦量计算是非常繁琐的。我们知道,由两个实数决定的物理量可以用向量或复数表示,如力、速度等,因此正弦量也可以用向量或复数表示而进行计算。

与三角函数表达式和波形图一样,利用复平面上的旋转向量可以完整地体现正弦量的 3 个特征量。例如有一个正弦量:

$$i = I_m \sin(\omega t + \varphi)$$

今在复平面上作它的旋转向量。令向量的长度等于正弦电流的幅值 I_m;$t = 0$ 时,向量与横轴正向之间的夹角等于正弦电流的初相角;向量以 ω 的速度按逆时针方向旋转,便得到如图 1.4 所示的旋转向量。从图中不难看出,旋转向量任意瞬时在虚轴上的投影正是此时正弦量的瞬时值。可见,用旋转向量可以完整地表达一个正弦量。

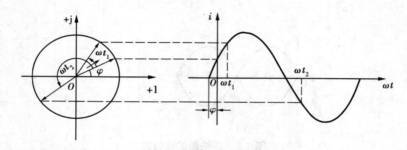

图 1.4　旋转向量与正弦量的关系

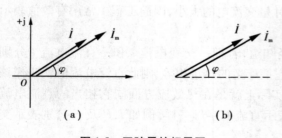

（a）　　　　　　　　（b）

图 1.5　正弦量的相量图

前面已经提及,我们主要关心正弦量的幅值(或有效值)和初相两个特征量。因此向量可不必旋转,只需在复平面上画出表示 $t = 0$ 时正弦量的幅值(或有效值)和初相的向量,如图 1.5(a)所示。为使图面清晰,复平面的实轴与虚轴亦可省去,如图 1.5(b)所示。为了表示与空间向量(如力、速度等)有别,把正弦量在复平面上的向量图称为相量图,把表示随时间按正弦规律变化的正弦量向量称为相量,把用相量表示正弦量的幅值(或有效值)和初相的方法叫正弦量的相量表示法。并且对正弦电压、电流的幅值相量用 $\dot{U}_m, \dot{I}_m$ 表示,有效值相量用 $\dot{U}, \dot{I}$ 表示。例如:

$$u = U_m \sin(\omega t + \varphi)$$

其幅值相量的复数表达式为:

$$\dot{U}_m = U_m \angle \varphi_u = U_m(\cos \varphi_u + j \sin \varphi_u) \tag{1.8}$$

有效值相量的复数表达式为：

$$\dot{U} = U \angle \varphi_u = U(\cos \varphi_u + j \sin \varphi_u) \tag{1.9}$$

综上所述,正弦量的相量表示法有 2 种形式:相量图和相量式(复数式)。

· *1.1.2 单一参数的交流电路* ·

由于交流电路中的电压、电流的大小和方向随时间做周期性的变化,因而交流电路的分析计算比直流电路复杂。例如,在直流电路中,由于直流电的大小和方向不随时间而变化,对电感线圈不会产生自感电动势而影响其中的电流的大小,故相当于短接;对于电容,在电路稳定后则相当于把直流电路断开(即隔直)。在交流电路中,电感和电容对交流电流起着不可忽略的阻碍作用。因此,首先分析电阻、电感、电容 3 个单一参数对交流电路的影响,再分析多参数的电路就容易多了。

1)纯电阻电路

白炽灯、碘钨灯、电阻炉等负载,它们的电感与电阻相比是极小的,可忽略不计。因此这类负载所组成的交流电路,实际上就可以认为是纯电阻电路,如图 1.6(a)所示。图中箭头所指电压、电流的方向为参考方向。

(1)电压与电流的关系

设加在电阻 R 两端的电压为：

$$u = U_m \sin \omega t \tag{1.10}$$

根据欧姆定律,通过电阻的电流瞬时值为：

$$i = \frac{u}{R} = \frac{U_m}{R} \sin \omega t \tag{1.11}$$

由此可见

$$\dot{I}_m = \frac{\dot{U}_m}{R} \quad 或 \quad \dot{I} = \frac{\dot{U}}{R} \tag{1.12}$$

$$\varphi = \varphi_u - \varphi_i = 0$$

比较式(1.10)和式(1.11)可知,在正弦电压的作用下,电阻中通过的电流也按正弦规律变化,且电流与电压同相位。它们的相量图和波形图见图 1.6(b)和(c)。

若用相量表示上述关系更为简洁,即：

$$\dot{I}_m = \frac{\dot{U}_m}{R} \quad 或 \quad \dot{I} = \frac{\dot{U}}{R} \tag{1.13}$$

上式称为电阻元件伏安关系的相量形式,它同时给出了电压与电流的数量关系和相位关系。

(2)电阻上的功率

①瞬时功率:

在电阻上任意瞬间所消耗的功率称为瞬时功率,它等于此时电压瞬时值和电流瞬时值的乘积,即：

$$p_R = ui = U_m \sin \omega t \cdot I_m \sin \omega t = U_m I_m \sin^2 \omega t$$

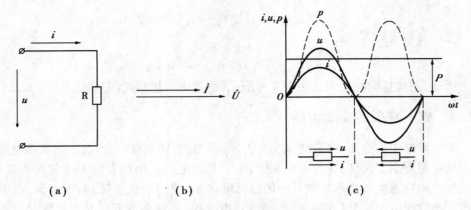

（a）   （b）   （c）

图 1.6 纯电阻电路及其相量图和波形图

$$= \frac{U_{\mathrm{m}}I_{\mathrm{m}}}{2}(1 - \cos 2\omega t) = UI(1 - \cos 2\omega t)$$

$$= UI + UI\sin\left(2\omega t - \frac{\pi}{2}\right) \tag{1.14}$$

上式表明,电阻的瞬时功率由两部分组成:恒定部分 UI 和时间 t 的正弦函数部分。由于正弦值不大于 1,所以 p_R 永远不为负值。这说明电阻在任一时刻总是消耗电能的。这一点从图 1.6(b)中虚线所示功率的波形上也可以看出,其任一瞬时的波形总是正值。瞬时功率的波形可由式(1.14)画出:先画一条与横轴平行且距离为 IU 的直线,然后以这条直线为新的横坐标轴,画出正弦波形。它的振幅为 UI,角频率为 2ω,初相为 $-\frac{\pi}{2}$。

②平均功率(也称有功功率):

瞬时功率的实用价值不大,在工程计算和测量中常用平均功率。顾名思义,平均功率即在一个周期内瞬时功率的平均值,用 P_R 表示。

$$P_R = \frac{1}{T}\int_0^T p_R \mathrm{d}t = \frac{1}{T}\int_0^T UI(1 - \cos 2\omega t)\mathrm{d}t = UI \tag{1.15}$$

由于 $U = IR$,所以电阻上的平均功率还可以表示为:

$$P_R = I^2 R = \frac{U^2}{R} \tag{1.16}$$

由此得出结论:纯电阻电路消耗的有功功率等于其电压和电流有效值的乘积。它和直流电路的功率计算公式在形式上完全一样。有功功率的单位为瓦(W)或千瓦(kW)。

2)纯电感电路

在交流电路中的电感线圈,如果其上的电阻可以忽略,则可把它看作一个纯电感电路。如日光灯镇流器、变压器线圈等,在忽略其电阻时,就是一个纯电感,电路如图 1.7(a)所示。

(1)电压与电流的关系

设通过线圈的电流为:

$$i = I_{\mathrm{m}}\sin \omega t \tag{1.17}$$

由电磁感应定律可得:

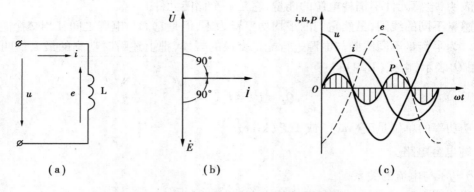

图 1.7　纯电感电路及其相量图和波形图

$$u = -e = L\frac{\mathrm{d}i}{\mathrm{d}t} = L\frac{\mathrm{d}(I_\mathrm{m}\sin \omega t)}{\mathrm{d}t}$$

$$= \omega L I_\mathrm{m}\cos \omega t = \omega L I_\mathrm{m}\sin\left(\omega t + \frac{\pi}{2}\right) \tag{1.18}$$

由此可见：

$$U_\mathrm{m} = \omega L I_\mathrm{m}\text{或}\quad U = \omega L I \tag{1.19}$$

$$\varphi = \varphi_u - \varphi_i = \frac{\pi}{2}$$

比较式(1.17)和式(1.18)可知,纯电感电路中电流与电压是同频率的正弦量,电压超前电流 π/2 电角。电压和电流的相量图和波形图如图 1.7(b)、(c)所示。

上述关系用相量表示为：

$$\dot{U}_\mathrm{m} = \mathrm{j}\omega L\dot{I}_\mathrm{m}\quad\text{或}\quad \dot{U} = \mathrm{j}\omega L\dot{I} \tag{1.20}$$

上式给出了电感电压与电流的数量关系及相位关系,还可以写成如下形式：

$$\dot{I} = \frac{\dot{U}}{\mathrm{j}\omega L} = \frac{\dot{U}}{\mathrm{j}X_L} \tag{1.21}$$

式中 $X_L = \omega L = 2\pi Lf$ 称为电感阻抗(简称感抗),它的单位是欧[姆](Ω)。在电感 L 一定时,感抗与频率成正比,即当 $f = 0$(直流)时,$X_L = 0$,此时如前所述,电感元件相当于短路;当 $f \to \infty$,$X_L \to \infty$,近乎开路,这就是说电感具有高频扼流作用。

(2)电感线圈的功率

根据瞬时功率的定义得：

$$p_L = iu = I_\mathrm{m}\sin \omega t \cdot U_\mathrm{m}\cos \omega t = UI\sin 2\omega t \tag{1.22}$$

上式表明,电感的瞬时功率 p_L 是一个按正弦变化的周期函数,它的频率是电压和电流频率的 2 倍,波形如图 1.7(c)阴影部分所示。由波形可知,在第一和第三个 1/4 周期内,由于 u 和 i 都是正值(或都是负值),所以 p_L 为正值,这表明此时线圈向电源吸取能量,并将此能量转变为磁能储存在线圈中;第二和第四个 1/4 周期内,u 和 i 方向相反,p_L 为负值,表明此时线圈将储存的磁能又转变为电能送回电源。可见,电感元件在正弦交流电路中,时而取能,时而放能,且取与放的能量相等,故它在一个周期内的平均功率等于零,即：

$$P_L = \frac{1}{T}\int_0^T p_L\mathrm{d}t = \frac{1}{T}\int_0^T UI\sin 2\omega t\mathrm{d}t = 0 \tag{1.23}$$

这表明,电感元件不消耗电源的能量,它是一个储能元件。

电感量不同的线圈,虽然它们的平均功率皆为零,但是它们与电源之间互相交换能量的数值不同。为了衡量不同线圈与电源进行能量交换的规模,把上述瞬时功率的最大值叫作无功功率,用 Q_L 表示,由式(1.22)得:

$$Q_L = UI = I^2 X_L = \frac{U^2}{X_L} \tag{1.24}$$

无功功率的单位是乏(var)*或千乏(kvar)。

3)纯电容电路

(1)电压与电流的关系

电路如图 1.8(a)所示。当电容 C 接入电压时:

$$u = U_m \sin \omega t \tag{1.25}$$

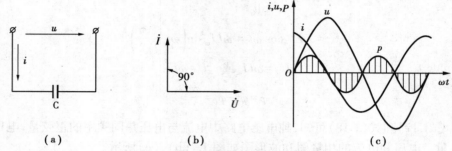

图 1.8　纯电容电路及其相量图和波形图

就导致电容器反复不断地充电、放电,因而电路中就不断地有电流通过。电流的大小为:

$$i = C \frac{du}{dt} = C \frac{d(U_m \sin \omega t)}{dt} = \omega C U_m \cos \omega t$$

$$= \omega C U_m \sin(\omega t + \frac{\pi}{2}) \tag{1.26}$$

因此有　$I_m = \omega C U_m$ 或 $I = \omega C U$

$$\varphi = \varphi_u - \varphi_i = -\frac{\pi}{2} \tag{1.27}$$

比较式(1.25)和式(1.26)可知,纯电容电路中电压与电流是同频率的正弦量,电压滞后电流 π/2 电角。相量图和波形图如图 1.8(b)和(c)所示。

电容器上电压和电流用相量表示为:

$$\dot{I} = j\omega C \dot{U} = \frac{\dot{U}}{-j\frac{1}{\omega C}} = \frac{\dot{U}}{-jX_C} \tag{1.28}$$

式中 $X_C = 1/\omega C = 1/2\pi f C$ 为电容阻抗,简称容抗,它的单位仍为欧[姆]。当 C 一定时,X_C 与电源的频率 f 成反比。当 $f = 0$(直流)时,$X_C \to \infty$,电容器相当于开路,即电容具有隔直流作用;

---

* IEC 采用乏(var)作为无功功率的单位名称和符号,但国际计量大会未通过 var 为 SI 单位,对无功功率的单位名称和符号采用伏安(V·A)。

当频率 f 增高，容抗随之减小，$f \to \infty$ 时，$X_C \to 0$，此时电容器相当于短路，即 X_C 对高频电流无阻碍作用。这就是常说的电容器具有通交流隔直流的特性。

（2）电容上的功率

由瞬时功率的定义得：

$$p_C = ui = U_{\mathrm{m}} \sin \omega t \cdot I_{\mathrm{m}} \cos \omega t = UI \sin 2\omega t \tag{1.29}$$

可见，纯电容电路的瞬时功率也是以 UI 为幅值，以 2ω 为角频率随时间按正弦规律变化，其波形如图 1.8（c）阴影部分所示。由波形可知，在第一和第三个 1/4 周期内，电压 u 和电流 i 方向相同，所以 p_C 为正值。这表明此时电源对电容器进行充电，电容从电源吸取能量，并以电场的形式储存在电容器中；在第二和第四个 1/4 周期内，电压 u 和电流 i 方向相反，p_C 为负值。这表明此时电容器处于放电状态，即把储存的能量释放出来，送还电源。可见，在正弦交流电路中，电容器与电源总是不断地进行等量的能量交换，故它在一个周期内的平均功率仍然为零，即：

$$P_C = \frac{1}{T} \int_0^T p_C \mathrm{d}t = \frac{1}{T} \int_0^T UI \sin 2\omega t \mathrm{d}t = 0 \tag{1.30}$$

可见，纯电容与纯电感一样，不消耗电源的能量，它也是一个储能元件。

为了描述电容器与电源之间能量交换的规模，也相应地引入了无功功率的概念，它的定义是：

$$Q_C = UI = I^2 X_C = \frac{U^2}{X_C} \tag{1.31}$$

无功功率 Q_C 的单位与电感的 Q_L 相同。

【例 1.1】 在图 1.9（a）中，已知 $u = 220\sqrt{2} \sin 314ts^{-1}$ * V，$R = 50\ \Omega$，$L = 159.24\ \mathrm{mH}$，$C = 64\ \mu\mathrm{F}$，试求①各支路的电流 i_R、i_L 和 i_C，并作相量图；②各元件的功率 P、Q_L 和 Q_C。

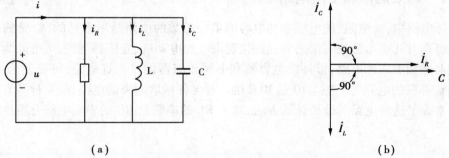

（a）　　　　　　　　　　　　　　　　　（b）

图 1.9　例 1.1 的电路图和相量图

解：　①求各支路电流。由已知条件可得，感抗和容抗复数形式分别为：

$$\mathrm{j}X_L = \mathrm{j}\omega L = \mathrm{j}314 \times 159.24 \times 10^{-3}\ \Omega$$

$$= 50 \angle 90°\ \Omega$$

$$-\mathrm{j}X_C = -\mathrm{j}\frac{1}{\omega C} = -\mathrm{j}\frac{1}{314 \times 64 \times 10^{-6}}\ \Omega$$

* 原式为 $\sin \omega t$，经换算：一个周期 T 的电角为 2π，故角频率 $\omega = \dfrac{2\pi}{T} = 2\pi f$；而在我国电制中 $f = 50\ \mathrm{Hz} = 50\ \mathrm{s}^{-1}$，故 $\sin \omega t = \sin 2\pi ft = \sin 314t\ \mathrm{s}^{-1}$。

$$= 50 \angle -90° \ \Omega$$

由已知条件,$\dot{U} = 220 \angle 0°$ V,根据各元件伏安关系的相量形式可求得:

$$\dot{I}_R = \frac{\dot{U}}{R} = \frac{220 \angle 0°}{50} \ A = 4.4 \ A$$

$$\dot{I}_L = \frac{\dot{U}}{jX_L} = \frac{220 \angle 0°}{50 \angle 90°} \ A = 4.4 \angle -90° \ A$$

$$\dot{I}_C = \frac{\dot{U}}{-jX_C} = \frac{220 \angle 0°}{50 \angle -90°} \ A = 4.4 \angle 90° \ A$$

因此,各电流的瞬时值表达式为:

$$i_R = 4.4\sqrt{2} \ \sin 314t \ s^{-1} \ A$$

$$i_L = 4.4\sqrt{2} \ \sin\left(314t \ s^{-1} - \frac{\pi}{2}\right) \ A$$

$$i_C = 4.4\sqrt{2} \ \sin\left(314t \ s^{-1} + \frac{\pi}{2}\right) \ A$$

电压和电流的相量图如图 1.9(b)所示。

②按题意求各元件上的功率:

$$P = UI_R = 220 \times 4.4 \ W = 968 \ W$$

$$Q_L = I_L^2 X_L 4.4^2 \times 50 \ var = 968 \ var$$

$$Q_C = U^2 / X_C = 220^2 / 50 \ var = 968 \ var$$

· *1.1.3　RLC 的串联交流电路* ·

在实际电路中,纯电阻、纯电感和纯电容的单一参数的电路是不多见的,常见的交流电路往往是同时具有几个参数按一定的方式连接起来。如电动机、变压器绕组,可等效为一个内阻与一个纯电感相串联的电路;带补偿电容器和电感镇流器的日光灯电路,可等效为 R 与 L 的串联再与 C 并联的电路等。图 1.10 是 RLC 的 3 种元件串联起来的电路,是一种具有普遍意义的电路。掌握了这种电路的分析计算方法,对于 RL 的串联和 RC 的串联电路分析计算方法是相同的。

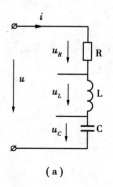

(a)

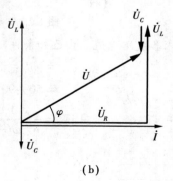

(b)

图 1.10　RLC 串联电路和相量图

1)电压与电流的关系

根据图 1.10 所示电流、电压的参考方向,由 KVL* 得:

$$u = u_R + u_L + u_C \tag{1.32}$$

可以证明其相量形式也具有相同的关系,即:

$$\dot{U} = \dot{U}_R + \dot{U}_L + \dot{U}_C \tag{1.33}$$

又由纯电阻、纯电感和纯电容伏安关系的相量形式,得各元件上的电压为:

$$\dot{U}_R = R\dot{I} \ , \ \dot{U}_L = j\omega L\dot{I} \ , \ \dot{U}_C = -j\frac{1}{\omega C}\dot{I}$$

将以上各式代入式(1.33)得:

$$\dot{U} = R\dot{I} + j\omega L\dot{I} - j\frac{1}{\omega C}\dot{I} = \left[R + j\left(\omega L - \frac{1}{\omega C} \right) \right]\dot{I}$$

$$= [R + j(X_L - X_C)]\dot{I} = (R + jX)\dot{I}$$

$$= Z\dot{I} \tag{1.34}$$

式(1.34)$\dot{U} = Z\dot{I}$ 称为欧姆定律的相量形式。式中:

$$Z = R + j\left(\omega L - \frac{1}{\omega C} \right) = R + j(X_L - X_C) = R + jX$$

$$= \sqrt{R^2 + X^2} \angle \arctan \frac{X}{R} = |Z| \angle \varphi \tag{1.35}$$

式中 Z 称为复阻抗,它的实部是电阻 R,虚部 $X = X_L - X_C$ 称为电抗,$|Z| = \sqrt{R^2 + X^2}$ 称为复阻抗的模或阻抗,$\varphi = \arctan \frac{X}{R}$ 称为辐角或阻抗角。由相量图可知,复阻抗的辐角正是电压与电流的相位差。为了便于记忆,用一直角三角形表示以上各量的关系,如图 1.11(a)所示。该直角三角形称为阻抗三角形。因为电阻、电抗、阻抗都不是正弦交变的电量,所以阻抗三角形不应画成相量。

下面来作电压与电流的相量图。设 $X_L > X_C$,因为串联电路电流相等,所以通常以电流为参考相量,即设 $\dot{I} = I \angle 0$,把它画在水平的位置上。电阻上的电压 $\dot{U}_R$ 与 $\dot{I}$ 同相;$\dot{U}_L$ 超前 $\dot{I}\frac{\pi}{2}$,画在与虚轴正方向相同的方向上;$\dot{U}_C$ 滞后 $\dot{I}\frac{\pi}{2}$,画在与 $\dot{U}_L$ 相反的方向上。然后利用多边形规则,求 $\dot{U}_R$、$\dot{U}_L$ 和 $\dot{U}_C$ 的合成相量 $\dot{U}$,如图 1.11(b)所示。

由式(1.34)可以看出,RLC 串联交流电路的性质与 X_L 和 X_C 的大小有关,下面分 3 种情况讨论:

①当 $X_L > X_C$,则 $\varphi > 0$,总电压超前电流 φ 角,这表明电感起主要作用,我们说电路呈电感性。该电路可等效为 RL 的串联电路。

---

* KVL 为基尔霍夫第二定律,即回路电压定律的简称。该定律表述为:在任意时刻,在任意回路中,各段电路电压的代数和为零。

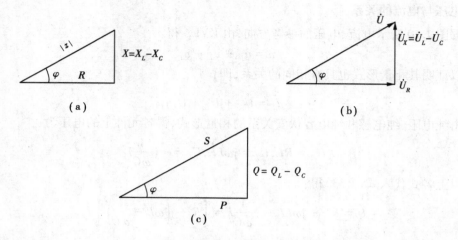

图 1.11　阻抗三角形、电压三角形和功率三角形

②当 $X_L<X_C$，则 $\varphi<0$，总电压滞后电流 φ 角，这表明电容起主要作用，我们说电路呈电容性。该电路可等效为 RC 的串联电路。

③当 $X_L=X_C$ 时，则 $\varphi=0$，总电压与电流同相位，电路呈电阻性，这种现象称为串联谐振。

2）电路的功率

（1）瞬时功率

设 $i=\sqrt{2}I\sin\omega t$，$u=\sqrt{2}U\sin(\omega t+\varphi)$，则瞬时功率：

$$p = ui = 2UI\sin(\omega t + \varphi)\sin\omega t$$
$$= UI[\cos\varphi - \cos(2\omega t + \varphi)] \tag{1.36}$$

上式表明，RLC 串联交流电路的瞬时功率可分为两部分：一是恒定部分 $UI\cos\varphi$，它反映的是电路中电阻所消耗的功率；二是按 2ω 的角频率依正弦规律变化的部分，它反映的是储能元件与电源之间进行能量互换的情况。瞬时功率的波形如图 1.12 所示。

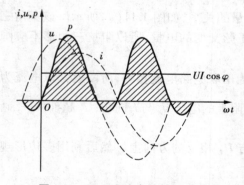

图 1.12　RLC 交流电路的瞬时功率

（2）平均功率

由定义，RLC 串联交流电路的平均功率：

$$P = \frac{1}{T}\int_0^T ui\,\mathrm{d}t = \frac{1}{T}\int_0^T UI[\cos\varphi - \cos(2\omega t + \varphi)]\,\mathrm{d}t$$
$$= UI\cos\varphi = U_R I = I^2 R \tag{1.37}$$

上式 $P=UI\cos\varphi$ 称为平均功率的一般公式，式中 $\cos\varphi$ 是总电压与电流夹角的余弦，叫作电路的功率因数，它的大小是由负载的性质决定的。

（3）无功功率和视在功率

将图 1.11（b）电压三角形各边同乘以 I，便得到 RLC 电路的功率三角形，如图 1.11（c）所示。由图看出，无功功率：

$$Q = Q_L - Q_C = U_L I - U_C I$$
$$= (U_L - U_C)I = UI\sin\varphi \tag{1.38}$$

可见,RLC 交流电路的无功功率是由电感和电容上的无功功率来决定的。

把总电压与电流的乘积称为 RLC 交流电路的视在功率,用 S 表示,即:

$$S = UI \tag{1.39}$$

由图 1.11(c)功率三角形可知,视在功率与有功功率、无功功率的关系为:

$$S = \sqrt{P^2 + Q^2} \tag{1.40}$$

视在功率的单位为伏安(V·A)或千伏安(kV·A)。

由于功率也不是正弦量,所以功率三角形也不应画成相量图。在同一电路中,阻抗三角形、电压三角形及功率三角形是相似的,故电路的功率因数可由下式求得:

$$\cos \varphi = \frac{R}{|Z|} = \frac{U_R}{U} = \frac{P}{S} \tag{1.41}$$

从以上分析可知,在电源电压 U 和负载功率 P 一定的条件下,由 $P = UI \cos \varphi$ 知道,提高功率因数可使供电线路的电流减小,从而也减少了线路上的电压损失和功率损耗,并提高了供电设备的利用率。为了提高功率因数,在实际供配电工程中所采取的措施是:在变配电所内集中安装电容器柜或在车间供电设备旁安装电容器柜。对于应用电感性镇流器的日光灯,也可以并联适当容量的电容器。

提高功率因数并不影响用电设备的正常工作,也不影响负载本身的电压、电流、功率和功率因数,而是改变了线路总电压和总电流之间的相位差,从而提高了供电线路的功率因数。

· *1.1.4　三相交流电路* ·

单相交流电路是三相交流电路中的一相,因此三相交流电路可视为 3 个特殊单相电路的组合。在三相电路对称或不对称有中线时,三相交流电路可化简为单相电路计算。故前述单相交流电路的分析计算方法完全适用于三相交流电路。

1)三相交流电源

(1)三相对称电动势的产生

三相对称电动势是由三相交流发电机产生的。三相交流发电机有 3 个完全相同的定子绕组,3 个绕组的首端 A,B,C(或末端 X,Y,Z)在空间上互差 120°,如图 1.13 所示。其中每一绕组 AX,BY,CZ 称为发电机的一相。转子一般由直流电磁铁构成。当转子绕组中通入直流电而产生固定磁极,极面做成适当形状,以使定子与转子的空气隙的磁感应强度按正弦规律分布。

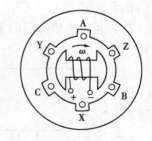

图 1.13　三相发电机原理图

当转子由原动机拖动按顺时针方向,以 ω 速度旋转时,3 个定子绕组被磁力线切割而产生正弦电动势 e_A,e_B,e_C。由于 3 个绕组的结构完全一样、被切割的速度一致、彼此在空间上互差 120°,所以产生的 3 个电动势是幅值相等、频率相同、相位互差 120°的三相对称电动势。

我们规定电动势的参考方向从每相绕组的末端指向首端,如以 A 相电动势为参考相量,则三相电动势的瞬时值表达式为:

$$e_A = E_m \sin \omega t$$

$$e_{\mathrm{B}} = E_{\mathrm{m}}\sin\left(\omega t - \frac{2}{3}\pi\right)$$

$$e_{\mathrm{C}} = E_{\mathrm{m}}\sin\left(\omega t + \frac{2}{3}\pi\right) \tag{1.42}$$

3 个电动势有效值相量表达式为：

$$\dot{E}_{\mathrm{A}} = E\angle 0° = E$$

$$\dot{E}_{\mathrm{B}} = E\angle -120° = E\left(-\frac{1}{2} - \mathrm{j}\frac{\sqrt{3}}{2}\right)$$

$$\dot{E}_{\mathrm{C}} = E\angle 120° = E\left(-\frac{1}{2} + \mathrm{j}\frac{\sqrt{3}}{2}\right) \tag{1.43}$$

它们的波形图和相量图如图 1.14 和图 1.15 所示。

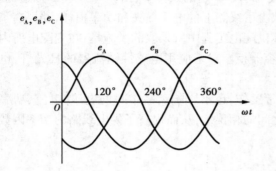

图 1.14　三相电动势波形图　　　　图 1.15　三相电动势相量图

三相交流电按其到达正的（或负的）最大值的先后顺序称为相序。在图 1.13 中,如果转子以顺时针方向旋转,首先是 A 相电动势 e_{A} 达到正的最大值,继而是 B 相,再后是 C 相,这种从 A→B→C 的相序称为顺序;如果转子转向不变,把 B 相绕组与 C 相绕组对调,则相序变成从 A →C→B,称为逆序。

（2）三相发电机绕组的星形（Y 形）连接

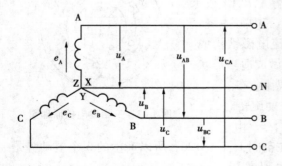

图 1.16　三相发电机绕组的星形连接

三相发电机的每一相绕组都可以看作是一个独立的单相电源分别向负载供电。但是,这种供电方式需用 6 根输电线,既不经济也体现不出三相交流电的优点。因此,发电机的三相定子绕组都是在内部采用星形（Y 形）或三角形（△形）2 种连接方式向外输电。

如图 1.16 所示,将发电机绕组的末端 X,Y,Z 连接在一起,这个连接点 N 称为中性点,自该点引出的导线称为中性线,中性线通常与大地相连,此时又称为零线或地线。从三相绕组的首端 A,B,C 分别引出 3 根导线统称为相线（俗称火线）。这种具有中性线的三相供电方式称为三相四线制,而无中性线引出只有 3 根相线的供电方式称为三相三线制。

三相四线制供电的特点是可以提供给负载两种电压。一种称为相电压,即相（火）线与零线之间的电压,其瞬时值用 u_A,u_B,u_C 表示,参考方向规定由相线指向零线;另一种称为线电压,即相线与相线之间的电压,其瞬时值用 u_{AB},u_{BC},u_{CA} 表示,其参考方向由双下标的先后次序表示。如 u_{AB} 表示 A 指向 B,如图 1.16 所示。由于发电机绕组产生的 3 个相电动势是对称的,因此,3 个相电压也是对称的,即:

$$u_A = \sqrt{2}\,U_A \sin \omega t = \sqrt{2}\,U_P \sin \omega t$$

$$u_B = \sqrt{2}\,U_B \sin\left(\omega t - \frac{2\pi}{3}\right) = \sqrt{2}\,U_P \sin\left(\omega t - \frac{2\pi}{3}\right)$$

$$u_C = \sqrt{2}\,U_C \sin\left(\omega t + \frac{2\pi}{3}\right) = \sqrt{2}\,U_P \sin\left(\omega t + \frac{2\pi}{3}\right) \tag{1.44}$$

式中 U_P 表示每相电压的有效值。

如用相量表示为:

$$\dot{U}_A = U_P \angle 0° = U_P$$

$$\dot{U}_B = U_P \angle -120° = U_P\left(-\frac{1}{2} - j\frac{\sqrt{3}}{2}\right)$$

$$\dot{U}_C = U_P \angle 120° = U_P\left(-\frac{1}{2} + j\frac{\sqrt{3}}{2}\right) \tag{1.45}$$

线电压与相电压之间的关系,在图 1.16 中,由 KVL 可得:

$$\dot{U}_{AB} = \dot{U}_A - \dot{U}_B$$

$$\dot{U}_{BC} = \dot{U}_B - \dot{U}_C$$

$$\dot{U}_{CA} = \dot{U}_C - \dot{U}_A \tag{1.46}$$

将式(1.45)代入上式,得:

$$\dot{U}_{AB} = U_P - U_P\left(-\frac{1}{2} - j\frac{\sqrt{3}}{2}\right) = U_P\left(\frac{3}{2} + j\frac{\sqrt{3}}{2}\right)$$

$$= \sqrt{3}\,U_P\left(\frac{\sqrt{3}}{2} + j\frac{1}{2}\right) = \sqrt{3}\,U_P \angle 30°$$

即

$$\dot{U}_{AB} = \sqrt{3}\,\dot{U}_A \angle 30°$$

$$\dot{U}_{BA} = \sqrt{3}\,\dot{U}_B \angle 30° \tag{1.47}$$

$$\dot{U}_{CA} = \sqrt{3}\,\dot{U}_C \angle 30°$$

上述关系,也可以通过相量图的几何关系得出。作相量图时,根据对称性先做出相电压,再按相量相减的几何作图法,作出各线电压,其相量图如图 1.17 所示。由相量图可得:

$$\frac{U_{AB}}{2} = U_A \cos 30° = \frac{\sqrt{3}}{2} U_A$$

所以

$$U_{AB} = \sqrt{3}\,U_A$$

同理

$$U_{BC} = \sqrt{3}\,U_B$$

$$U_{CA} = \sqrt{3}\,U_C$$

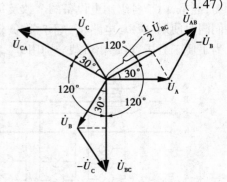

图 1.17 星形连接时线电压
与相电压的相量图

综上所述,星形连接的三相电源,如果相电压对称,则线电压也对称,且线电压的有效值 U_l 是相电压有效值 U_P 的 $\sqrt{3}$ 倍,即:

$$U_l = \sqrt{3}\, U_P \tag{1.48}$$

在相位上,线电压超前对应相电压 $30°$。例如 $\dot{U}_{AB}$ 超前 $\dot{U}_A$ $30°$,$\dot{U}_{BC}$ 超前 $\dot{U}_B$ $30°$,$\dot{U}_{CA}$ 超前 $\dot{U}_C$ $30°$。

在电能的传输过程中,交流发电机发出的电压一般要经过变压器升压,电力线路输送,经变压器降压后再向用电设备供电,电力线路输送普遍采用三相三线制,经变压器降压时,其变压器副边绕组采用星形(Y形)连接的比较多,其优点就是可以同时得到两种不同等级的电压向三相用电设备和单相用电设备供电。三角形(△形)连接方式在用电设备端很少应用,此处不介绍。

2)三相负载的星形连接

三相负载指采用三相交流电源的负载,例如电动机、三相电热炉等。但是对于众多的单相用电设备的组合,往往要求尽量均衡地分配在 3 个端线上,这样对于电源来讲,这些单相设备的组合也称为三相负载。

在三相负载中,如每一相负载的阻抗相等、阻抗角相同,即:

$$|Z_a| = |Z_b| = |Z_c| \qquad \text{和} \qquad \varphi_a = \varphi_b = \varphi_c$$

称为三相对称负载;否则,称为三相不对称负载。

三相负载也必须采用一定的连接方式接入三相电源,才能体现三相电源供电的优越性。三相负载有两种连接方法,即星形连接和三角形连接。确定三相负载接成星形还是三角形,应视负载的额定电压与电源的电压而定,当负载的额定相电压等于电源线电压时,采用三角形连接;当负载的额定相电压等于电源相电压时,采用星形连接。换句话说,无论采用星形还是三角形接法,都必须保证负载所承受的是其额定电压。

下面分析三相负载星形连接中的不对称和对称两种情况下,电路中的电压、电流和功率的计算方法。

(1)三相不对称负载的星形连接

在民用、商业等建筑供电中,用电设备多数为单相用电设备。尽管在设计时使各相负载均衡,但是,由于各组用电设备的个数及每个用电设备的额定功率不完全相等,而且也不能保证它们同时使用,所以,电路是一不对称负载。图 1.18 示出了三相不对称负载星形连接的实际电路。为了便于分析,将每相负载分别用 Z_a,Z_b,Z_c 复阻抗表示,并表示成图 1.19 的一般线路图。

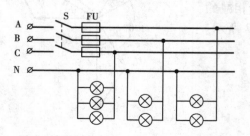

图 1.18　三相不对称负载星形连接的实际电路

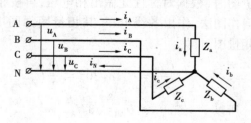

图 1.19　三相不对称负载星形连接

由图 1.19 可知,在各相电压的作用下,便有电流分别通过各相线、负载和中性线。通过各相负载的电流称为相电流,用相量 $\dot{I}_a$,$\dot{I}_b$,$\dot{I}_c$ 表示;通过相线的电流称为线电流,用相量 $\dot{I}_A$,$\dot{I}_B$,$\dot{I}_C$ 表示,通过中性线的电流用相量 $\dot{I}_N$ 表示。显然,在星形连接中,线电流等于相电流,即:

$$\dot{I}_a = \dot{I}_A, \dot{I}_b = \dot{I}_B, \dot{I}_c = \dot{I}_C$$

其有效值一般表示为: $\qquad I_l = I_P \qquad$ (1.49)

式中 I_l 为线电流的有效值;I_P 为与线电流相对应的相电流有效值。

对于三相四线制供电,三相负载作星形连接有中线时,如果忽略线路上的压降,各相负载两端的电压分别等于电源的相电压。由于有中线,各相负载与电源独自构成回路,互不干扰。因此,各相电流、电功率的计算,可按单相电路逐相进行。即:

$$\dot{I}_a = \dot{I}_A = \frac{\dot{U}_A}{Z_a}$$

$$\dot{I}_b = \dot{I}_B = \frac{\dot{U}_B}{Z_b} \qquad (1.50)$$

$$\dot{I}_c = \dot{I}_C = \frac{\dot{U}_C}{Z_c}$$

中性线电流可由 KCL[*] 的相量形式计算:

$$\dot{I}_N = \dot{I}_a + \dot{I}_b + \dot{I}_c \qquad (1.51)$$

一般情况下,中性线电流总是小于线电流,而且各相负载越接近对称,中性线电流就越小。

各相负载的有功功率分别为:

$$P_a = U_a I_a \cos\varphi_a$$
$$P_b = U_b I_b \cos\varphi_b \qquad (1.52)$$
$$P_c = U_c I_c \cos\varphi_c$$

式中 φ_a,φ_b,φ_c 为各相负载的电压与对应电流的相位差。功率因数可由下列公式求得:

$$\cos\varphi_a = \frac{R_a}{|Z_a|}, \ \cos\varphi_b = \frac{R_b}{|Z_b|}, \cos\varphi_c = \frac{R_c}{|Z_c|} \qquad (1.53)$$

而三相总有功功率为:

$$P = P_a + P_b + P_c \qquad (1.54)$$

式(1.54)表明,不对称三相负载做星形连接时,各相功率应分别计算,三相有功总功率等于各相有功功率之和。

各相无功功率和视在功率与单相电路的计算完全相同,这里就不一一列举了。必须注意的是:总的视在功率一般 $S \neq S_a + S_b + S_c$,应为 $S = \sqrt{P^2 + Q^2}$。

【例 1.2】 已知 $Z_a = 8 \ \Omega + j6 \ \Omega$,$Z_b = 10 \ \Omega$,$Z_c = 3 \ \Omega - j4 \ \Omega$ 的三相负载,采用星形连接接于 220/380 V 三相四线制电网中,如图 1.20 所示。求各相电流、线电流、中性线电流及三相负载

---

[*] KCL 为基尔霍夫第一定律,即节点电流定律的简称。该定律表述为:在任一时刻,对任一节点,其流入电流之和等于流出电流之和。

消耗的功率(设 $\dot{U}_{\mathrm{A}} = 220\angle 0°$ V)。

解：
$$Z_{\mathrm{a}} = 8\ \Omega + \mathrm{j}6\ \Omega = 10\angle 36.9°\ \Omega$$
$$Z_{\mathrm{b}} = 10\angle 0°\ \Omega$$
$$Z_{\mathrm{c}} = 3\ \Omega - \mathrm{j}4\ \Omega = 5\angle 53.1°\ \Omega$$

因为设 $\dot{U}_{\mathrm{A}} = 220\angle 0°$ V，所以 $\dot{U}_{\mathrm{B}} = 220\angle -120°$ V，$\dot{U}_{\mathrm{C}} = 220\angle 120°$ V，由式(1.50)得：

$$\dot{I}_{\mathrm{a}} = \dot{I}_{\mathrm{A}} = \frac{\dot{U}_{\mathrm{A}}}{Z_{\mathrm{a}}} = \frac{220\angle 0°\ \mathrm{V}}{10\angle 36.9°\ \Omega} = 22\angle -36.9°\ \mathrm{A}$$

$$\dot{I}_{\mathrm{b}} = \dot{I}_{\mathrm{B}} = \frac{\dot{U}_{\mathrm{B}}}{Z_{\mathrm{b}}} = \frac{220\angle -120°\ \mathrm{V}}{10\angle 0°\ \Omega} = 22\angle -120°\ \mathrm{A}$$

$$\dot{I}_{\mathrm{c}} = \dot{I}_{\mathrm{C}} = \frac{\dot{U}_{\mathrm{C}}}{Z_{\mathrm{c}}} = \frac{220\angle 120°\ \mathrm{V}}{5\angle -53.1°\ \Omega} = 44\angle 173.1°\ \mathrm{A}$$

由 KCL 得中线电流：

$$
\begin{aligned}
\dot{I}_{\mathrm{N}} &= \dot{I}_{\mathrm{a}} + \dot{I}_{\mathrm{b}} + \dot{I}_{\mathrm{c}} = 22\angle -36.9°\ \mathrm{A} + 22\angle -120°\ \mathrm{A} + 44\angle 173°\ \mathrm{A}\\
&= 17.59\ \mathrm{A} - \mathrm{j}13.21\ \mathrm{A} - 11\ \mathrm{A} - \mathrm{j}19.05\ \mathrm{A} - 43.68\ \mathrm{A} + \mathrm{j}5.29\ \mathrm{A}\\
&= -37.09\ \mathrm{A} - \mathrm{j}26.97\ \mathrm{A} = 45.86\angle -144°\ \mathrm{A}
\end{aligned}
$$

中性线电流也可由相量图利用几何关系得到，相量图如图 1.21 所示。

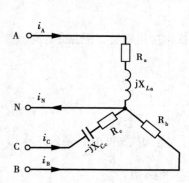

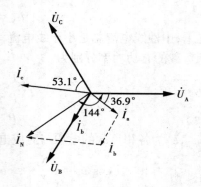

图 1.20　例 1.2 的电路　　　　　　图 1.21　例 1.2 的相量图

由式(1.52)得各相有功功率为：

$$P_{\mathrm{a}} = U_{\mathrm{a}}I_{\mathrm{a}}\cos\varphi_{\mathrm{a}} = 220 \times 22 \times \cos 36.9°\ \mathrm{W} = 3\ 872\ \mathrm{W}$$

$$P_{\mathrm{b}} = U_{\mathrm{b}}I_{\mathrm{b}}\cos\varphi_{\mathrm{b}} = 220 \times 22 \times \cos 0°\ \mathrm{W} = 4\ 840\ \mathrm{W}$$

$$P_{\mathrm{c}} = U_{\mathrm{c}}I_{\mathrm{c}}\cos\varphi_{\mathrm{c}} = 220 \times 44 \times \cos 53.1°\ \mathrm{W} = 5\ 812\ \mathrm{W}$$

$$P = P_{\mathrm{a}} + P_{\mathrm{b}} + P_{\mathrm{c}} = 3\ 872\ \mathrm{W} + 4\ 840\ \mathrm{W} + 5\ 812\ \mathrm{W} = 14.524\ \mathrm{kW}$$

【例 1.3】　在三相四线制 220/380 V 的照明线路中，A 相接一个 220 V，100 W 的白炽灯泡，B 相接一个 30 W 的白炽灯泡，C 相断路，如图 1.22 所示。求①有中性线时各相电流；②若中性线断开，将会发生什么现象？

解：　①有中性线时，先计算灯泡的电阻值：

$$R_a = \frac{U^2}{P} = \frac{(220\ V)^2}{100\ W}\ \Omega = 484\ \Omega$$

$$R_b = \frac{U^2}{P} = \frac{(220\ V)^2}{30\ W}\ \Omega = 1\ 613\ \Omega$$

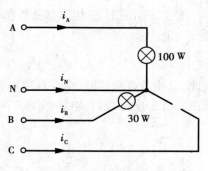

图 1.22　例 1.3 的电路

设 $\dot{U}_A = 220\angle 0°\ V$，则各相电流为：

$$\dot{I}_A = \dot{I}_a = \frac{220\angle 0°\ V}{484\ \Omega} = 0.45\ A$$

$$\dot{I}_B = \dot{I}_b = \frac{220\angle -120°\ V}{1\ 613\ \Omega} = 0.14\angle -120°\ A$$

$$\dot{I}_C = 0\ A$$

中性线电流为：

$$\dot{I}_N = \dot{I}_a + \dot{I}_b + \dot{I}_c = 0.45\ A + 0.14\angle -120°\ A + 0\ A$$
$$= 0.45\ A - 0.07\ A - j0.12\ A = 0.38\ A - j0.12\ A$$
$$= 0.4\angle -17.5°\ A$$

②无中性线时，由图 1.22 可以看出，两灯泡相当于串联于线电压 U_{AB} 之间，因此两灯泡上的电压分别为：

$$U_a = 380\ V \times \frac{484\ \Omega}{484\ \Omega + 1\ 613\ \Omega} = 88\ V$$

$$U_b = 380\ V \times \frac{1\ 613\ \Omega}{484\ \Omega + 1\ 613\ \Omega} = 292\ V$$

因串联的电路电流是相等的。$I_{ab} = \dfrac{380\ V}{484\ \Omega + 1\ 613\ \Omega} = 0.18\ A$，因此，$B$ 相灯的功率为：$P = I_{ab} \times U_b = 0.18\ A \times 292\ V = 52.56\ W$。因功率高而烧断钨丝。

上例说明，不对称的三相负载接成星形，如果有中性线，不论负载有无变动，每相负载上的电压均是对称的电源相电压；如果无中性线，将会出现有的相电压偏高，有的偏低，致使负载不能正常工作，严重时会损坏设备。为了保证不对称负载的正常工作，供电规程中规定，在电源干线的中性线上，不允许安装开关与熔断器。

（2）三相对称负载的星形连接

建筑工地常用的搅拌机、吊车、水泵等设备的三相交流电动机都是三相对称负载。对于这类负载，由于各相的阻抗完全相等，电源的相电压也是对称的，所以各相电流或线电流也是对称的，即各相电流（或线电流）的大小相等、频率相同、相位互差 120°。因此，电路中相电流、线电流及功率的计算，只需计算一相（通常选择 A 相），其余两相则根据线电流或相电流的对称关系直接推出。例如：

$$\dot{I}_a = \dot{I}_A = \frac{\dot{U}_A}{Z_a}$$

$$\dot{I}_b = \dot{I}_B = \dot{I}_a \angle -120° \qquad\qquad (1.55)$$

$$\dot{I}_c = \dot{I}_C = \dot{I}_a \angle 120°$$

图 1.23 示出了三相对称感性负载相电压与相电流的相量图。由此图和式(1.55)可得中性线电流为:

$$\dot{I}_N = \dot{I}_a + \dot{I}_b + \dot{I}_c = \dot{I}_a + \dot{I}_a \angle -120° + \dot{I}_a \angle 120° = 0$$

因此,三相负载对称时,中性线可以省去。这就是三相交流电动机为什么只用 3 条相线供电的原由。省去中性线后,电路如图 1.24 所示。

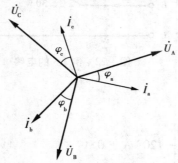

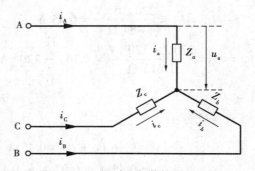

图 1.23　三相对称感性负载相量图　　　图 1.24　三相对称负载的星形连接

由于三相负载对称,所以每相负载消耗的功率均相等,因此,三相对称负载消耗的总功率为其一相的 3 倍。即:

$$P = 3P_a = 3U_a I_a \cos \varphi_a \tag{1.56}$$

如果已知线电压、线电流,则总有功功率 P、总无功功率 Q 和功率 S 可由下式计算:

$$P = 3\frac{U_l}{\sqrt{3}} \cdot I_l \cos \varphi_P = \sqrt{3} U_l I_l \cos \varphi_P$$

$$Q = \sqrt{3} U_l I_l \sin \varphi_P \tag{1.57}$$

$$S = \sqrt{3} U_l I_l$$

各相功率因数为:

$$\cos \varphi_a = \cos \varphi_b = \cos \varphi_c = \cos \varphi_p = \frac{R_a}{|Z_a|}$$

【例1.4】　有一星形连接的三相对称负载,每相复阻抗 $Z = 8\ \Omega + j6\ \Omega$,接于线电压为 380 V 的三相电源上,设 $\dot{U}_{AB} = 380\angle 0°$ V,试求各相电流、线电流、中性线电流及负载消耗的总功率,并画出相量图。

　　解:　已知 $\dot{U}_{AB} = 380\angle 0°$ V,由三相电源 Y 形连接时线电压与相电压的大小及相位关系得:

$$\dot{U}_A = \frac{380}{\sqrt{3}} \angle -30° \text{ V} = 220\angle -30° \text{ V}$$

$$\dot{U}_B = 220\angle -150° \text{ V}$$

$$\dot{U}_C = 220\angle 90° \text{ V}$$

因为各相阻抗:$Z_a = Z_b = Z_c = 8\ \Omega + j6\ \Omega = 10\angle 36.9°\ \Omega$,则各相电流及线电流为:

$$\dot{I}_a = \dot{I}_A = \frac{\dot{U}_A}{Z_a} = \frac{220\angle -30° \text{ V}}{10\angle 36.9°\ \Omega} = 22\angle 66.9° \text{ A}$$

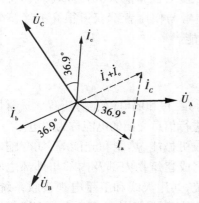

图 1.25 例 1.4 的相量图

$$\dot{I}_b = \dot{I}_B = 22\angle(-66.9° - 120°)\ A$$
$$= 22\angle - 186.9°\ A = 22\angle173.1°\ A$$
$$\dot{I}_c = \dot{I}_C = 22\angle53.1°\ A$$

相电压与相电流的相量图如图 1.25 所示(以 $\dot{U}_A$ 为参考相量)。由相量图可得中性线电流:

$$\dot{I}_N = \dot{I}_a + \dot{I}_b + \dot{I}_c = 0$$

三相负载消耗的功率为:

$$P = \sqrt{3}\,U_l I_l \cos\varphi_P = \sqrt{3}\times380\ V\times22\ A\times\frac{8}{10}$$
$$= 11\ 584\ W = 11.584\ kW$$

1.2 建筑电气工程识图基本知识

· 1.2.1 建筑电气工程概述 ·

1)智能建筑的概念

建筑电气工程是以电能、电气设备和电气技术为手段,创造、维持与改善建筑环境来实现某些功能的一门学科,它是由强电和弱电综合组成的,也是随着建筑科学技术由初级向高级阶段发展的产物。

20 世纪 80 年代,一个新名词"智能建筑"在建筑界诞生。20 世纪 90 年代,中国开始了"智能建筑热",报刊上不断出现有关智能建筑的报道,有文章这样描述:"即将到来的 21 世纪,建筑界所能提供的大厦将不再是冰冷无知的混凝土建筑物,代之而起的是温暖、人性化的智慧型建筑,随着信息技术的发展,现代化建筑已被赋予'思想'的能力了。"

根据 GB/T 50314—2000《智能建筑设计标准》中的术语条目,智能建筑(IB—Intelligent Building)的定义:它是以建筑为平台,兼备建筑设备、办公自动化及通信网络系统,集结构、系统、服务、管理及它们之间的最优化组合,向人们提供一个安全、高效、舒适、便利的建筑环境。

智能建筑并不是特殊的建筑物,而是以最大限度激发人的创造力、提高工作效率为中心,配置了大量智能型设备的建筑。在这里广泛地应用了数字通信技术、控制技术、计算机网络技术、电视技术、光纤技术、传感器技术及数据库技术等高新技术,构成各类智能化系统。

由于智能建筑在设计时需要考虑到人体工效学与居住者回归大自然的生活环境,因此,布局与设施可灵活应变。其通信系统以多媒体方式高速处理各种图、文、音、像信息,突破了传统的地域观念,以零距离、零时差与世界联系;其办公自动化系统通过强大的计算机网络与数据库,能综合高效地完成行政、财务、商务、档案、报表等处理业务;其建筑设备监控系统对建筑物内的电力、动力、照明、空调、通风、给排水、电梯、停车库等机电设备进行监视、控制、协调和运行管理;其安全系统能对自然灾害(火灾、地震等)进行监视并做出对策,对人员的流动进行保安监视与综合管理。智能化建筑不仅能延长建筑物的使用寿命,降低设备的能耗,提高楼宇管理工作的效率,节省人工费用,更主要的是,其优美完善的环境与设施能大大提高建筑物使用人员的工作效率与生活的舒适感、安全感和便利感,使建造者与使用者都获得很高的经济效益。在这里所说的"智能建筑"主要是指建筑物所具备的功能。

2)建筑电气工程的划分

(1)传统的划分

根据建筑电气工程的功能,人们习惯把它分为强电(电力)工程和弱电(信息)工程。通常情况下,把电力、动力、照明等用的电能称为强电;把传播信号、进行信息交换的电能称为弱电。

强电系统可以把电能引入建筑物,经过用电设备转换成机械能、热能和光能等,如变配电系统、动力系统、照明系统、防雷系统等。而弱电系统则是完成建筑物内部及内部与外部之间的信息传递与交换。如火灾报警及消防联动系统、通信系统、共用天线和卫星电视接收系统、安全防范系统、公共广播系统、建筑物自动化系统等。一般来说,强电的处理对象是能源(电力),其特点是电压高、电流大、功率大、频率低,主要考虑的问题是减小损耗、提高效率及安全用电;弱电的处理对象主要是信息,即信息的传送与控制,其特点是电压低、电流小、功率小、频率高,主要考虑的问题是信息传送的效果,诸如信息传送的保真度、速度、广度和可靠性等。随着信息时代的到来,信息已成为现代建筑不可缺少的内容,以处理信息为主的弱电系统已成为建筑电气的重要组成部分。也就是说,建筑弱电工程在建筑工程中的地位将越来越重要。

建筑弱电是一门综合性的技术,它涉及的学科十分广泛,发展迅猛,并朝着综合化、智能化的方向发展。智能建筑的兴起正是建筑弱电技术发展的集中体现。

(2)现代的划分

根据 GB 50300—2013《建筑工程施工质量验收统一标准》,比较大的建筑工程可分为:地基与基础、主体结构、建筑装饰装修、屋面工程、建筑给排水及供暖、建筑电气、智能建筑、通风与空调、建筑节能、电梯共 10 个分部工程。

建筑电气分部工程可分为:室外电气、变配电室、供电干线、电气动力、电气照明安装、备用和不间断电源安装、防雷及接地安装等 7 个子分部工程。

智能建筑分部工程可分为:智能化集成系统、信息接入系统、用户电话交换系统、信息网络系统、综合布线系统、移动通信室内信号覆盖系统、卫星通信系统、有线电视及卫星电视接收系统、公共广播系统、会议系统、信息引导及发布系统、时钟系统、信息化应用系统、建筑设备监控系统、火灾自动报警系统、安全技术防范系统、应急响应系统、机房、防雷与接地 19 个子分项工程。

各个子分部工程又可以分为若干个分项工程,例如:综合布线又可以分成梯架、托盘、槽盒和导管安装,线缆敷设,机柜、机架、配线架安装,信息插座安装,链路或信道测试,软件安装,系统调试,试运行等分项工程。

从 GB 50300 对智能建筑各个子分部工程的划分中,可以说明现代的建筑弱电所包含的内容是非常广泛的,这里所说的"智能建筑"主要是指建筑物中的弱电部分。目前,国内已建与在建的楼宇中,带有"智能建筑"色彩的有数千栋,仅上海就约有 400 栋,这些工程在智能化设备上的费用一般占总投资的 4%~8%。随着人们对智能建筑认识的深化,"智能建筑"将只是建筑物中弱电系统综合应用的总称。尽管"智能建筑热"方兴未艾,但"智能建筑"概念的淡化却是必然的,这也是科学技术发展的必然趋势,取而代之的热点将是有效合理地设计建筑物弱电系统,保证各类弱电系统工程实施质量,正确使用和维护各类建筑物弱电系统和弱电系统设备的国产化。

• 1. 2. 2 电气图的特点 •

1)电气图的表达形式

《电气制图国家标准》及 GB/T 6998.1—2008《电气技术用文件的编制》规定,电气图的表达形式分为 4 种:

(1)图(drawing)

图是"图示法的各种表达形式的统称"。根据定义,图的概念是广泛的,它不仅包括用投影法绘制的图(如各种机械图),也包括用图形符号绘制的图(如各种简图)以及用其他图示法绘制的图(如各种表图)。图也可以定义为用图的形式来表示信息的一种技术文件。

(2)简图(diagram)

简图是"用图形符号、带注释的围框或简化外形表示系统或设备中各组成部分之间相互关系及其连接关系的一种图"。在不致引起混淆时,简图也可简称为图。

应该说明的是,"简图"是技术术语,不要从字义上去理解为简单的图。应用这一术语的目的是为了把这种图与其他的图相区别。再者,我国有些部门曾经把这种图称为"略图"。为了与其他国家标准(如 GB 4460—84《机械制图机构运动简图符号》)的术语一致,本标准采用了"简图"而不用"略图"。在电气图中,大多数图种,如系统图、电路图和接线图等都属于简图。

(3)表图(chart)

表图是"表明两个以上变量之间关系的一种图"。在不致引起混淆时,表图也可简称为图。根据定义,表图所表示的内容和方法都不同于简图。经常碰到的曲线图、时序图都属于表图之列。应该指出,"表图"也是技术术语,之所以用"表图",而不用"图表",是因为这种表达形式主要是图而不是表。

(4)表格(table)

表格是"把数据按纵横排列的一种表达形式,用以说明系统、成套装置或设备中各组成部分的相互关系或连接关系,或者用以提供工作参数"。表格也可简称表。表格可以作为图的补充,也可以用来代替某种图。

2)电气图在中国发展的 3 个阶段

工程界要交流,就需要工程语言,即使是不同国籍的工程技术人员。只要按照相约的符号和规则来描述,大家就能看得懂,就能实现信息结构的传送和表达,实现技术交流。电气简图就是通过直观图形来传达信息的工程语言,电气信息结构文件编制规则与电气简图用图形符号一样,也是电气工程的一种语言。

世界上大多数国家都将国际 IEC 标准作为统一电气工程语言的依据,我国在将 IEC 标准转化为国家标准的过程中经历了 3 个阶段。

(1)第 1 阶段

20 世纪 60 年代中期,国家第一机械工业部提出由国家科学技术委员会发布 GB 312:1964(电工系统图图形符号)、GB 313:1964(电力及照明平面图图形符号)、GB 314:1964(电信平面图图形符号)等系列标准。这些标准参照 IEC(国际电工委员会)修订相关标准的建议方案制订,使我国第一次有了统一的电气图形符号标准,为国内各部门制订相应的行业标准提供了依据,从而也提高了我国电气设计的标准化水平。

（2）第 2 阶段

20 世纪 80 年代中期,由国家标准局发布的电气制图及电气图用图形符号、电气设备用图形符号和主要的相关国家标准有:电气制图标准 7 项,即 GB 6988.1—86 ~ GB 6988.7—86;电气图用图形符号标准 13 项,即 GB 4728.1—85 ~ GB 4728.13—85;电气设备用图形符号标准 2 项,即 GB 5465.1—85 ~ GB 5465.2—85;相关标准 5 项,即 GB 5094—85 电气技术中的项目代号,GB 7159—87 电气技术中的文字符号制订通则,GB 7356—87 电气系统说明书用简图的编制,GB 4026—83 电器接线端子的识别和用字母数字符号标志接线端子的通则,GB 4884—85 绝缘导线的标记等。

该系列标准参照采用了 IEC 60617:1983《电气简图用图形符号》标准、IEC 113《简图、表图、表格》标准、IEC 60750《电气技术中的项目代号》标准及相关文件,以 IEC 符号为主,并根据当时国内情况加入了一些 IEC 标准中没有的符号。这套系列标准的发布实施,为我国正在起步的改革开放和"四个现代化"建设提供了技术支持,为提高电气技术信息交流的速度和质量发挥了重要作用。

（3）第 3 阶段

20 世纪 90 年代,随着科学技术的发展,系统和设备越来越复杂,功能越来越完善,但人们对操作和维修却要求越来越简单易行,希望通过阅读电气信息结构文件就能正确掌握操作技能和维修方法。这就要求电气信息的表达更具有全局的观念。将复杂的系统看作一个整体,而将各个单元、功能、位置看作是系统的一部分而作相应的分层,并给各层中各个项目以清晰的符号代号,以利于快速检索和查询。由于电气技术的发展对文件编制提出了新的要求,于是,IEC 首先修订了 IEC 113 系列标准,代之以新的标准系列 IEC 61082《电气信息结构文件编制》,全面规范了电气简图和相关文件的编制。同时,又发布了 IEC 61346《工业系统、成套装置与设备以及工业产品——结构原则和检索代号》系列标准,代替了 IEC 60750《电气技术中的项目代号》,提出了结构与检索的全新概念。IEC 还对文件和文件编制规定了满足信息技术要求的管理方法。由于机、电早已密不可分,IEC 在 20 世纪 90 年代中后期发布的多个标准都是 IEC 和 ISO(国际标准化组织)联合起草的,适用范围不仅是电,而是一切技术领域。

正是基于上述情况,我国也将新 IEC 标准转化为国家标准。随着 20 世纪 90 年代中后期国际标准的全面更新,我国的电气信息结构、文件编制标准化技术委员会修订了第二版 GB/T 4728 系列标准(T 的含义为推荐选用)。GB/T 4728 仍由 13 部分组成,但符号形式、内容、数量与 IEC 60617 的第二版完全相同。1997—2003 年修订了第二版 GB 6988《电气制图国家标准》系列标准,并更名为 GB/T 6988《电气技术用文件的编制》;2008 年出版了《电气技术用文件的编制 第 1 部分:规则》,主要有:一般要求、功能性简图、接线图与接线表、位置文件和安装文件等,其内容与 IEC 61082《电气信息结构文件编制》完全相同。这些新标准的发布与实施必将加速我国技术领域的信息化进程,在国内、外经济技术交流中发挥重要作用,也为我国电气工程技术与国际接轨奠定了基础。

3）电气信息结构文件的文件种类

（1）结构

为了使工业系统、成套装置与设备以及工业产品的设计、制造、维修或运营能高效率地进行,往往将系统及其信息分解成若干部分,每一部分又进一步细分。这种连续分解成部分和这些部分的组合就称为结构。

结构可以反映以下几方面:a.系统的信息结构,即信息在不同的文件和信息系统中如何分布;b.每一种文件的内容结构;c.检索代号的构成。当然,它也反映系统或成套装置本身。一个系统以及每一个组成的物体,都可以从诸多方面进行观察,例如:a.它能做什么;b.它是如何构成的;c.它位于何处。相对我们对物体观察的3个方面,可以得到所研究方面的3种类型,我们把相应的结构分别称为:a.功能面结构;b.产品面结构;c.位置面结构。电气信息结构文件种类就是按此划分。

(2)文件

文件是指由若干相关记录构成的集合,是能为人所感知的、作为一个整体可在用户和系统之间进行交换的结构化信息量。

文件是媒体上的信息,是借助媒体所需获得的信息。我们想要的信息可能是物体的功能,也可能是物体的位置,或者是技术数据,或者仅是想知道物体之间是如何连接的。上述这些信息类型要形成文件,还需要用一定的表达形式,如用图、表格或文字的形式。因为最基本的记录信息的材料是纸张,所以俗称看图纸,从图纸上获得所需要的信息。随着科学技术的发展,又出现了诸如缩微胶片、磁带、磁盘、光盘这样的用以记录信息数据媒体。于是信息不仅可以以静态方法记录在纸张和缩微胶片上,也可以以动态方法显示在图像显示装置上。

工程技术信息的表达方式主要有图、表格和文字。图是指用图形来表达信息的文件,它还可以包含注释。表格是指采用行和列的形式来表达信息的文件。文字是指运用文字语言来表达信息的文件,如说明书、操作指南以及图、表格中的说明文字等。

(3)电气信息结构文件的文件种类

电气信息文件可以分为功能性文件、位置文件、接线文件、项目表、说明文件和其他文件等6大类。具体分类及说明见表1.1。

(4)不同类型文件之间的相互关系

因同一信息常常用于不同类型的文件,所以在这些文件之间必然存在着相互关系,如功能性文件、位置文件、接线文件中都有零件表。

为了获得协调一致的整套文件,当决定文件编制次序时,必须考虑文件之间的相互关系。作为一般原则,文件的编制应从概略级开始,而后从一般到较特殊的更详细级。例如,在功能性简图中可以分为3种级别,从概略图到功能图和电路图。同样,描述功能文件应放在描述实现功能的文件之前。我们在阅读整套电气信息结构文件时,也应该从粗到细。从概略级开始,先得到总的印象、概貌,然后从一般到较特殊的更详细级。阅读电气信息结构文件的顺序与编制电气信息结构文件的顺序是一致的。当然,为了某一目的,也可以直接阅读某一更详细级的图纸。

4)**电气图用图形符号**

图形符号是用于电气图或其他文件中,表示一个设备或概念的一种图形、记号或符号,是电气技术领域中最基本的工程语言。前面已经讲到,简图主要是用图形符号绘制的,因此,对于图形符号,不仅要熟悉,还要能熟练地应用。

目前,我国已经有了一整套图形符号的国家标准 GB/T 4728.1~GB/T 4728.13《电气图用图形符号》,在绘制简图时必须遵循。在该标准中,除规定了分产品单元图形符号外,还规定了一般符号、符号要素、限定符号和通用的其他符号,并且规定了符号的绘制方法和使用规则。

有些符号规定了几种形式,有的符号分优选形和其他形,在绘图时,可以根据需要选用。对符号的大小、取向、引出线位置等可按照使用规则做某些变化,以达到图面清晰、减少图线交叉或突出某个电路等目的。对标准中没有规定的符号,可以选取 GB/T 4728 中给定的符号要素、限定符号和一般符号,按其中规定的组合原则进行派生,但此时应在图纸空白处加注说明。

另外,使用规则中规定:符号的大小和符号图线的粗细不影响符号的含义,在绝大多数情况下,符号的含义只由其形式决定;大多数符号的取向是任意的。在不改变符号含义的前提下,符号可以根据图面布置的需要,按90°角的倍数旋转或取其镜像形态。

表 1.1 电气信息结构文件的文件种类

种 类			说 明
功能性文件	功能性简图	概略图	表示系统、分系统、装置、部件、设备、软件中各项目之间的主要关系和连接的相对简单的简图,通常采用单线表示法。可作为教学、训练、操作和维修的基础文件。在旧国标中称为系统图、框图、网络图等
		功能图	用理论的或理想的电路而不涉及实现的方法来详细表示系统、分系统、装置、部件、设备、软件等功能的简图。用于分析和计算电路特性或状态的,表示等效电路的功能图也可以称为等效电路图
		电路图	表示系统、分系统、装置、部件、设备、软件等实际电路的简图。为了解电路所起的作用、编制接线文件、测试和寻找故障,安装和维修等提供必要的信息
		端子功能图	表示功能单元各端子接口连接和内部功能的一种简图
		程序图	详细表示程序单元、模块及其互连关系的简图[表][清单]
	功能性表图	功能表图	用步或转换描述控制系统的功能、特性和状态的表图
		顺序表图	表示系统各个单元工作次序或状态的图[表]
		时序图	按比例绘出时间轴的顺序表图
位置文件	总平面图		表示建筑工程服务网络、道路工程相对于测定点的位置、地表资料、进入方式和工区总体布局的平面图
	安装图[平面图]		表示各项目安装位置的图
	安装简图		表示各项目之间连接的安装图
	装配图		通常按比例表示一组装配部件的空间位置和形状的图
	布置图		经简化或补充以给出某种特定目的所需信息的装配图
接线文件	接线图[表]		表示或列出一个装置或设备的连接关系的简图[表]
	单元接线图[表]		表示或列出一个结构单元内连接关系的接线图[表]
	互连接线图[表]		表示或列出不同结构单元之间连接关系的接线图[表]
	端子接线图[表]		表示或列出一个结构单元的端子和该端子上的外部连接的接线图[表]
	电缆图[表][清单]		提供有关电缆,如导线的识别标记、两端位置、路径等
项目表	元件表、设备表[零件表]		表示构成一个组件(或分组件)的项目(零件、元件、软件、设备等)和参考文件的表格
	备用元件表		表示用于防护和维修的项目(零件、元件、软件、散装材料等)的表格

续表

种　类		说　明
说明文件	安装说明文件	给出有关一个系统、装置、设备或元件的安装条件以及供货、交付、卸货、安装和测试说明或信息的文件
	试运转说明文件	给出有关一个系统、装置、设备或元件试运行和启动时的初始调节、推荐的设定值和正常发挥功能所需的措施等
	使用说明文件	给出有关一个系统、装置、设备或元件的使用说明或信息的文件
	维修说明文件	给出有关一个系统、装置、设备或元件的维修程序的说明
	可靠性或可维修性说明文件	给出有关一个系统、装置、设备或元件的可靠性或可维修性说明文件
其他文件		可能需要的其他文件,例如手册、指南、样本、图纸和文件清单等

GB/T 4728 与 GB 4728 的主要区别:

①等同采用 IEC 60617 标准。新版国家标准 GB/T 4728:1996—2000《电气简图用图形符号》在符号的去留、形式、说明等方面与 IEC 全部一致(仅对 IEC 中个别有误的符号作了修改或补充)。注:T 的含义为推荐选用。

②示出符号的网格。新版 GB/T 4728 等同 IEC,图形符号全部示出网格,其目的是便于计算机绘图,同时方便人们正确掌握符号各部分的比例,使符号的构成、尺寸一目了然。

③增加了大量反映新技术、新设备、新功能的图形符号。

④更改了一个产品单元名称。将 GB 4728.11 中"电力、照明和电信布置"部分改为 GB/T 4728.11"建筑安装平面布置图"。由此可以说明,建筑安装平面布置的应用已得到了重视。

建筑安装平面布置图属于位置性文件,在此新标准前,IEC 也没有处理好位置性文件的图形符号问题,因此,原 GB 4728 根据国情所增加的符号大部分都在这个单元中。例如灯的种类、安装方式;插座的种类、安装方式等。本书也重点摘录了该产品单元的图形符号,见附录表1 摘录(一)。为了帮助标准使用人员理解旧的简图,本书也示出 GB 4728 第一版时根据国情增加、现在又删去的符号,这些符号今后一般不再使用,见附录表1 摘录(二)。由于 GB/T 4728 标准的贯彻需要一个过程,所以本书也在部分地使用 GB 4728 根据国情而增加的图形符号。

5)项目代号

(1)项目代号的作用

为了便于查找、区分各种图形符号所表示的元件、器件、装置和设备等,在电气图和其他技术文件上采用一种称作"项目代号"的特定代码,并将其标注在各个图形符号近旁。必要时也可标注在该符号表示的实物上或其近旁,以便在图形符号和实物之间建立起明确的——对应关系。

项目是指在图上通常用一个图形符号表示的基本件、部件、组件、设备、系统等,如电阻器、继电器、电动机、开关设备、配电系统等。从"项目"的定义中可以看出,它是指在电气技术文件中出现的实物,并且通常在图上用一个图形符号(或带注释的围框)表示。在不同的场合中,项目可以泛指各类实物,也可以特指某一个具体的元器件。总之,不论所指的实物大小和复杂程度如何,只要在图上通常用一个图形符号(或带注释的围框)表示,这些实物就可统称为项目。

（2）项目代号的组成与标注

完整项目代号包括 4 个具有相关信息的代号段，每个代号段都用特定的前缀符号加以区分。每个代号段的字符都包括拉丁字母或阿拉伯数字，或者由拉丁字母和数字共同组成，组成方式见表 1.2。

表 1.2　完整项目代号的组成

代号段	名　称	定　义	前缀符号	示　例
第 1 段	高层代号	系统或设备中任何较高层次项目的代号	等号"="	=T2 =F＝B4
第 2 段	位置代号	项目在组件、设备、系统或建筑物中的实际位置的代号	加号"+"	+D12 +B+23
第 3 段	种类代号	主要用以识别项目种类的代号	减号"-"	-QS1
第 4 段	端子代号	用以同外电路进行电气连接的电器导电件的代号	冒号"："	:13 :B

一个完整的系统或成套设备通常可以分成几个部分，其中每个部分都可以分别给出高层代号。因为高层代号同各类系统或成套设备的划分方法有关，因此还没有像第 3 段种类代号那样提供规定种类字母代码。也没有对第 2 段位置代号提供规定的字母代码。目前还是任意选定字母及数字，为了实现检索，以后会逐步完善。

（3）种类代号

种类代号是用以识别项目种类的代号。项目的种类同项目在电路中的功能无关，例如，各种电阻器可视为同一种类的项目。对于某些组件，在具体使用时可以按其在电路中的作用分类，例如开关，因用在电力电路(作断路器、用 Q 表示)或控制电路(作选择器、用 S 表示)的作用不同，可视为不同的项目。

种类代号的主要作用是识别项目的种类。正因为如此，在各种电气技术文件中，种类代号(也是基本文字符号)使用得最广泛，出现得最多。GB 5094—85《电气技术中的项目代号》规定了项目种类的字母代码表(见附录表 2)，在 GB 7159—87《电气技术中的文字符号制订通则》中，又进行了更加详细的划分。用单字母符号将各种电气设备、装置和元器件划分为 23 个大类，每一个大类用一个专用拉丁字母表示。因为拉丁字母"I"和"O"容易与阿拉伯数字"1"和"0"混淆，所以不把他们作为单独的文字符号使用。用双字母符号是用第二个字母将同一大类产品按功能、状态、特性等进一步划分。

· 1.2.3　建筑电气工程图的种类 ·

建筑电气工程图是应用非常广泛的电气图之一，建筑电气工程图可以表明建筑物电气工程的构成规模和功能，详细描述电气装置的工作原理，提供安装技术数据和使用维护方法。根据建筑物的规模和要求不同，建筑电气工程图的种类和图纸数量也不同，常用的建筑电气工程图主要有以下几类。

1)说明性文件

①图纸目录：包括序号、图纸名称、图纸编号、图纸张数等。

②设计说明(施工说明):主要阐述电气工程的依据、工程的要求和施工原则、建筑特点、电气安装标准、安装方法、工程等级、工艺要求及有关设计的补充说明等。

③图例:即图形符号和文字代号,通常只列出本套图纸中涉及的一些图形符号和文字代号所代表的意义。

④设备材料明细表(零件表):列出该项目电气工程所需要的设备和材料的名称、型号、规格和数量,供设计概算、施工预算及设备订货时参考。

2)概略图(系统图)

概略图是用符号或带注释的框,概略表示系统或分系统的基本组成、相互关系及其主要特征的一种简图。其用途是:为进一步编制详细的技术文件提供依据;供操作和维修时参考。

概略图是表现电气工程的供电方式、电力输送、分配、控制和设备运行情况的图纸,在我国,习惯上称为系统图、主接线图等。从概略图中可以粗略地看出工程的概貌,概略图可以反映不同级别的电气信息,如变配电系统概略图、动力系统概略图、照明系统概略图、弱电系统概略图等。概略图的规模有大有小,对于一个变配电所的概略图规模一般都比较大,而对于一个住宅户的概略图就比较简单了,例如图 1.26 就是某用户照明配电概略图。

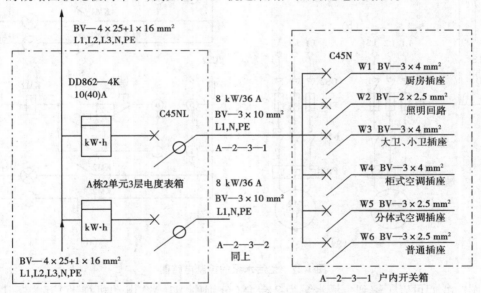

图 1.26　某用户照明配电概略(系统)图

从概略图中所表达的内容,我们可以了解到 A 栋 2 单元 3 层楼的电度表箱(照明配电箱)共有 2 户,每户设备容量按 8 kW、电流按 36 A 计算,电度表箱的进线为 3 相 5 线,其中的 L1 相与电度表连接,电度表的型号为 DD862—4K、10(40)A(额定电流 10 A、最大电流 40 A),经过 1 个 40 A 的 C45NL 型号的漏电保护断路器(自动开关)再通过 3 根(火线 L1、零线 N 和接地保护线 PE)10 mm² 的 BV 型号导线进入户内。户内也有一个配电箱,又分成 6 个回路经自动开关向用户的电气设备配电,而 L1、L2、L3 继续向 4 层以上配电,零线 N 和接地保护线 PE 是共用的。对于 1 栋楼的配电系统图将会比较复杂,但其作用是相同的。

3)电路图

电路图是用图形符号并按工作顺序排列,详细表示电路、设备或成套装置的全部基本组成和连接关系,而不考虑其实际位置的一种简图。目的是便于详细理解作用原理,分析和计算电路特性。

其用途是:详细理解电路、设备或成套装置及其组成部分的作用原理;为测试和寻找故障提供信息;作为编制接线图的依据。

电路图的形式如图1.27。在建筑电气工程中,这种电路图常用于说明某种设备的控制原理,所以我国习惯上也称为电气原理图。主要是电气工程技术人员安装、调试和运行管理需要使用的一种图。

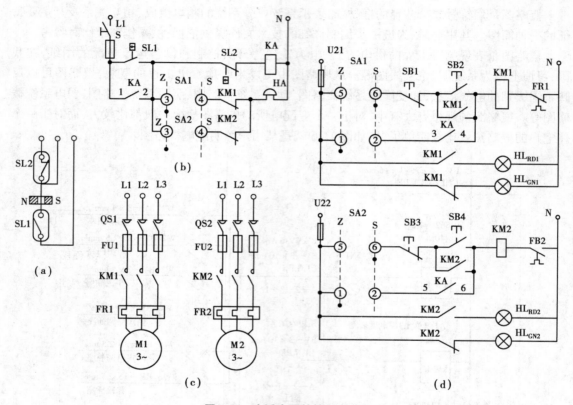

图1.27 生活水泵的控制电路图

从图中我们可以了解到生活水泵为2台泵(分别由M1、M2电动机拖动)互为备用,SA1和SA2为转换开关,将开关置于不同的位置,可以选择手动或自动控制水泵的工作和停止。手动控制就是用按钮来直接启动和停止水泵,自动控制是由水位控制器SL1、SL2控制的。当水箱水位低时,SL1触头自动闭合而启动水泵加水;当水箱水位高时,SL2触头自动断开而停止水泵。这是生活水泵在高层建筑中二次供水常用的控制方式。

电路图对于电气工程施工和工程造价的技术人员也非常有用,因为在高层建筑中,水泵一般安装在底层的水泵房中,而水位控制器SL1、SL2安装在屋顶的生活水箱中。水泵的控制箱与水位控制器SL1、SL2连接的3根线[图(a)称为控制线],要从水泵房经过顶棚(或电缆沟)、电气竖井等再配到屋顶的生活水箱中,常用的是控制电缆KVV。由于这段线不是主要的电源线,所以常常容易被遗漏。

4)电气平面图

电气平面图是表示电气设备、装置与线路平面布置的图纸，是进行电气安装的主要依据。电气平面图是以建筑平面图为依据，在图上绘出电气设备、装置的安装位置及标注线路敷设方法等。常用的电气平面图有变配电所平面图、动力平面图、照明平面图、接地平面图、弱电平面图等。

图 1.28 为某建筑的局部房间照明平面图。从照明配电平面布置图中所表达的内容，我们可以进一步了解到建筑的配电情况，灯具、开关等的安装位置情况及导线的走向。但平面布置图只能反映设备的安装位置，不能反映安装高度，安装高度可以通过说明或文字标注进行了解。另外还需详细了解建筑结构，因为导线的走向和布置与建筑结构密切相关。平面布置图的阅读方法是我们的重点，在后面几章将会详细介绍。

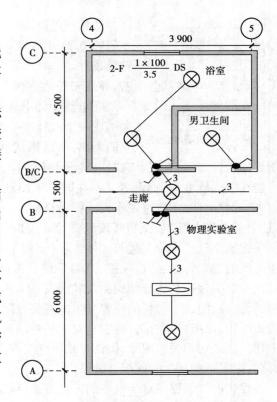

图 1.28 某建筑局部房间照明平面图

5)接线图

安装接线图在现场常被称为安装配线图，主要用来表示电气设备、电器元件和线路的安装位置、配线方式、接线方式、配线场所等特征的图，一般与概略图、电路图和平面图等配套使用。

6)布置图

布置图是表现各种电气设备和器件的平面与空间的位置、安装方式及其相互关系的图纸。通常由平面图、立面图、剖面图及各种构件详图等组成。设备布置图经常是按三视图原理绘制的。

· 1.2.4 建筑电气工程图的特点 ·

1)建筑电气工程图的特点

建筑电气工程图是建筑电气工程造价和安装施工的主要依据之一，它具有电气图共有的特点，尽管建筑电气工程的内容不同，但每一个工程所含图纸的类型，都在《电气制图国家标准》(GB 6988)标准所划分的 16 类电气图之内。建筑电气工程中最常用的图种为：系统图、位置简图(施工平面图)、电路图(控制原理图)等。

建筑电气工程图的特点可概括为以下几点：

①建筑电气工程图大多是采用统一的图形符号并加注文字符号绘制出来的，属于简图之列。因为构成建筑电气工程的设备、元件、线路很多，结构类型不一，安装方法各异，只有借助统一的图形符号和文字符号来表达才比较合适。所以，绘制和阅读建筑电气工程图，首先就必须明确和熟悉这些图形符号所代表的内容和含义，以及它们之间的相互关系。

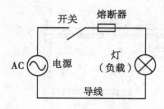

图1.29　电路的基本组成

②任何电路都必须构成闭合回路。只有构成闭合回路，电流才能够流通，电气设备才能正常工作，这是我们判断电路图正误的首要条件。一个电路的组成包括4个基本要素，即：电源、用电设备、导线和开关控制设备，如图1.29所示。

③电路中的电气设备、元件等，彼此之间都是通过导线连接起来构成一个整体的。导线可长可短，能够比较方便地跨越较远的空间距离，所以建筑电气工程图有时就不像机械工程图或建筑工程图那样比较集中、直观。有时电气设备安装位置在A处，而控制设备的信号装置、操作开关则可能在很远的B处，而两者又不在同一张图纸上。了解这一特点，就可将各有关的图纸联系起来，对照阅读，才能很快实现读图的目的。一般而言，应通过系统图、电路图找联系；通过布置图、接线图找位置；交错阅读，这样读图的效率可以提高。

④建筑电气工程施工是与主体工程（土建工程）及其他安装工程（给排水管道、供热管道、采暖通风的空调管道、通信线路、消防系统及机械设备等安装工程）施工相互配合进行的，所以建筑电气工程图与建筑结构图及其他安装工程图不能发生冲突。例如，线路的走向与建筑结构的梁、柱、门、窗、楼板的位置及走向有关，还与管道的规格、用途及走向等有关；安装方法与墙体结构、楼板材料有关；特别是对于一些暗敷的线路、各种电气预埋件及电气设备基础更与土建工程密切相关。因此，阅读建筑电气工程图时，需要对应阅读有关的土建工程图、管道工程图，以了解相互之间的配合关系。

⑤建筑电气工程图对于设备的安装方法、质量要求以及使用、维修方面的技术要求等往往不能完全反映出来，而且也没有必要全部标注清楚，因为这些技术要求在有关的国家标准和规范、规程中都有明确规定，为了保持图面清晰，只要在说明栏中说明"参照××规范"就行了。所以，我们在阅读图纸时，有关安装方法、技术要求等问题，要注意参照有关标准图集和有关规范执行以满足进行工程造价和安装施工的要求。

⑥建筑电气工程的位置简图（施工平面布置图）是用投影和图形符号来代表电气设备或装置绘制的，阅读图纸时，比其他工程的透视图难度大。投影法在平面图中无法反映空间高度，空间高度一般是通过文字标注或文字说明来实现的，因此，读图时首先要建立起空间立体概念。图形符号也无法反映设备的尺寸，设备的尺寸是通过阅读设备手册或设备说明书获得，图形符号所绘制的位置并不一定是按比例给定的，它仅代表设备出线端口的位置，所以在安装设备时，要根据实际情况来准确定位。

了解建筑电气工程图的主要特点，可以帮助我们提高识图效果，尽快完成读图目的。

2)阅读建筑电气工程图的一般程序

阅读建筑电气工程图必须熟悉电气图基本知识（表达形式、通用画法、图形符号、文字符号）和建筑电气工程图的特点，同时掌握一定的阅读方法，才能比较迅速全面地读懂图纸，以完全实现读图的意图和目的。

阅读建筑电气工程图的方法没有统一规定。但当我们拿到一套建筑电气工程图时，面对一大摞图纸，究竟如何下手？根据工程技术专家总结的经验，通常可按下面方法去做，即：了解情况先浏览，重点内容反复看；安装方法找大样，技术要求查规范。

具体针对一套图纸，一般可按以下顺序阅读（浏览），而后再重点阅读。

①看标题栏及图纸目录。了解工程名称、项目内容、设计日期及图纸数量和内容等。

②看总说明。了解工程总体概况及设计依据，了解图纸中未能表达清楚的各有关事项，如供电电源的来源、电压等级、线路敷设方法、设备安装高度及安装方式、补充使用的非国标图形符号、施工时应注意的事项等。有些分项的局部问题是在分项工程图纸上说明的，看分项工程图纸时，也要先看设计说明。

③看系统图。各分项工程的图纸中都包含有系统图，如变配电工程的供电系统图、电力工程的电力系统图、照明工程的照明系统图以及电缆电视系统图等。看系统图的目的是了解系统的基本组成，主要电气设备、元件等连接关系，以及它们的规格、型号、参数等，掌握该系统的组成概况。

④看平面布置图。平面布置图是建筑电气工程图纸中的重要图纸之一，如变配电所的电气设备安装平面图（还应有剖面图）、电力平面图、照明平面图、防雷和接地平面图等，都是用来表示设备安装位置、线路敷设部位、敷设方法及所用导线型号、规格、数量、电线管的管径大小等。在通过阅读系统图，了解系统组成概况之后，就可依据平面图编制工程预算和施工方案，具体组织施工了，所以对平面图必须熟读。阅读平面图时，一般可按此顺序：进线→总配电箱→干线→支干线→分配电箱→支线→用电设备。

⑤看电路图。了解各系统中用电设备的电气自动控制原理，用来指导设备的安装和控制系统的调试工作。因电路图多是采用功能布局法绘制的，看图时应依据功能关系从上至下或从左至右一个回路、一个回路地阅读。熟悉电路中各电器的性能和特点，对读懂图纸将是一个极大的帮助。

⑥看安装接线图。了解设备或电器的布置与接线，与电路图对应阅读，进行控制系统的配线和调校工作。

⑦看安装大样图。安装大样图是用来详细表示设备安装方法的图纸，是依据施工平面图，进行安装施工和编制工程材料计划时的重要参考图纸。特别是对于初学安装的同志更显重要，甚至可以说是不可缺少的。安装大样图多采用全国通用电气装置标准图集。

⑧看设备材料表。设备材料表给我们提供了该工程所使用的设备、材料的型号、规格和数量，是我们编制购置设备、材料计划的重要依据之一。

阅读图纸的顺序没有统一的规定，可以根据需要，自己灵活掌握，并应有所侧重。为更好地利用图纸指导施工，使安装施工质量符合要求，还应阅读有关施工及验收规范、质量检验评定标准，以详细了解安装技术要求，保证施工质量。

· 1.2.5 建筑电气照明平面图入门分析 ·

我们用图 1.28 某建筑④轴与⑤轴区间几个房间的照明平面图来了解建筑电气工程图的部分特点及入门分析。

1）平面图说明

首先，我们应知道平面图中的图形符号所代表的电气设备是什么，在物理实验室房间里有2 个灯和 1 个电风扇。2 个灯由一个开关控制，电风扇由一个调速开关控制，走廊里有 1 个灯和一个开关控制等。灯和电风扇均为单相用电设备，只需要接 2 根线，火线（相线 L）和零线（中性线 N）。其中火线要经过开关后再接到用电设备上。当开关合上时，开关线才有电，灯或电风扇才可能有电流通过而工作。当开关断开时，开关线没有电，灯或电风扇也没有电，更换灯管和维修时比较安全。因此，电气工程施工规范上有统一规定，相线（火线）要经过开关

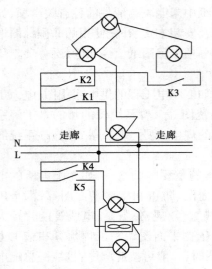

图 1.30　原理接线图

控制才能接到电器设备上。为了分析方便,我们可以将从开关到用电设备上的这段导线称为开关(或控制)线,用 K 表示。因为火线 L 和零线 N 在这个局部电路中是共用的,而开关线是有一个开关就有 1 根控制线,为了区分,我们再用 K1、K2、K3 等进行区别。在电气平面布置图中,2 根线是不需要标注的,3 根以上才有标注,因为在照明灯等电器设备电路中,组成一个完整的回路最少需要 2 根线。连接导线只要标注 3 根及以上,就知道该导线的用途了。例如,在物理实验室房间里从开关到灯的一段导线标注为 3 根,说明这 3 根导线的用途是:1 根为零线(共用),另 2 根为经过开关引出的开关线 K4、K5。对应的原理接线图见图 1.30,因为接线图是按灯和开关的相对位置画出的,所以看起来弯弯曲曲,但基本原则不变,火线是经过开关再接到灯,零线是直接接灯。

由此我们可以了解到,照明灯等电器设备电路中的接线图并不难,只要知道电的基本知识就可以看得懂。照明线路的原则是,有灯就有零线和开关线,有开关就有火线和开关线。如果要想知道配线用的保护管的管长和线长,就需要知道配管的路径如何,管中应穿几根线,这就需要有实践经验才能知道配管怎样布置合理,做到既省管又省线,既安全又可靠,既美观又方便等。这是本书要重点体现的内容,也是成为工程师、造价师、审计师等必备的基础知识。

2)配管配线路径分析

平面图是用于理论分析的,而实际的配线要根据房屋楼板结构情况而定。楼板有预制的和现浇的,还可以分为有吊顶和无吊顶的。有吊顶时为吊顶内穿管明配,与楼板结构无关,其配管配线可以与平面图布置基本相同,是一种比较常见的配线方式。下面我们根据几种情况进行分析,目的是了解建筑电气工程的特点。

(1)有装饰吊顶时的配管配线

有装饰吊顶时,如果房间楼板无过梁,管子可以直接用管卡固定在楼板上,如果房间楼板有过梁,管子要在梁下用吊杆吊装,此例按无过梁。在吊顶内遇到配管配线的分支时,中途可以加装接线盒,使线路尽量短。

设房间高度为 4 m,吊顶高度为 0.3 m,开关安装高度为 1.3 m,灯无特殊要求时为吸顶安装。电源干线配管配线到走廊灯的灯位盒(接线和固定灯具用的盒)进行 2 个分支,分支 1 是到走廊灯开关,分支 2 是到物理实验室灯开关,同时电源干线继续向前配线。

①分支 1 到走廊灯开关回路分析。

因为走廊灯开关与浴室灯开关为隔墙安装,可以共用垂直配管,设在浴室灯开关 K2 上方吊顶内加装接线盒,从走廊灯到接线盒的管长为 0.75 m(从工程量计算考虑,平行距离为点到点,不考虑实际施工的管长),线数为 3 根(L、N、K1),长度为 3×0.75 m＝2.25 m。注意:这里我们没有考虑配管两端需要连接(接头)的预留线(单端不小于 150 mm)。具体施工时,两端的接头线必须考虑,配管和线如果一样长就无法连接电器或接头。在造价预算工程量计算时,可以不考虑线路分支接头线及进入灯具、开关、插座、按钮等预留导线的长度,因为预留线已经放在其他定额项目中统一考虑了。

K2 上方吊顶内接线盒又有 3 个分支:到开关 K2;到浴室灯;到男卫生间灯。到开关 K2,线数 3 根(L、K1、K2),管长 4 m-1.3 m=2.7 m,线长 3×2.7 m=8.1 m,从 K2 到 K1,管长 0.2 m,线长 2×0.2 m=0.4 m。到浴室第一个灯,线数 2 根(N、K2),管长 1.5 m(图比例太小,只能估算),线长 2×1.5 m=3 m,再到第 2 个灯,可自行分析。到男卫生间灯,线数 2 根(N、L),最好先配到灯,再从灯到开关 K3,与先配到开关 K3 相比,管长、线长基本一样,但可以少用一个接线盒,故障的概率也相对减少了。

接线盒又称拉线盒,导线不需要断开时就不要断开,即使有分支,导线也不要断开后再接。最好采用 T 字形接线,即将干线绝缘剥开一段,将分支线端头绝缘也剥开,在干线上缠绕几圈或压接,再用绝缘材料恢复绝缘。

②分支 2 到物理实验室开关回路分析。

在 K4、K5 的上方吊顶内也要加装接线盒,从走廊灯到接线盒,线数 2 根(L、N),管长为 0.75 m,导线长度为 2×0.75 m=1.5 m。从接线盒到开关,3 线(L、K4、K5),管长 4 m-1.3 m=2.7 m,线长 3×2.7 m=8.1 m。从接线盒到灯,3 线(N、K4、K5),其余的可自行分析。

(2)无装饰吊顶时的配管配线

楼板可以分为现浇楼板和预制楼板。现浇楼板的配管可以在土建浇筑混凝土之前将导管及灯位盒先固定在钢筋上,后期穿导线和接灯。预制楼板的楼面有垫层时,只要垫层厚度大于配管管径加 15 mm,配管方式和现浇楼板的基本相同,只是将导管放在上一层的地面上,而灯位盒的安装需要在预制楼板上钻孔,但不能伤肋断筋,应在板缝或楼板空心处钻孔。

如果在导线分支的地方允许加装接线盒,其配管配线方式与有装饰吊顶的基本相同,但接线盒的位置一般是安装在墙上,距离顶棚 150~200 mm。如果接线盒外露,将影响建筑美观;但是接线盒不外露,换线或维修又不方便。

如果在导线分支的地方不允许加装接线盒,就要避免在无灯位盒的地方进行分支。例如,从走廊灯到 K2 上方接线盒的配管就要改成直接配到浴室灯位盒,2 线(L、N),再从浴室灯位盒配管到 K2,2 线(L、K2),走廊灯到 K1 也要改成单配管,2 线(L、K1)。与有吊顶时比较,到开关的垂直段为 2 管 4 线,多了 1 管 1 线,平行配管配线也为 2 管 4 线,也多了 1 管 1 线,在接线盒到浴室灯位盒多了 2 线。

从以上分析我们可以初步了解配管配线的基本情况,还需要知道管径多大、导线截面多大以及其他配线方式等。本例分析只能作为一个引子,详细的内容需要在后面各章进行了解。

1.3　低压配电系统的接地及安全

本节的接地主要介绍电力设备需要正常工作及防止发生触电事故所应采取的措施,而建筑物的防雷接地将在第 5 章进行介绍。

· *1.3.1　低压配电系统的接地形式* ·

低压配电系统的接地形式可分为以下 3 种:

1)TN 系统

电力系统中性点直接接地,受电设备的外露可导电部分通过保护线与接地点连接。按照

中性线与保护线组合情况,又可分为 3 种形式:

(1)TN—S 系统(又称五线制系统)

整个系统的中性线(N)与保护线(PE)是分开的,见图 1.31 所示。因为 TN—S 系统可安装漏电保护开关,有良好的漏电保护性能,所以在高层建筑或公共建筑中得到广泛应用。

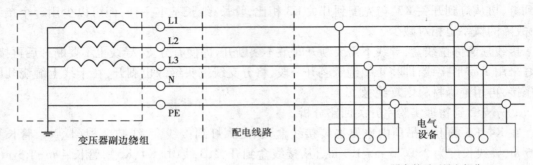

图 1.31　TN—S 系统

(2)TN—C 系统(又称四线制系统)

整个系统的中性线(N)与保护线(PE)是合一的,见图 1.32 所示。TN—C 系统主要应用在三相动力设备比较多的系统,例如工厂、车间等,因为少配一根线,比较经济。

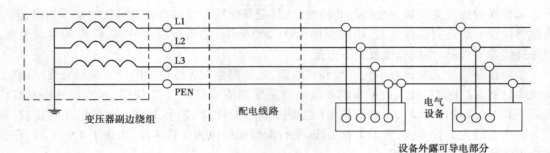

图 1.32　TN—C 系统

(3)TN—C—S 系统(又称四线半系统)

系统中前一部分线路的中性线(N)与保护线(PE)是合一的,见图 1.33 所示。TN—C—S 系统主要应用在配电线路为架空配线,用电负荷较分散,距离又较远的系统。但要求线路在进入建筑物时,将中性线进行重复接地,同时再分出一根保护线,因为外线少配一根线,比较经济。

2)TT 系统

电力系统中性点直接接地,受电设备的外露可导电部分通过保护线接至与电力系统接地点无直接关联的接地极,见图 1.34 所示。在 TT 系统中,保护线可以各自设置,由于各自设置的保护线互不相关,因此电磁环境适应性较好,但保护人身安全性较差,目前仅在小负荷系统中应用。

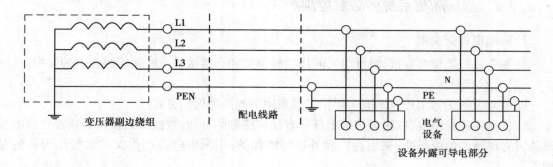

图 1.33　TN—C—S 系统

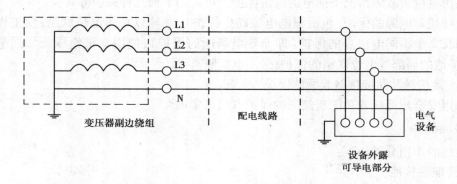

图 1.34　TT 系统

3)IT 系统

电力系统的带电部分与大地间无直接连接(或有一点经足够大的阻抗接地),受电设备的外露可导电部分通过保护线接至接地极,见图 1.35 所示。在 IT 系统中的电磁环境适应性比较好,当任何一相故障接地时,大地即作为相线工作,可以减少停电的机会,多用于煤矿及工厂等希望尽量少停电的系统。

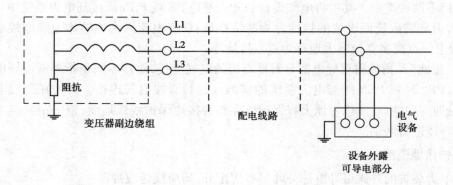

图 1.35　IT 系统

以上几种低压配电系统的接地形式各有优缺点,目前 TN—S 系统应用比较多。

1.3.2 低压配电系统的防触电保护

1）防触电保护类型

防触电保护类型有直接接触保护，间接接触保护和直接接触及间接接触兼顾的保护。

（1）直接接触保护

即用电设备正常工作时的电击保护。可采用下列几种保护方式：

将带电体进行绝缘，以防止与带电部分有任何接触的可能，被绝缘的设备必须遵守该电气设备国家现行的绝缘标准；采用遮拦和外护物的保护；用漏电电流动作保护装置作为后备保护等。

（2）间接接触保护

即在用电设备故障情况下漏电的电击保护。可采用下列几种保护方式：

用自动切断电源的保护（包括漏电电流动作保护），并辅以总等电位联结；使工作人员不致同时触及 2 个不同电位点的保护（即非导电场所的保护）；使用双重绝缘或加强绝缘的保护；用不接地的局部等电位联结的保护；采用电气隔离等。

（3）直接接触及间接接触兼顾的保护

宜采用安全超低压或功能超低压的保护方法来实现。

2）接地种类

按接地的作用分类如下：

（1）功能性接地

为保证电气设备正常运行或电气系统低噪声的接地称为功能性接地。其中将电气设备中性点或 TN 系统中性线接地称为交流中性点接地；利用大地作导体，在正常情况下有电流通过的称为工作接地；将电子设备的金属底板作为逻辑信号的参考点而进行的接地，称为逻辑接地；将电缆屏蔽层或金属外皮接地达到电磁环境适应性要求的接地称为屏蔽接地。另外还有电子设备的信号接地、功率接地、直流接地等。

（2）保护性接地

为了防止人身安全或设备因电击而造成损坏的接地称为保护性接地。保护性接地又可分为接地和接零两种类型。其中将电气设备的外壳通过 PE 或 PEN 线接到电力系统中性点的称为接零；为引导雷电流而设置的接地称为防雷接地；使静电流入大地的称为静电接地；在 PE 或 PEN 线上一点或多点接向大地称为重复接地等。

所谓"接地"是指外露可导电部分对地直接的电气连接，而接零则是指外露可导电部分通过保护线（PE 线）或 PEN 线与电力系统的接地点进行直接电气连接。因为在交流电力系统中，接地点即为中性点，所以习惯上将保护线亦称为接地保护线或地线，但一定要与其他接地中的接地导体进行区别。

3）保护接地范围

下列电力装置的外露可导电部分除另有规定外，均应接地或接零：

①电机、变压器、电器、手握式及移动电器。

②电力设备传动装置。

③室内、外配电装置的金属构架、钢筋混凝土构架的钢筋及靠近带电部分的金属围栏。

④配电屏与控制屏的框架。

⑤电缆的金属外皮及电力电缆的接线盒、终端盒。

⑥电力线路的金属保护管、各种金属接线盒(如开关、插座等金属接线盒)、敷线的钢索及起重运输设备轨道等。

· 1.3.3 接地装置 ·

接地保护中的接地装置主要目的是使电气设备与其所在的位置处于等电位,当人触及其金属外壳时,不会发生触电事故。接地装置由接地体和接地线与保护线等组成。

1)接地体

(1)自然接地体

交流电力装置的接地体,在满足热稳定条件下,应充分利用自然接地体。在利用自然接地体时,应注意接地装置的可靠性,并不因某些自然接地体(如自来水管系统)的变动而受到影响。但可燃液体或气体、供暖系统等管道禁止用作保护接地体。

(2)人工接地体

人工接地体可采用水平敷设的圆钢、扁钢,垂直敷设的角钢、钢管、圆钢,也可采用金属接地板。一般宜优先采用水平敷设方式的接地体。人工接地体的最小尺寸见表1.3。当与防雷接地装置合用时,应符合防雷接地的要求。

表 1.3 人工接地体最小尺寸

类　别		最小尺寸
圆钢直径/mm		10
角钢厚度/mm		4
钢管壁厚/mm		3.5
扁钢	截面积/mm²	100
	厚度/mm	4

表 1.4 保护线的最小截面积

装置的相线 截面积 S/mm²	接地线及保护线的 最小截面积/mm²
≤16	S
16~35	16
>35	$S/2$

2)接地线与保护线

交流电力装置的接地线与保护线的截面,应符合热稳定要求。但当保护线按表1.4选择截面时,则不必再对其进行热稳定校核。

保护线宜采用与相线相同材料的导线,但也不排除使用其他金属导线,如电缆金属外皮、配线用的钢管及金属线槽,但其导电性能要好。

接地线还可采用金属管道(输送易燃、易爆物的管道除外)、建筑设备的金属构架(如电梯轨道等)及建筑物的金属构架。但要进行焊接以保证电气接触性能良好,如焊接有困难可在端接部分做跨接线。安装工程预算定额中的跨接线主要是指非配线管道的金属物端接部分所进行的接地线跨接。

装置外可导电部分严禁用作 PEN 线(包括配线用的钢管及金属线槽)。PEN 线必须与相线有相同的绝缘水平,但成套开关设备和控制设备内部的 PEN 线可除外。

3）接地线及保护线的连接

凡需进行保护的接地的用电设备,必须用单独的保护线与保护干线相连或用单独的接地线与接地体相连。不应把几个应予接地的部分互相串联后,再用一根接地线与接地体相连。

保护线及接地线与设备、接地总母线或接地端子间的连接,应保证有可靠的电气接触。当采用螺栓连接时,应设防松螺帽或防松垫圈,且接地线间的接触面、螺栓和垫圈应镀锌。

保护接地的干线应采用不少于 2 根导体,在不同点与接地体相连。

接地线与接地线,以及接地线与接地体的连接宜采用焊接,如采用搭接时,其搭接长度不应小于扁钢宽度的 2 倍或圆钢直径的 6 倍。接地线与管道等伸长接地体的连接应采用焊接,如焊接有困难,可采用卡箍,但应保证电气接触性能良好。

在低压电力网中,电源中性点的接地电阻不宜超过 4 Ω,其他装置的接地电阻一般不超过 10 Ω。

4）总等电位联结

建筑物内的总等电位联结线必须与下列导电部分互相连接:

①保护线干线。

②接地干线或总接地端子。

③建筑物内的输送管道及类似的金属件,如水管等。

④集中采暖及空气调节系统的升压管。

⑤建筑物金属构件导电体。

总等电位联结主母线的截面积不应小于装置最大保护线截面积的 1/2,且不小于 6 mm²,如果是采用铜导线,其截面积可不超过 25 mm²;如为其他金属时,其截面应能承受与之相当的载流量。

5）辅助等电位联结

在一个装置或部分装置内,如果作用于自动切断供电的间接接触保护不能满足其防止触电要求时,则需要设置辅助等电位联结。

辅助等电位联结必须包括固定式设备的所有能同时触及的外露可导电部分和装置外可导电部分。等电位系统必须与所有设备的保护线(包括插座的保护线)连接。

连接两个外露可导电部分的辅助等电位连接线,其截面不应小于接至该 2 个外露可导电部分的较小保护线的截面;连接外露可导电部分与装置外可导电部分的辅助等电位联结线不应小于相应保护线截面的 1/2。

6）特殊场所的安全保护

在淋浴间、澡盆、淋浴盆、游泳池和涉水池等场所除采取总等电位联结外,尚应进行辅助等电位联结。辅助等电位联结必须将该区域内的外露可导电部分的保护线连接起来,并经过总接地端子与接地装置相连。

任何开关和插座,必须至少距淋浴间的门边 0.6 m 以上。

· 1.3.4 建筑物共用接地系统 ·

1）共用接地系统的定义

现代的高层建筑已经形成共用接地系统,其定义是:"一建筑物接至接地装置的所有互相连接的金属装置,包括防雷装置。"因此,其接地系统中的装置也很难分清楚是为哪一种接地服务的,其实是全方位的服务。当某一电气系统提出新的接地要求时,只要现有的接地系统没有满足其要求,就会出现新的接地装置。

2)信息系统的等电位联结

在设置有信息系统的建筑物,为了减少电磁干扰的感应效应,在建筑物和房间的外部设屏蔽措施,以合适的路径敷设线路,线路屏蔽。

为改进电磁环境,所有与建筑物在一起的大尺寸金属件都应等电位联结在一起,并与防雷装置相连(独立避雷针及其接地装置除外),如屋顶金属表面、立面金属表面、混凝土内钢筋、金属门窗框架、电梯轨道、金属地板、设施管道和电缆桥架等。

在工程的设计阶段不知道信息系统的规模和具体位置的情况下,若预计将来会有信息系统,应在设计时将建筑物的金属支撑物、金属框架或钢筋混凝土的钢筋等自然构件、金属管道、配电的保护接地系统等与防雷装置组成一个共用接地系统,并应在一些合适的地方预埋等电位连接板。

图 1.36 为共用接地系统构成示意图,应用防雷击电磁脉冲产生电磁场强弱的理论,将防雷区(LPZ)划分为若干个区,依次为 $LPZ0_A$,$LPZ0_B$,$LPZ1$,$LPZ(n+1)$ 等,数字小的雷击电磁场强。

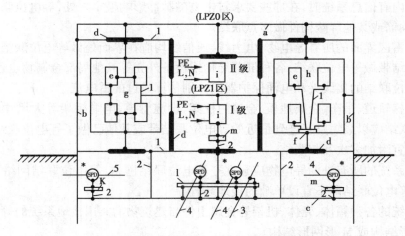

图 1.36　接地、等电位联结和共用接地系统的构成

注:a—防雷装置的接闪器以及可能是建筑物空间屏蔽的一部分,如金属屋顶;

　　b—防雷装置的引下线以及可能是建筑物空间屏蔽的一部分,如金属立面、墙内钢筋;

　　c—防雷装置的接地装置(接地体网络、共用接地体网络)以及可能是建筑物空间屏蔽的一部分,如基础内钢筋和基础接地体;

　　d—内部导电物体,在建筑物内及其上不包括电气装置的金属装置,如电梯轨道,吊车,金属地面,金属门框架,各种服务性设施的金属管道,金属电缆桥架,地面、墙和天花板的钢筋;

　　e—局部信息系统的金属组件,如箱体、壳体、机器;

　　f—代表局部等电位联结带单点联结的接地基准点(ERP);

　　g—局部信息系统的网形等电位联结结构;

　　h—局部信息系统的星形等电位联结结构;

　　i—固定安装引入 PE 线的 I 级设备和不引入 PE 线的 II 级设备;

　　k—主要供电力线路和电力设备等电位联结用的总接地带、总接地母线、总等电位联结带,也可用作共用等电位联结带;

l—主要供信息线路和信息设备等电位联结用的环形等电位联结带、水平等电位联结导体,在特定情况下采用金属板。也可用作共用等电位联结带。用接地线多次接到接地系统上做等电位联结,宜每隔 5 m 连一次;

m—局部等电位联结带;

1—等电位联结导体;

2—接地线;

3—服务性设施的金属管道;

4—信息线路或电缆;

5—电力线路或电缆;

* —进入 LPZ1 区处,用于管道、电力和通信线路或电缆等外来服务性设施的等电位联结;

SPD—电涌保护器。

3)对穿过各防雷区界面的金属物、系统的要求

①所有进入建筑物的外来导电物均应在 LPZ0$_A$ 或 LPZ0$_B$ 与 LPZ1 区的界面处做等电位联结。当外来导电物、电力线、通信线在不同地点进入建筑物时,宜设若干等电位联结带,并应将其就近连到环形接地体、内部环形导体或此类钢筋上。它们在电气上是贯通的并连通到接地体,含基础接地体。

环形接地体和内部环形导体应连到钢筋或金属立面等其他屏蔽构件上,宜每隔5 m联结1 次。

当建筑物内有信息系统时,在那些要求雷击电磁脉冲影响最小之处,等电位联结带宜采用金属板,并与钢筋或其他屏蔽构件做多点联结。

②穿过防雷区界面的所有导电物、电力线、通信线均应在界面处做等电位联结。应采用一局部等电位联结带做等电位联结,各种屏蔽结构或设备外壳等其他局部金属物也连到该带上。

用于等电位联结的接线夹和电涌保护器应分别估算通过的雷电流。

③所有电梯轨道、吊车、金属地板、金属门框架、设施管道、电缆桥架等大尺寸的内部导电物,其等电位联结应以最短路径连到最近的等电位联结带或其他已做了等电位联结的金属物,各导电物之间宜附加多次互相联结。

④一信息系统的所有外漏导电物应建立一等电位联结网络,等电位联结网络均有通大地的联结,每个等电位联结网不宜设单独的接地装置。

一信息系统的各种箱体、壳体、机架等金属组件与建筑物的共用接地系统的等电位联结应采用 S 形、星形结构或 M 形网形结构。

复习思考题 1

1.填空题或选择填空题

(1)电路一般由( )、( )、( )和( )4 部分组成。

(2)电器铭牌上标注的电压、电流指的是( )。(A.最大值,B.有效值,C.瞬时值)

(3)交流电压表、交流电流表测量的是( )。(A.最大值,B.有效值,C.瞬时值)

(4)在交流电路中,所串联的 $R = 3\ \Omega$,$X_L = 4\ \Omega$,其串联阻抗 $Z = ($)Ω。

(5)在交流电路中,所串联的 $R = 3\ \Omega$,$X_L = 4\ \Omega$,$X_C = 8\ \Omega$,其串联阻抗 $Z = ($)Ω。

(6)GB 6988《电气制图》现更名为 GB/T 6988( )。

（7）电气图在中国发展的 3 个阶段主要分为 20 世纪（　　　　）年代；20 世纪（　　　　）年代；20 世纪（　　　　）年代。

（8）在低压配电系统的接地形式中，TN 系统又可分为（　　　　）系统、（　　　　）系统和（　　　　）系统。

（9）电力电路的开关器件的种类代号为（　　　　）。（A.K,B.M,C.A,D.Q）

（10）控制、记忆、信号电路的开关器件的种类代号为（　　　　）。（A.R,B.S,C.T,D.K）

2.简答题

（1）在三相交流电路中，当三相负载对称时，是否需要零线？

（2）在三相交流电路中，当三相负载不对称时，是否需要零线？

（3）在三相交流电路中，当三个单相负载不对称时，是否需要零线？ 如果发生一相电源线和零线断线，另外两个单相负载呈现什么电压？ 可能会发生什么问题？

（4）电气图在中国发展主要为哪 3 个阶段？

（5）GB/T 4728 与 GB 4728 的主要区别有哪些？

（6）单相暗装三孔插座的图形符号怎样表示？ 三孔插座接什么性质（作用是什么）的导线？ 面对三孔插座，其三线各对应哪个孔？

（7）项目代号的作用是什么？ 完整的项目代号包括哪几个具有相关信息的代号段？ 各代号段前缀符号用什么表示？

（8）电气信息结构文件的文件种类有哪几种？

（9）低压配电系统的接地形式有哪几种？ 各有什么特点？

（10）防触电保护类型有哪几种？ 各有哪些措施？

2 室内配线工程

〖本章导读〗
• **基本要求**　了解电线种类和型号、电缆种类和型号、电气配管施工工艺、线槽配线施工工艺、封闭式母线槽施工工艺、电气竖井内配线施工工艺;熟悉室内配线方式、配线用管材种类;掌握线路敷设方式在工程图上文字标注、导线敷设部位的文字标注。
• **重点**　线路敷设方式在工程图上文字标注、导线敷设部位的文字标注。
• **难点**　电气配管施工工艺、线路敷设方式在工程图上文字标注。

电能的输送需要传输导线,导线的布置和固定称为配线或敷设。根据建筑物的性质、要求、用电设备的分布及环境特征等的不同,其敷设或配线方式也有所不同,本章仅介绍常见的室内配线方式及工艺。

2.1　室内配线工程概述

1)室内配线方式分类

室内配线按其敷设方式可分为明敷设和暗敷设两种,明、暗敷设是以线路在敷设后,导线和保护体能否为人们用肉眼直接观察到而区别的。明敷设:导线直接或在管子、线槽等保护体内,敷设于墙壁、顶棚的表面及桁架、支架等处。暗敷设:导线在管子、线槽等保护体内,敷设于墙壁、顶棚、地坪及楼板等的内部或者在混凝土板孔内敷设。

室内配线的方式应根据建筑物的性质、要求、用电设备的分布及环境特征等因素确定,但主要取决于建筑物的环境特征。当几种配线方式同时满足环境特征要求时,则应根据建筑物的性质、要求及用电设备的分布等因素综合考虑,来确定合理的配线及敷设方式。常见的室内线路敷设方式及在工程图上文字符号标注见表 2.1。导线敷设部位的标注见表2.2。新标准为2000 年后的标准。

2)室内配线原则

尽管室内配线方法较多,而且不同配线方法的技术要求也各不相同,但都要符合室内配线的基本要求,也可以说是室内配线应遵循的基本原则。即:

①安全。必须保证室内配线及电气设备安全运行。

②可靠。保证线路供电的可靠性和室内电气设备运行的可靠性。

③方便。保证施工、运行操作以及维修的方便。

表 2.1　线路敷设方式的标注

序号	名　　称	标注文字符号		序号	名　　称	标注文字符号	
		新标准	旧标准			新标准	旧标准
1	穿焊接钢管敷设	SC	S 或 G	8	用钢索敷设	M	M
2	穿电线管敷设	MT	T	9	直接埋设	DB	无
3	穿硬塑料管敷设	PC	P	10	穿金属软管敷设	CP	F
4	穿阻燃半硬聚氯乙烯管敷设	FPC	无	11	穿塑料波纹电线管敷设	KPC	无
5	电缆托盘敷设	CT	CT	12	电缆沟敷设	TC	无
6	金属线槽敷设	MR	MR	13	混凝土排管敷设	CE	无
7	塑料线槽敷设	PR	PR	14	电缆梯架敷设	CL	CL

表 2.2　导线敷设部位的标注

序号	名　　称	标注文字符号		序号	名　　称	标注文字符号	
		新标准	旧标准			新标准	旧标准
1	沿或跨梁(屋架)敷设	AB	B	6	暗敷设在墙内	WC	WC
2	暗敷设在梁内	BC	B	7	沿天棚或顶板面敷设	CE	CE
3	沿或跨柱敷设	AC	C	8	暗敷设在屋面或顶板内	CC	无
4	暗敷设在柱内	CLC	C	9	吊顶内敷设	SCE	SC
5	沿墙面敷设	WS	WE	10	地板或地面下敷设	F	FC

④美观。保证不因室内配线及电气设备安装而影响建筑物的美观。

⑤经济。在保证安全、可靠、方便、美观的条件下,应考虑其经济性,尽量选用最合理的施工方法,节约资金。

3)室内配线工程的施工工序

①定位划线。根据施工图纸,确定电器的安装位置、线路敷设途径、线路支持件位置、导线穿过墙壁及楼板的位置等。

②预埋支持件。在土建抹灰前,在线路所有固定点处打好孔洞,埋设好支持构件。此项工作应尽量配合土建施工时完成。

③装设绝缘支持物、保护管等。

④敷设导线。

⑤安装灯具、开关及电器设备等。

⑥测试线路绝缘电阻。

⑦试通电、校验、自检等。

4)导线的连接

导线与导线的连接方法很多,有绞接、焊接、压板压接、压线帽压接、套管连接、接线端子连接和螺栓连接等,具体的连接方法应视导线的连接点而定,但无论采用哪种方法都需要经过剥导线绝缘层、导线的芯线连接、恢复绝缘等过程。

导线与设备及器具的端子连接要求是:

①截面为 10 mm² 及以下的单股导线可以直接与设备、器具的端子连接,10 mm² 以上的单股导线应焊或压接接线端子后再与设备及器具的端子连接。

②截面为 2.5 mm² 及以下的多股铜芯线应先拧紧,搪锡或压接端子后再与设备及器具的端子连接,多股铝芯线和截面大于 2.5 mm² 的多股铜芯线应焊接或压接接线端子后再与设备及器具的端子连接。导线压接接线端子如图 2.1 所示。

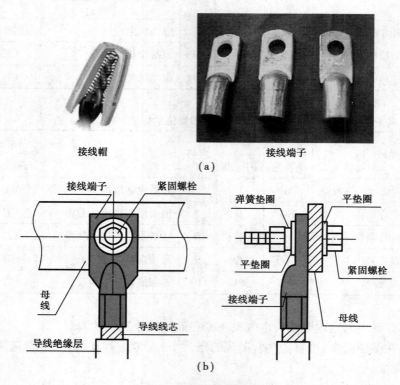

接线帽　　　　　　　　接线端子

(a)

(b)

图 2.1　导线压接接线端子

2.2　建筑电气工程安装常用材料

· 2.2.1　电线、电缆种类 ·

在建筑电气工程中,室内配电线路最常用的导线主要是绝缘电线和电缆。

1)绝缘电线

绝缘电线主要有塑料绝缘电线和橡皮绝缘电线两大类。导线型号中的第一位字母"B"表示布置用导线,第二位字母表示导体材料,铜芯不表示,铝芯用"L",后几位为绝缘材料及其他,绝缘电线的型号和特点见表 2.3。

2）电缆

电缆按用途可划分为:电力电缆、电气设备用电缆、通信电缆和射频电缆等。电力电缆主要是输配电能,特点是电压高(分高压和低压)、电流大。电气设备用电缆主要作为电气设备内部或外部的连接线,也可用于输送电能或传递各种电信号。通信电缆主要用于传递音频信息。射频电缆主要用于有线电视(共用天线、电缆电视、卫星电视)系统。

表 2.3   绝缘电线的型号和特点

名称	类 型		型　　　号		主要特点
			铝芯	铜芯	
塑料绝缘电线	聚氯乙烯绝缘线	普通型	BLV,BLVV(圆形),BLVVB(平型)	BV,BVV(圆型),BVVB(平型)	这类电线的绝缘性能良好,制造工艺简便,价格较低。缺点是对气候适应性能差,低温时变硬发脆,高温或日光照射下增塑剂容易挥发而使绝缘老化加快。因此,在未具备有效隔热措施的高温环境、日光经常照射或严寒地方,宜选择相应的特殊类型塑料电线
		绝缘软线		BVR,RV,RVB(平型),RVS(双绞型)	
		阻燃型		ZR—RV,ZR—RVB(平型),ZR,RVS(双绞型)ZRRVV	
		耐热型	BLV105	BV105,RV—105	
	丁腈聚氯乙烯复合绝缘软线	双绞复合物软线		RFS	它是塑料绝缘线的新品种,这种电线具有良好的绝缘性能,并具有耐寒、耐油、耐腐蚀、不延燃、不易老化等性能,在低温下仍然柔软,使用寿命长,远比其他型号的绝缘软线性能优良。适用于交流额定电压 250 V 及以下或直流电压 500 V 及以下的各种移动电器、无线电设备和照明灯座的连接线
		平型复合物软线		RFB	
橡皮绝缘电线	棉纱编织橡皮绝缘线		BLX	BX	这类电线弯曲性能较好,对气温适应较广,玻璃丝编织线可用于室外架空线或进户线。但是由于这两种电线生产工艺复杂,成本较高,已被塑料绝缘线所取代
	玻璃丝编织橡皮绝缘线		BBLX	BBX	
	氯丁橡皮绝缘线		BLXF	BXF	这种电线绝缘性能良好,且耐油、不易霉、不延燃、适应气候性能好、光老化过程缓慢,老化时间约为普通橡皮绝缘电线的两倍,因此适宜在室外敷设。由于绝缘层机械强度比普通橡皮线弱,因此不推荐用于穿管敷设

（1）电力电缆的基本结构

电力电缆的基本结构一般是由导电线芯、绝缘层和保护层3个主要部分组成。

导电线芯：导电线芯用来输送电流，必须具有较高的导电性，一定的抗拉强度和伸长率，耐腐蚀性好以及便于加工制造等性能。通常由铜或铝的多股绞线做成，这样做成的电缆比较柔软易弯曲。我国制造的电缆线芯的标称截面有：1，1.5，2.5，4，6，10，16，25，35，70，95，120，150，185，240，300，400，500，625，800 mm^2 等。

电力电缆按其芯数有单芯、双芯、三芯、四芯、五芯之分。其线芯的形状有圆形、半圆形、扇形和椭圆形等。当线芯截面为 16 mm^2 及以上时，通常是采用多股导线绞合弯曲且不易损伤。

绝缘层：绝缘层的作用是将导电线芯与相邻导体以及保护层隔离，用来抵抗电力、电流、电压、电场对外界的作用，保证电流沿线芯方向传输。绝缘的好坏直接影响电缆运行的质量。电缆的绝缘层通常采用纸、橡皮、聚氯乙烯、聚乙烯、交联聚乙烯等材料。

保护层：保护层简称护层，它是为使电缆适应各种使用环境，而在绝缘层外面所施加的保护覆盖层。其主要作用是保护电缆在敷设和运行过程中，免遭机械损伤和各种环境因素，如水、日光、生物、火灾等的破坏，以保持长时间稳定的电气性能。因此，电缆的保护层直接关系到电缆的寿命。

电力电缆的保护层较为复杂，分内护层和外护层两部分。内护层用来保护电缆的绝缘不受潮湿和防止电缆浸渍剂的外流及轻度机械损伤，所用材料有铅套、铝套、橡皮套、聚氯乙烯护套和聚乙烯护套等。外护层是用来保护内护层的，包括铠装层和外被层。

（2）电缆的型号及名称

我国电缆产品的型号系采用汉语拼音字母组成，有外护层时则在字母后加上两个阿拉伯数字。常用电缆型号中字母的含义及排列顺序见表2.4。

表2.4　常用电缆型号字母含义及排列次序

类 别	绝缘种类	线芯材料	内护层	其他特征	外护层
电力电缆不表示 K—控制电缆 Y—移动式软电缆 P—信号电缆 H—市内电话电缆	Z—纸绝缘 X—橡皮 V—聚氯乙烯 Y—聚乙烯 YJ—交联聚乙烯	T—铜 （省略） L—铝	Q—铅护套 L—铝护套 H—橡套 （H）F—非燃性橡套 V—聚氯乙烯护套 Y—聚乙烯护套	D—不滴流 F—分相铅包 P—屏蔽 C—重型	2个数字 （含义见表1.3）

表示电缆外护层的两个数字，前一个数字表示铠装结构，后一个数字表示外被层结构。数字代号的含义见表2.5。但目前电缆生产厂家仍有很多使用老的代号，为方便识别，特列出电缆外护层代号新旧对照表（见表2.6）。

（3）电力电缆的种类

电力电缆按绝缘类型和结构可分成以下几类：

①油浸纸绝缘电力电缆。

②塑料绝缘电力电缆，包括聚氯乙烯绝缘电力电缆、聚乙烯绝缘电力电缆、交联聚乙烯绝缘电力电缆。

表2.5 电缆外护层代号的含义

第一个数字		第二个数字	
代号	铠装层类型	代号	外被层类型
0	无	0	无
1	—	1	纤维绕包
2	双钢带	2	聚氯乙烯护套
3	细圆钢丝	3	聚乙烯护套
4	粗圆钢丝	4	—

表2.6 电缆外护层代号新旧对照表

新代号	旧代号	新代号	旧代号
02,03	1,11	(31)	3,13
20	20,120	32,33	23,39
(21)	2,12	(40)	50,150
22,23	22,29	41	5,25
30	30,130	(42,43)	59,15

③橡皮绝缘电力电缆,包括天然丁苯橡皮绝缘电力电缆、乙基橡皮绝缘电力电缆,丁基橡皮绝缘电力电缆等。

在建筑电气工程中使用最广泛的是塑料绝缘电力电缆。用于塑料绝缘电力电缆中的塑料材料主要有聚氯乙烯塑料和交联聚乙烯塑料,以及它们的派生产品阻燃型聚氯乙烯塑料和阻燃型交联聚乙烯塑料。

塑料绝缘的电力电缆加工简单,敷设时没有位差限制,非磁性,具有良好的耐热性。随着技术的发展,塑料绝缘电力电缆的耐电压水平不断提高,耐老化性能不断改善,逐渐代替了纸绝缘电力电缆。

常用聚氯乙烯绝缘电缆和交联聚乙烯绝缘电缆的型号及用途见表2.7和表2.8。

表2.7 聚氯乙烯绝缘电力电缆型号

型号		名称
铜芯	铝芯	
VV	VLV	聚氯乙烯绝缘聚氯乙烯护套电力电缆
VY	VLY	聚氯乙烯绝缘聚乙烯护套电力电缆
VV_{22}	VLV_{22}	聚氯乙烯绝缘钢带铠装聚氯乙烯护套电力电缆
VV_{23}	VLV_{23}	聚氯乙烯绝缘钢带铠装聚乙烯护套电力电缆
VV_{32}	VLV_{32}	聚氯乙烯绝缘细钢丝铠装聚氯乙烯护套电力电缆
VV_{33}	VLV_{33}	聚氯乙烯绝缘细钢丝铠装聚乙烯护套电力电缆
VV_{42}	VLV_{42}	聚氯乙烯绝缘粗钢丝铠装聚氯乙烯护套电力电缆
VV_{43}	VLV_{43}	聚氯乙烯绝缘粗钢丝铠装聚乙烯护套电力电缆

(4)通信电缆

通信电缆按结构类型可分为对称式通信电缆、同轴式通信电缆及光缆。对称式通信电缆的传输频率较低,一般在几百千赫以内,对称式通信电缆的线对的两根绝缘线结构相同,而且对称于线对的纵向轴线。同轴式通信电缆的传输频率可达几十兆赫,主要用于几百千米以上的距离。同轴式通信电缆的线对是同轴对,两根绝缘线分为内导线和外导线,内导线在外导线的轴心上。光缆的传输频率大于 10^3 MHz。

表 2.8　交联聚乙烯电缆型号

型号		名　称	主要用途
铜芯	铝芯		
YJV	YJLV	交联聚乙烯绝缘聚氯乙烯护套电力电缆	敷设于室内、隧道、电缆沟及管道中,也可埋在松散的土壤中,电缆不能承受机械外力作用,但可承受一定敷设牵引
YJY	YJLY	交联聚乙烯绝缘聚乙烯护套电力电缆	
YJV$_{22}$	YJLV$_{22}$	交联聚乙烯绝缘钢带铠装聚氯乙烯护套电力电缆	适用于室内、隧道、电缆沟及地下直埋敷设,电缆能承受机械外力作用,但不能承受大的拉力
YJV$_{23}$	YJLV$_{23}$	交联聚乙烯绝缘钢带铠装聚乙烯护套电力电缆	
YJV$_{32}$	YJLV$_{32}$	交联聚乙烯绝缘细钢丝铠装聚氯乙烯护套电力电缆	敷设在竖井、水下及具有落差条件下的土壤中,电缆能承受机械外力作用和相当的拉力
YJV$_{33}$	YJLV$_{33}$	交联聚乙烯绝缘细钢丝铠装聚乙烯护套电力电缆	
YJV$_{42}$	YJLV$_{42}$	交联聚乙烯绝缘粗钢丝铠装聚氯乙烯护套电力电缆	适于水中、海底,电缆能承受较大的正压力和拉力的作用
YJV$_{43}$	YJLV$_{43}$	交联聚乙烯绝缘粗钢丝铠装聚乙烯护套电力电缆	

　　通信电缆按其使用范围可分为市内通信电缆、长途通信电缆和特种用途通信电缆。通信电缆型号各部分符号的意义见表 2.9。纸绝缘对绞市内电话电缆型号、名称、规格见表 2.10。铜芯聚乙烯绝缘电话电缆的型号见表 2.11,规格见表 2.12。

表 2.9　通信电缆各符号的意义

用　途		导　体		内护层		铠装层	
字母	代表意义	字母	代表意义	字母	代表意义	字母	代表意义
H	市内电话电缆	T	铜导线	GW	皱纹铜管	0	无
HB	电话线	L	铝导线	LW	皱纹铝管	2	双钢带
HE	长途对称通信电缆	G	钢(铁)	L	铝护层	3	细圆钢丝
HJ	局用电缆	HL	铝合金线	Q	铅护层	4	粗圆钢丝
HD	干线同轴电缆		绝缘层	V	聚氯乙烯		外被层
HP	配线电缆	字母	代表意义	Y	聚乙烯	数字	代表意义
HZ	电话软线	V	聚氯乙烯	A	铝—聚乙烯	0	无
S	射频同轴电缆	Y	聚乙烯	S	钢—铝—聚乙烯	1	纤维层
P	信号电缆	B	聚苯乙烯		特征	2	聚氯乙烯护套
HS	电视电缆	YE	泡沫聚乙烯	C	自承		
		F	聚四氯乙烯	J	交换机用	3	聚乙烯护套
		X	橡皮	P	屏蔽层		
		Z	纸	B	扁(平行)		

表 2.10　纸绝缘对绞市内电话电缆型号、名称、规格表

型　号	名　称	敷设场合	对　数				
			0.4 mm 线径	0.5 mm 线径	0.6 mm 线径	0.7 mm 线径	0.9 mm 线径
HQ	裸铅护套市内电话电缆	敷设在室内、隧道及沟管中,以及架空敷设。对电缆应无机械外力,对铅护套有中性环境	5~1 200	5~1 200	5~800	5~600	5~400
HQ$_1$	铅护套麻被市内电话电缆	敷设在室内、隧道及沟管中,以及架空敷设。对电缆应无机械外力,对铅护套有中性环境	5~1 200	5~1 200	5~800	5~600	5~400
HQ$_2$	铅护套钢带铠装市内电话电缆	敷设在土壤中,能承受机械外力,不能承受大的拉力	10~600	5~600	5~600	5~600	5~400
HQ$_{20}$	铅护套钢带铠装市内电话电缆	敷设在室内、隧道及沟管中,其余同 HQ$_2$型	10~600	5~600	5~600	5~600	5~400

表 2.11　铜芯聚乙烯绝缘电话电缆型号名称

序　号	型　号	名　称
1	HYA	铜芯聚乙烯绝缘,铝—聚乙烯粘结组合护层电话电缆
2	HYA$_{20}$	铜芯聚乙烯绝缘,铝—聚乙烯粘结组合护层裸钢铠装电话电缆
3	HYA$_{23}$	铜芯聚乙烯绝缘,铝—聚乙烯粘结组合护层钢带铠装聚乙烯外护套电话电缆
4	HYA$_{33}$	铜芯聚乙烯绝缘,铝—聚乙烯粘结组合护层细钢丝铠装聚乙烯外护套电话电缆
5	HYY	铜芯聚乙烯绝缘聚乙烯护套电话电缆
6	HYV	铜芯聚乙烯绝缘聚氯乙烯护套电话电缆
7	HYV$_{20}$	铜芯聚乙烯绝缘聚氯乙烯护套裸钢带铠装电话电缆
8	HYVP	铜芯聚乙烯绝缘屏蔽型聚氯乙烯护套电话电缆

表 2.12　铜芯聚乙烯绝缘电话电缆规格

型　号	导电线芯标称直径/mm		
	0.5	0.6	0.7
	标称线对数		
HYA	50,80,100,150,200	50,80,100,150	30,50,80,100
HYA$_{20}$	50,80,100,150,200	50,80,100,150	30,50,80,100
HYA$_{23}$	50,80,100,150,200	50,80,100,150	30,50,80,100
HYA$_{33}$	50,80,100,150,200	50,80,100,150	30,50,80,100
HYY	5,10,15,20,25,30,50,80,100,150,200	5,10,15,20,25,30,50,80,100,150	5,10,15,20,25,30,50,80,100
HYV	5,10,15,20,25,30,50,80,100,150,200	5,10,15,20,25,30,50,80,100,150	5,10,15,20,25,30,50,80,100
HYV$_{20}$	50,80,100,150,200	50,80,100,150,200	30,50,80,100
HYVP	20,25,30,50,80,100,150,200	20,25,30,50,80,100,150,200	10,15,20,25,30,50,80,100

（5）射频电缆

射频电缆又称无线电电缆,绝大多数是同轴电缆,用作无线电设备的连接线。电视信号是以 VHF 和 UHF 频段发射的,它们是以直射波和大地反射波两种方式传播的,而接收天线接收到的电视信号为直射波和大地反射波的合成波,所以这个频段称为射频(也称高频),其使用频率从几兆赫到几十吉赫。射频电缆有较高的机械、物理和环境性能要求,是建筑弱电系统应用较普遍的信号传输材料之一,如共用天线电视(有线电视)系统、闭路电视系统以及其他高频信号的传输系统,它具有传输频率高、屏蔽性能好和安装方便等优点。

同轴电缆是由内外二层相互绝缘的金属体组成,内部为实芯铜导线,外层为金属网,与同轴式通信电缆不同的是,其线芯只有一对。在有线电视系统中,各国都规定采用特性阻抗为 75 Ω 的同轴电缆作为传输线路。射频电缆型号的字母符号通常为 4 个部分,其型号含义见表 2.13。

表 2.13　射频电缆型号字母符号含义

分类代号		绝缘材料		护套材料		派生特性	
符号	意义	符号	意义	符号	意义	符号	意义
S	同轴射频电缆	Y	聚乙烯	V	聚氯乙烯	P	屏蔽
SE	对称射频电缆	W	稳定聚乙烯	Y	聚乙烯	Z	综合
SJ	强力射频电缆	F	氟塑料	F	氟塑料		
SG	高压射频电缆	X	橡皮	B	玻璃丝编织		
SZ	延迟射频电缆	I	聚乙烯空气绝缘	H	橡皮		
ST	特性射频电缆	D	稳定聚乙烯空气绝缘	M	棉纱编织		
SS	电视电缆						

• 2.2.2　配线用管材 •

配线常用的管材有金属管和塑料管,工程中称为电线保护管或电线管。

1)金属管

配管工程中常使用的钢管有厚壁钢管、薄壁钢管、金属波纹管和普利卡套管 4 类。厚壁钢管又称焊接钢管或低压流体输送钢管(水煤气管),有镀锌和不镀锌之分。又分为普通钢管和加厚钢管两种,薄壁钢管又称电线管。

在工程图中标注的代号,焊接钢管为 SC、薄壁钢管为 MT。薄壁钢管的公称口径是按外径标注,厚壁钢管的公称口径是按内径标注。

(1)厚壁钢管

厚壁钢管(水煤气钢管)用作电线电缆的保护管,可以暗配于一些潮湿场所或直埋于地下,也可以沿建筑物、墙壁或支吊架敷设。明敷设一般在生产厂房中出现较多,其规格见表 2.14。

表 2.14　低压流体输送用焊接钢管(GB 3091—2008)　　单位:mm

公称口径	外　径	壁厚	
		普通钢管	加厚钢管
6	10.2	2.0	2.5
8	13.5	2.5	2.8
10	17.2	2.5	2.8
15	21.3	2.8	3.5
20	26.9	2.8	3.5
25	33.7	3.2	4.0
32	42.4	3.5	4.0
40	48.3	3.5	4.5
50	60.3	3.8	4.5
65	76.1	4.0	4.5
80	88.9	4.0	5.0
100	114.3	4.0	5.0
125	139.7	4.0	5.5
150	168.3	4.5	6.0

注:表中的公称口径系近似内径的名义尺寸,不表示外径减去两个壁厚所得的内径。

(2)薄壁钢管(电线管)

电线管多用于敷设在干燥场所的电线、电缆的保护管,可明敷或暗敷。电线管的规格见表2.15。

表 2.15 普通碳素钢电线套管（GB 3640—1988）

公称尺寸 /mm	外径 /mm	外径允许偏差 /mm	壁厚 /mm	理论质量（不计管接头）/(kg·m⁻¹)
15	15.88	±0.20	1.60	0.581
20	19.05	±0.25	1.80	0.766
25	25.40	±0.25	1.80	1.048
32	31.75	±0.25	1.80	1.329
40	38.10	±0.25	1.80	1.611
50	50.80	±0.30	2.00	2.047

钢管暗配工程应选用镀锌金属盒，即灯位盒、开关（插座）盒等，其壁厚不应小于 1.2 mm。各种暗装金属盒如图 2.2 所示。常用的八角盒尺寸为 90 mm×90 mm×45 mm。

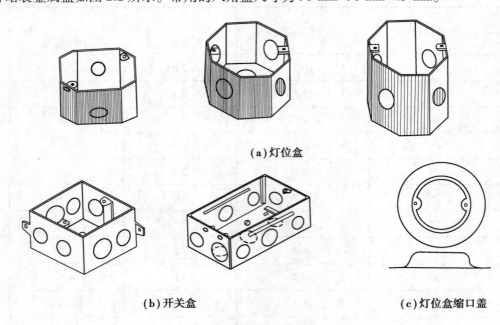

(a) 灯位盒

(b) 开关盒 (c) 灯位盒缩口盖

图 2.2 暗装金属制品盒

（3）金属波纹管

金属波纹管也叫金属软管或蛇皮管，主要用于设备上的配线，如车床、铣床等。它是用 0.5 mm 以上的双面镀锌薄钢带加工压边卷制而成，轧缝处有的加石棉垫，有的不加，其规格尺寸与电线管相同。

（4）普利卡金属套管

普利卡金属套管是电线电缆保护套管的更新换代产品，其种类很多，但其基本结构类似，都是由镀锌钢带卷绕成螺纹状，属于可挠性金属套管。具有搬运方便、施工容易等特点。在建筑电气工程中的使用日趋广泛，可用于各种场所的明、暗敷设和现浇混凝土内的暗敷设。

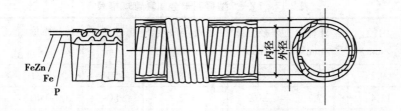

图 2.3　LZ—4 型普利卡金属套管构造图

①LZ—4 普利卡金属套管:LZ—4 型为双层金属可挠性保护套管,属于基本型,构造如图 2.3 所示。套管外层为镀锌钢带(FeZn),中间层为冷轧钢带(Fe),里层为电工纸(P)。金属层与电工纸重叠卷绕呈螺旋状,再与卷材方向相反地施行螺纹状折褶,构成可挠性,其规格见表 2.16。

表 2.16　LZ—4 型普利卡金属套管规格表

规　格	内径 /mm	外径 /mm	外径公差 /mm	每卷长度 /m	螺距 /mm	每卷质量 /kg
10	9.2	13.3	±0.2	50	1.6±0.2	11.5
12	11.4	16.1	±0.2	50		15.5
15	14.1	19.0	±0.2	50		18.5
17	16.6	21.5	±0.2	50		22.0
24	23.8	28.8	±0.2	25	1.8±0.25	16.25
30	29.3	34.9	±0.2	25		21.8
38	37.1	42.9	±0.4	25		24.5
50	49.1	54.9	±0.4	20		28.2
63	62.6	69.1	±0.6	10	2.0±0.3	20.6
76	76.0	82.9	±0.6	10		25.4
83	81.0	88.1	±0.6	10		26.8
101	100.2	107.3	±0.6	6		18.72

②LZ—5 型普利卡金属套管:LZ—5 型普利卡金属套管是用特殊方法在 LZ—4 套管表面被覆一层具有良好耐韧性软质聚氯乙烯(PVC)。此管除具有 LZ—4 型套管的特点外,还具有优良的耐水性、耐腐蚀性、耐化学稳定性。适用于室内、外潮湿及有水蒸气的场所。其规格见表 2.17。

(5)套接紧定式和套接扣压式钢导管

套接紧定式钢(JDG)导管和套接扣压式薄壁钢(KBG)导管是专为配线工程研发的电线管,应用也非常广泛。套接紧定式钢(JDG)导管的管路连接为套接,并研发有配套的直管接头和弯管接头,套接后用自带的紧定螺钉拧紧。其直管公称管径是外径。规格尺寸见表 2.18。套接扣压式薄壁钢(KBG)导管的管路连接为扣压套式,也研发有配套的直管接头和弯管接头,套接后用专用工具扣压。其直管公称管径也是外径。规格尺寸见表 2.19。

表 2.17 LZ—5 型普利卡金属套管规格表

规 格	内径 /mm	外径 /mm	外径公差 /mm	乙烯层厚度 /mm	每卷长度 /m	质量 /(kg·m^{-1})	每卷质量 /kg
10	9.2	14.9	±0.2	0.8	50	0.31	15.5
12	11.4	17.7	±0.2	0.8	50	0.40	20.0
15	14.1	20.6	±0.2	0.8	50	0.45	22.5
17	16.6	23.1	±0.2	0.8	50	0.51	25.5
24	23.8	30.4	±0.2	0.8	25	0.80	20.0
30	29.3	36.5	±0.2	0.8	25	0.98	24.5
38	37.1	44.9	±0.4	0.8	25	1.26	31.5
50	49.1	56.9	±0.4	1.0	20	1.80	36.0
63	62.3	71.5	±0.6	1.0	10	2.38	23.8
76	76.0	85.3	±0.6	1.0	10	2.88	28.8
83	81.0	90.9	±0.8	2.0	10	3.41	34.1
101	100.2	110.1	±0.8	2.0	6	4.64	27.84

表 2.18 套接紧定式钢(JDG)导管规格尺寸

公称管径 D_N/mm	外径 D/mm	长度 L/mm	壁厚 S/mm
16	16	4 000	1.2
20	20	4 000	1.6
25	25	4 000	1.6
32	32	4 000	1.6
40	40	4 000	1.6

表 2.19 套接扣压式薄壁钢(KBG)导管规格尺寸

公称管径 D_N/mm	外径 D/mm	长度 L/mm	壁厚 S/mm
16	16	4 000	1.0
20	20	4 000	1.0
25	25	4 000	1.2
32	32	4 000	1.2
40	40	4 000	1.2

2)塑料管

塑料可分为几十种,配线所用的电线保护管多为 PVC 塑料管,PVC 是聚氯乙烯的代号。聚氯乙烯是用电石和氯气(电解食盐产生)制成的,根据加入增塑剂的多少可制成不同硬度的塑料。它的特点是:性质较稳定,有较高的绝缘性能,耐酸、耐腐蚀,能抵抗大气、日光、潮湿,可作为电缆和导线的良好保护层和绝缘物。

PVC 硬质塑料管适用于民用建筑或室内有酸、碱腐蚀性介质的场所。由于塑料管在高温下机械强度下降,老化加速,且蠕变量大,所以环境温度在 40 ℃以上的高温场所不宜使用。在经常发生机械冲击、碰撞、摩擦等易受机械损伤的场所也不应使用。建筑电气工程中常用的塑料管有硬质聚氯乙烯管、刚性阻燃管、半硬质阻燃管和波纹管等,4 种塑料管的管材连接和弯曲工艺有所不同。

（1）刚性阻燃管

刚性阻燃管也称刚性 PVC 管或 PVC 冷弯电线管,分为轻型、中型、重型。管材长度一般 4 m/根,颜色有白、纯白,弯曲时需要专用弯曲弹簧。管子的连接方式采用专用管接头插入法连接,连接处结合面涂专用胶合剂,接口密封。刚性阻燃管在工程图上的文字符号标注为 PC。

（2）硬质聚氯乙烯管

硬质聚氯乙烯管是由聚氯乙烯树脂加入稳定剂、润滑剂等助剂经捏合、滚压、塑化、切粒、挤出成型加工而成,主要用于电线、电缆的保护套管等。管材长度一般 4 m/根,颜色一般为灰色。管材连接一般为加热承插式连接和塑料热风焊接,弯曲必须加热进行。硬质聚氯乙烯管在工程图上的文字符号标注也是 PC。

（3）半硬质阻燃管

半硬质聚氯乙烯管也称 PVC 阻燃塑料管,由聚氯乙烯树脂加入增塑剂、稳定剂及阻燃剂等经挤出成型而得,用于电线保护管,颜色有黄、红、白色等。管子连接采用专用接头抹塑料胶后粘接,管道弯曲自如无须加热,成捆供应,每捆 100 m。半硬 PVC 管在工程图上的文字符号标注为 FPC。

（4）塑料波纹管（可挠型）

塑料波纹管常用在有吊顶或空间较高的房间,吊顶内的管子(接线盒)距吊顶有一段垂直距离,因塑料波纹管可以自由弯曲,用于接线盒与灯具盒之间连接导线的保护管。

3 种硬质塑料管都可以用于砖、混凝土结构的明敷设和暗敷设,半硬质阻燃管常用于楼板内敷设,刚性阻燃管常用于吊棚内敷设。

常用 PVC 塑料管的规格见表 2.20。

为了保证建筑电气线路安装布线符合防火要求,工程中所采用的塑制电线管及线槽均应采用难燃型材质,氧气指数要在 27% 及以上。高压聚乙烯管(即流体管)及聚丙烯制品,其氧气指数在 26% 以下,均属于可燃型材质,禁止在电气工程中应用。

表 2.20　塑料电线管技术数据

塑制电线管类别（工程图标注代号）	公称口径/mm	外径/mm	壁厚/mm	内径/mm	内孔总截面积/mm²	备 注
聚氯乙烯半硬型电线管（BYG）	15	16	2	12	113	难燃型氧气指数:27% 以上
	20	20	2	16	201	
	25	25	2.5	20	314	
	32	32	3	26	530	
	40	40	3	34	907	
	50	50	3	44	1 520	
聚氯乙烯可挠型电线管（KRG）	15	18.7	峰谷间 2.20	14.3	161	难燃型氧气指数:27% 以上
	20	21.2	峰谷间 2.35	16.5	214	
	25	28.5	峰谷间 2.60	23.3	426	
	32	34.5	峰谷间 2.75	29	660	
	40	42.5	峰谷间 3.00	36.5	1 043	
	50	54.8	峰谷间 3.75	47	1 734	

续表

塑制电线管类别 （工程图标注代号）	公称口径 /mm	外径 /mm	壁厚 /mm	内径 /mm	内孔总截面积 /mm²	备 注
聚氯乙烯硬型 电线管（VG）	15	22	2	18	254	压力： 2.5 MPa 以内
	20	25	2	21	346	
	25	32	3	26	531	
	32	40	3.5	33	855	
	40	51	4	43	1 452	
	50	63	4.5	54	2 290	
	70	76	5.3	65.4	3 359	
	80	89	6.5	76	4 536	
刚性塑料管	16	16±0.3	1.7	≥12.2	116.8	
	20	20±0.3	1.8	>15.8	196.0	
	25	25±0.3	1.9	>20.6	333.1	
	32	32±0.3	2.5	>26.6	555.4	
	40	40±0.4	2.5	>34.4	928.9	
	50	50±0.4	3.0	>43.2	1 465	

2.3 配管配线

将绝缘导线穿入保护管内敷设，称为配管（线管）配线。暗配管敷设对建筑结构的影响比较小，同时可避免导线受腐蚀气体的侵蚀和遭受机械损伤，更换导线也方便。因此，配管配线方式是目前采用最广泛的一种。

· 2.3.1 线管选择 ·

线管（导管）明敷设就是把管子敷设于墙壁、桁架、柱子等建筑结构的表面。要求横平竖直、整齐美观、固定牢靠。线管暗敷设就是把管子敷设于墙壁、地坪、楼板内等处，要求管路尽量的短、弯曲少、不外露、便于穿线。

电线保护管可以分为金属导管和塑料导管两大类。金属导管：焊接钢管（分镀锌和不镀锌、其管径以内径计算）、电线管（管壁较薄、管径以外径计算）、普利卡金属套管、套接紧定式钢（JDG）导管、套接扣压式薄壁钢（KBG）导管和金属软管等。塑料导管：硬塑料管（含 PVC管）、阻燃半硬聚氯乙烯管、聚氯乙烯塑料波纹电线管等。

金属导管配线适用于室内、外场所，但对金属导管有严重腐蚀的场所不宜采用。建筑物顶棚内宜采用金属导管配线，穿管管径选择见表 2.21。

塑料导管配线一般适用于室内场所和有酸碱腐蚀性介质的场所，但在易受机械损伤的场所不宜采用明敷设。建筑物顶棚内，宜采用难燃型 PVC 管配线。

导管规格的选择应根据管内所穿导线的根数和截面决定，一般规定，管内导线的总截面积（包括外护层）不应超过管子内径截面积的 40%，导线不应超过 8 根。可参照表 2.21 选择线管的外径。

表 2.21　BV,BLV 塑料绝缘导线穿管管径选择表

导线截面/mm²	PVC管(外径/mm)							焊接钢管（内径/mm）							电线管（外径/mm）						
	导线数/根							导线数/根							导线数/根						
	2	3	4	5	6	7	8	2	3	4	5	6	7	8	2	3	4	5	6	7	8
1.5	16	16	16	16	16	20	20	15	15	15	15	15	20	20	16	16	16	19	19	19	25
2.5	16	16	16	16	20	20	20	15	15	15	15	20	20	20	16	16	16	19	19	25	25
4	16	16	16	20	20	20	20	15	15	15	20	20	20	20	16	16	19	25	25	25	25
6	16	16	20	20	25	25	25	15	15	20	20	20	25	25	19	19	25	25	25	25	32
10	20	20	25	25	32	32	32	20	20	25	25	25	32	32	25	25	25	32	32	38	38
16	25	25	32	32	40	40	40	25	25	25	32	32	40	40	25	32	32	38	38	51	51
25	32	32	40	40	40	50	50	25	32	32	40	40	50	50	32	32	38	38	51	51	51
35	32	40	40	50	50	50	50	32	32	32	40	40	50	50	38	38	51	51	51	51	51
50	40	40	50	50	50	60	60	32	40	50	50	50	50	65	51	51	51	51	51	51	51
70	50	50	50	60	60	60	80	50	50	50	50	50	65	80	51						
95	50	50	60	60	80	80	80	50	50	50	65	65	80	80							
120	50	50	60	80	80	100	100	50	50	50	65	65	80	80							

注：管径为51的电线管一般不用，因为管壁太薄，弯曲后易变形。

摘自《建筑安装工程施工图集3、电气工程》。

根据《电气装置安装工程 1 kV 及以下配线工程施工及验收规范》（GB 50258—96），各种配管均应符合如下规定：

①敷设于多尘和潮湿场所的电线保护管、管口及其各连接处均应做密封处理。

②暗配的电线保护管宜沿最近的路径敷设，并应减少弯曲，埋入建筑物、构筑物内的电线保护管与建筑物、构筑物表面的距离不应小于 15 mm。

③进入落地式配电箱的管路，应排列整齐，管口应高出基础面 50~80 mm。

④埋入地下的管路不宜穿过设备基础，在穿过建筑物基础时，应加装保护管。配至用电设备的管子，管口应高出地坪 200 mm 以上。

⑤电线保护管的弯曲处不应有折皱、凹陷和裂缝，弯扁程度不应大于管外径的 10%。其弯曲半径应符合下列规定：

a.当线路明配时，弯曲半径不宜小于管外径的 6 倍；当两个接线盒间只有一个弯时，弯曲半径不宜小于管外径的 4 倍。

b.当线路暗配时，弯曲半径不应小于管外径的 6 倍；当敷设于地下或混凝土楼板内时，其弯曲半径不应小于管外径的 10 倍。

⑥水平敷设管路如遇下列情况之一时，中间应增设接线盒（拉线盒），且接线盒的安装位置应便于穿线（不含管子入盒处的 90°曲弯或鸭脖弯）。如不增设接线盒，也可以增大管径。

a.管子长度每超过 30 m，无弯曲；

b.管子长度每超过 20 m，有 1 个弯曲；

c.管子长度每超过 15 m，有 2 个弯曲；

d.管子长度每超过 8 m,有 3 个弯曲。

⑦垂直敷设的管路如遇下列情况之一时,应增设固定导线用的接线盒:

a.导线截面 50 mm² 及以下,长度每超过 30 m;

b.导线截面 70~95 mm²,长度每超过 20 m;

c.导线截面 120~240 mm²,长度每超过 18 m。

⑧在 TN—S、TN—C—S 系统中,金属线管和金属盒(箱)必须与保护地线(PE 线)有可靠的电气连接。

· 2.3.2 导管敷设施工工艺 ·

导管敷设的工艺流程大致可以分为以下几部分:熟悉图纸,导管加工,盒、箱固定,导管敷设等。

1)熟悉图纸

导管暗敷设施工时,不仅要读懂电气施工图,还要阅读建筑和结构施工图以及其他专业的图纸,电气工程施工前要了解土建布局及建筑结构情况,电气配管与其他工种间的配合情况。按施工图要求和施工规范的规定(或实际需要),经过综合考虑,确定盒(箱)的正确位置、管路的敷设部位和走向、管路在不同方向进出盒(箱)的位置等。

2)导管加工

导管加工主要包括管子弯曲、切割、套丝等。

(1)管子弯曲

配管之前首先按照施工图要求选择管子,然后再根据现场实际情况进行必要的加工。因为管线改变方向是不可避免的,所以弯曲管子是经常的。钢管的弯曲方法多使用弯管器或弯管机。PVC 管的弯曲可先将弯管专用弹簧插入管子的弯曲部分,然后进行弯曲(冷弯),其目的是避免管子弯曲后变形。

导管的端部与盒(箱)的连接处,一般应弯曲成 90° 曲弯或鸭脖弯。导管端部的 90° 曲弯一般用于盒后面入盒,常用于墙体厚度为240 mm处,管端部不应过长,以保证管盒连接后管子在墙体中间位置上。导管端部的鸭脖弯一般用于盒侧面(上或下)入盒,常用于墙体厚度为120 mm 处的开关盒或薄楼板的灯位盒等,煨制时应注意两直管段间的距离,且端部短管段不应过长,可小于 250 mm,防止造成砌体墙通缝。90° 曲弯或鸭脖弯的示意图如图 2.4 所示。

(2)线管的切断

钢管用钢锯、割管器、砂轮切割机等进行切割,严禁使用气焊切割,切割的管口应用圆锉处理光滑。PVC 管用钢锯条或带锯的多用电工刀切断。

(3)套丝

焊接钢管或电线钢管与钢管的连接,钢管与配电箱、接线盒的连接都需要在钢管端部套丝。套丝多采用管子套丝板或电动套丝机。套丝完毕后,将

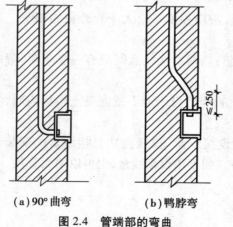

(a)90° 曲弯   (b)鸭脖弯

图 2.4   管端部的弯曲

管口端面和内壁的毛刺用锉刀锉光,使管口保持光滑,以免穿线时割破导线绝缘。

(4)钢管防腐

非镀锌钢管明敷设和敷设于顶棚或地下时,其钢管的内外壁应做防腐处理,而埋设于混凝土内的钢管,其外壁可以不做防腐处理,但应除锈。

3)管路连接

(1)管与管的连接

钢管的连接有螺纹连接、套管熔焊连接等。当钢管采用螺纹连接时(管接头连接),其管端螺纹长度不应小于管接头长度的 1/2,连接后,其螺纹要外露 2~3 扣;钢导管的套管熔焊连接只适用于壁厚大于 2 mm 的非镀锌钢管,套管长度宜为所连接钢管外径的 1.5~3 倍,管与管的对口应位于套管的中心;套接紧定式钢(JDG)导管的管路连接使用配套的直管接头和弯管接头,用紧定螺钉固定;套接扣压式薄壁钢(KBG)导管的管路连接用配套的直管接头和弯管接头,套接后用专用工具扣压。

PVC 管常用套接法连接,套接法连接时,用比连接管管径大一级的塑料管做套管,长度为连接管外径的 1.5~3 倍,把涂好胶合剂的连接管从两端插入套管内。也可以使用专用成品管接头进行连接,管与管的连接见图 2.5。

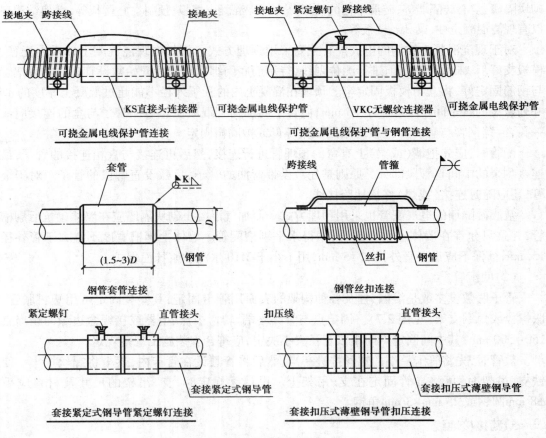

图 2.5 管与管的连接

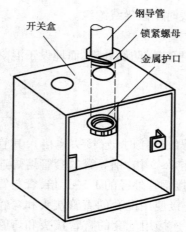

开关盒　钢导管　锁紧螺母　金属护口

图 2.6　管与盒(箱)的连接

（2）管与盒(箱)的连接

厚壁非镀锌钢管与盒(箱)连接可采用焊接固定,管口宜突出盒(箱)内壁 3~5 mm,焊后应补涂防腐漆;镀锌钢管与盒(箱)连接应采用锁紧螺母或护圈帽固定,用锁紧螺母固定的管端螺纹宜外露锁紧螺母 2~3 扣。PVC 管进入盒(箱)用入盒接头和入盒锁扣进行固定,管端部和入盒接头连接处的结合面要涂专用胶合剂,接口应牢固密封。也可以在管端部进行加热,软化后做成喇叭口进行固定。管与盒(箱)的连接见图 2.6。

4)线管敷设

线管敷设俗称配管。配管工作一般从配电箱或开关盒等处开始,逐段配至用电设备处,也可以从用电设备处开始,逐段配至配电箱或开关盒等处。

（1）暗配管

常见的建筑结构为现浇混凝土框架结构和砖混结构。框架结构的砌体可以分为加气混凝土砌块隔墙、空心砖隔墙等;砖混结构的楼板分为现浇混凝土楼板、预制空心楼板等;框架结构还可以有现浇混凝土柱、梁、墙、楼板等。

对于现浇混凝土结构的电气配管主要采用预埋方式。例如在现浇混凝土楼板内配管,当模板支好后,未敷设钢筋前进行测位划线,待钢筋底网绑扎垫起后开始敷设管、盒,然后把管路与钢筋固定好,将盒与模板固定牢。预埋在混凝土内的管子外径不能超过混凝土厚度的 1/2,并列敷设的管子间距不应小于 25 mm,使管子周围均有混凝土包裹。管子与盒的连接应一管一孔,镀锌钢管与盒(箱)连接应采用锁紧螺母或护圈帽固定。

配管时,应先把墙(或梁)上有弯的预埋管进行连接,然后再连接与盒相连接的管子,最后连接剩余的中间直管段部分。原则是先敷设带弯曲的管子,后敷设直管段的管子。对于金属管,还应随时连接(或焊)好接地跨接线。

空心砖隔墙的电气配管也采用预埋方式。而加气混凝土砌块隔墙应在墙体砌筑后剔槽配管,并且只允许在墙体上垂直敷设,不得水平剔槽配管。墙体上剔槽宽度不宜大于管外径加 15 mm,槽深不应小于管外径加 15 mm,用不小于 M10 水泥砂浆抹面保护。

（2）明配管

管子明敷设多数是沿墙、柱及各种构架的表面用管卡固定,其安装固定可用塑料胀管、膨胀螺栓或角钢支架(见图 2.7)。固定点与管路终端、转弯中点、电器或接线盒边缘的距离宜为 150~500 mm;其中间固定点间距依管径大小决定,应符合安装施工规范规定。

敷管时,先将管卡一端的螺丝拧进一半,然后将管敷设在管卡内,逐个将螺丝拧牢。使用铁支、吊架时,可将导管固定在支、吊架上。设计无规定时,支、吊架的尺寸及材料应采用 $\phi 8$ mm 圆钢或 25 mm×3 mm 角钢。

5)跨接接地线

为了安全运行,使整个金属导管管路可靠地连接成一个导电整体,以防因电线绝缘损坏而使导管带电造成事故,导管管路要进行接地连接。

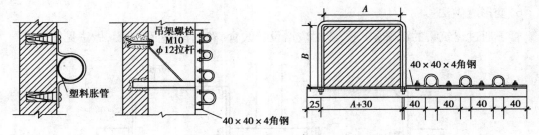

图2.7 明配管固定方法

非镀锌钢导管之间及管与盒(箱)之间采用螺纹连接时,连接处的两端应焊接跨接接地线,钢管跨接接地线规格选择见表2.22。镀锌钢管或可挠金属电线保护管的跨接接地线宜采用专用接地卡固定跨接接地线,不应采用熔焊连接。跨接接地线做法见图2.8。

表2.22 钢管跨接线选择表

公称直径/mm		跨接线/mm	
电线管	钢管	圆钢	扁钢
≤32	≤25	$\phi6$	
40	32	$\phi8$	25 mm×4 mm
50	40~50	$\phi10$	
70~80	70~80	$\phi12$ 以上	

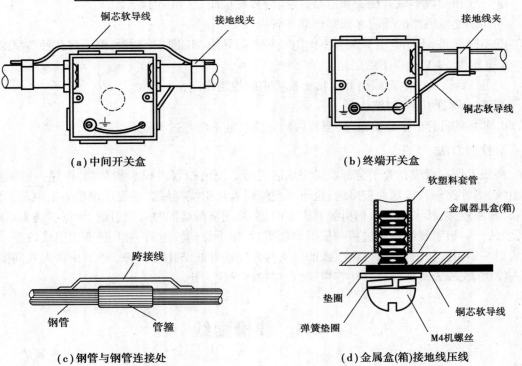

(a)中间开关盒　　　　　　(b)终端开关盒

(c)钢管与钢管连接处　　　　　　(d)金属盒(箱)接地线压线

图2.8 镀锌钢导管与盒(箱)跨接线做法

6)变形缝做法

管子通过建筑物的沉降(变形)缝时应增设接线盒(箱)作为补偿装置,做法见图2.9。

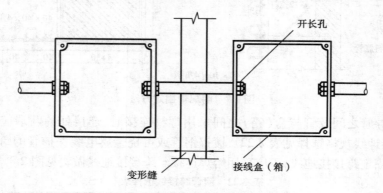

图 2.9　变形缝接线盒(箱)做法

• *2.3.3　管内穿线* •

1)管内穿线的规定

①对穿管敷设的绝缘导线,其额定电压不应低于 500 V。

②管内导线包括绝缘层在内的总截面面积应不大于管内截面面积的 40%。

③导线在管内不应有接头和扭结,接头应放在接线盒(箱)内。

④同一交流回路的导线必须穿于同一管内。

⑤不同回路、不同电压等级和不同电流种类的导线,不得同管敷设,但下列几种情况除外:

a.电压为 50 V 及以下的回路;

b.同一台设备的电源线路和无抗干扰要求的控制线路;

c.同一花灯的所有回路;

d.同类照明的多个分支回路,但管内的导线总数不应超过 8 根。

2)穿线方法

穿线工作一般应在管子全部敷设完毕后进行。先清扫管内积水和杂物,再穿一根钢丝线作引线,当管路较长或弯曲较多时,也可在配管时就将引线穿好。一般在现场施工中对于管路较长,弯曲较多,从一端穿入钢引线有困难时,多采用从两端同时穿钢引线,且将引线头弯成小钩,当估计一根引线端头超过另一根引线端头时,用手旋转较短的一根,使两根引线绞在一起,然后把一根引线拉出,就可以将引线的一头与需穿的导线结扎在一起。然后由两人共同操作,一人拉引线,一人整理导线并往管中送,直到拉出导线为止。

2.4　线槽配线

　　线槽配线由于配线方便,明配时也比较美观,在高层建筑中,常用于地下层的电缆配线、变配电所到电气竖井、电气竖井内及经过中筒向各用户的配线,也可以利用这种配线方式将不同功能的弱电配到各用户。线槽配线分为金属线槽配线、电缆桥架配线、塑料线槽配线和金属线槽地面内暗配。

· 2.4.1 金属线槽配线 ·

1）金属线槽的选择与敷设

金属线槽是用厚度为 0.4~1.5 mm 的钢板制成,适用于正常环境下室内干燥和不易受机械损伤的场所明敷设。具有槽盖的封闭式金属线槽,有与金属管相当的耐火性能,可用在建筑物顶棚内敷设。

选择金属线槽时,应考虑到导线的填充率及载流导线的根数,并满足散热、敷设等安全要求。

金属线槽敷设时,吊点及支持点的距离应根据工程具体条件确定。一般在直线段固定间距为 500~2 000 mm,在线槽的首端、终端、分支、转角、接头及进出线盒处为 200 mm。

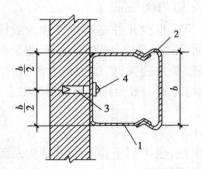 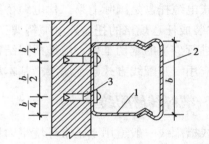

图 2.10 金属线槽在墙上安装

1—金属线槽;2—槽盖;3—塑料胀管;4—8×35 半圆头木螺丝

金属线槽在墙上安装时,可根据线槽的宽度采用 1 个或 2 个塑料胀管配合木螺丝并列固定。一般当线槽的宽度 $b \leqslant 100$ mm 时,采用一个胀管固定;线槽宽度 $b > 100$ mm 时,采用 2 个胀管并列固定,如图 2.10 所示。每节线槽的固定点不应少于 2 个,固定点间距一般为 500 mm,线槽在转角、分支处和端部都应有固定点。金属线槽还可采用托架、吊架等进行固定架设,如图 2.11 所示。

金属线槽的连接应无间断,直线段连接应采用连接板,用垫圈、螺栓、螺母紧固,连接处间隙应严密、平直。在线槽的两个固定点之间,线槽的直线段连接点只允许有一个。线槽进行转角、分支以及与盒（箱）连接时应采用配套弯头、三通等专用附件。金属线槽在穿过墙壁或楼板处不得进行连接,穿过建筑物变形缝处应装设补偿装置。

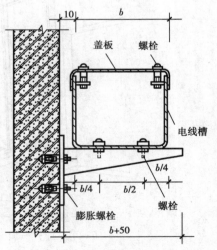

图 2.11 金属线槽在水平支架上安装

2）槽内配线要求

线槽内导线敷设，不应出现挤压、扭结、损伤绝缘等现象，应将放好的导线按回路（或按系统）整理成束，并用尼龙绳绑扎成捆，分层排放在线槽内，做好永久性编号标志。

导线总截面面积包括绝缘层在内不应大于线槽截面积的40%。在盖板可拆卸的线槽内，导线接头处所有导线截面积之和（包括绝缘层），不应大于线槽截面积的75%。在盖板不易拆卸的线槽内，导线的接头应置于线槽的接线盒内。金属线槽应可靠接地或接零，线槽所有非导电部分的铁件均应相互连接，使线槽本身有良好的电气连续性，但不作为设备的接地导体。

2.4.2 电缆桥架配线

电缆桥架也称为电缆梯架，其产品结构多样化，有梯级式、托盘式、槽式、组合式、全封闭式等，在材料上除了用钢材板材外，又发展了追求美观轻便的铝合金，表面处理方面有冷镀锌、电镀锌、塑料喷涂及镍合金电镀，电缆桥架的高度一般为50~100 mm。

组装式电缆托盘是国际上第二代电缆桥架产品，只用很少几种基本构件和少量标准紧固件，就能拼装成任意规格的托盘式电缆桥架，包括直通、弯通、分支、宽窄变化等，组装时只需拧紧螺栓和进行少量的锯切工作。电缆桥架结构简单，安装快速灵活，维护也方便，在建筑工程中已广泛应用。其配线方式与金属线槽基本相同，固定方式一般为托盘或吊架式。

2.4.3 塑料线槽配线

塑料线槽配线一般适用于正常环境室内场所的配线，也可用于预制墙板结构及无法暗配线的工程。塑料线槽由槽底、槽盖及附件组成，由难燃型硬质聚氯乙烯工程塑料挤压成型，产品具有多种规格、外形美观，可对建筑物起到装饰作用。配线示意见图2.12。

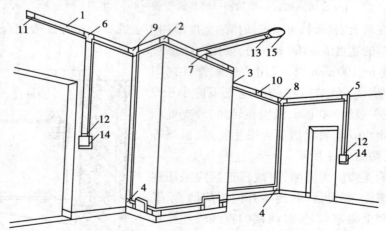

图2.12 塑料线槽的配线示意图
1—直线线槽；2—阳角；3—阴角；4—直转角；5—平转角；
6—平三通；7—顶三通；8—左三通；9—右三通；10—连接头；
11—终端头；12—开关盒插口；13—灯位盒插口；14—开关盒及盖板；15—灯位盒及盖板

塑料线槽敷设时,宜沿建筑物顶棚与墙壁交角处的墙上及墙角和踢脚板上口线上敷设。槽底固定方法与金属线槽基本相同,其固定点间距应根据线槽规格而定,一般线槽宽度20~40 mm,固定点最大间距0.8 m;线槽宽度60 mm,两个胀管并列固定,固定点最大间距1.0 m;线槽宽度80~120 mm,两个胀管并列固定,固定点最大间距0.8 m。端部固定点与槽底端点间距不应小于50 mm。

槽底的转角、分支等均应使用与槽底相配套的弯头、三通、分线盒等标准附件。线槽的槽盖及附件一般为卡装式,将槽盖及附件对准槽底平行放置,用手一按,槽盖及附件就可卡入到槽底的凹槽中。槽盖与各种附件相对接时,接缝处应严密平整、无缝隙,无扭曲和翘角变形现象。

· 2.4.4 地面内暗装金属线槽配线 ·

地面内暗装金属线槽配线是为适应现代化建筑物电气线路日趋复杂而配线出口位置又多变的实际需要而推出的一种新型配线方式。它是将电线或电缆穿入特制的壁厚为2 mm的封闭式矩形金属线槽内,直接敷设在混凝土地面、现浇钢筋混凝土楼板或预制混凝土楼板的垫层内。其组合安装如图2.13所示。

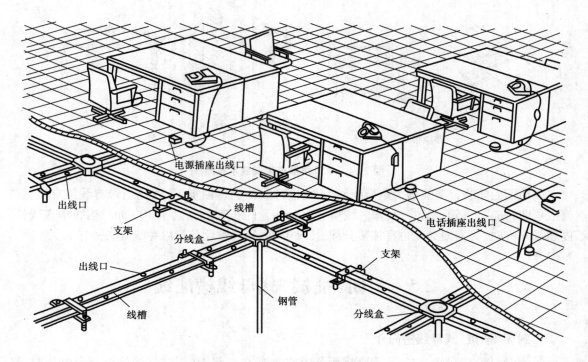

图2.13 地面内暗装金属线槽配线

地面内暗装金属线槽分为单槽型及双槽分离型两种结构形式,当强电与弱电线路同时敷设时,为防止电磁干扰,应采用双槽分离型线槽分槽敷设,将强、弱电线路分隔。槽内允许容纳导线数量见表2.23。

表 2.23　地面线槽内允许容纳导线及电缆数量表

导线型号名称及规格	BV—500 绝缘导线						通信、弱电线路及电缆			
	单芯导线规格/mm²						RVB 平型软线	HYV 电话电缆	SYU 同轴电缆	
线槽型号规格	1	1.5	2.5	4	6	10	2×0.2	2×0.5	75—5	75—9
	槽内容纳导线/根						槽内容纳导线对数或电缆(条数)			
50 系列	60	35	25	20	15	9	40 对	(1)×80	(25)	(15)
70 系列	130	75	60	45	35	20	80 对	(1)×150	(60)	(30)

　　地面内暗装金属线槽安装时,应根据单线槽或双线槽不同结构形式,选择单压板或双压板与线槽组装并上好地脚螺栓,将组合好的线槽及支架沿线路走向水平放置在地面或楼(地)面的抄平层或楼板的模板上,如图 2.14 所示,然后再进行线槽的连接。线槽连接应使用线槽连接头进行连接。线槽支架的设置一般在直线段 1～1.2 m 间隔处、线槽接头处或距分线盒 200 mm 处。

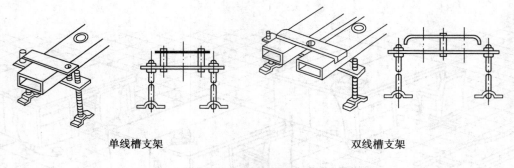

单线槽支架　　　　　　　　　双线槽支架

图 2.14　单双线槽支架安装示意图

　　因地面内暗装金属线槽为矩形断面,不能进行线槽的弯曲加工,因此当遇有线路交叉、分支或弯曲转向时,必须安装分线盒。线槽插入分线盒的长度不宜大于 10 mm。当线槽直线长度超过 6 m 时,为方便穿线也宜加装分线盒。线槽内导线敷设与管内穿线方法一样。

2.5　封闭(插接)式母线槽配线

1)封闭(插接)式母线槽简介

　　封闭(插接)式母线是把铜(铝)排用绝缘夹板夹在一起,并用空气绝缘或缠包绝缘带绝缘,再置于优质钢板的外壳内,母线的连接是采用高强度的绝缘板隔开各导电排,以完成母线的插接,然后用覆盖环氧树脂的绝缘螺栓紧固,以确保母线连接处的绝缘可靠。

　　封闭(插接)式母线有单相两线、单相三线、三相三线、三相四线及三相五线式等,可根据需要选用。封闭(插接)式母线本身结构紧凑,可以用于增加母线槽的数量以延伸线路,由于通过各种连接件与变压器、配电箱等连接非常方便,安装工艺简便,还便于中间分支,因此适用于大电流的配电干线,在变、配电所及高层建筑中已被广泛应用。

由于国内封闭(插接)式母线槽生产厂家很多,不但母线的名称各异(如封闭式母线、插接式母线或母线槽等),就连其型号含义及功能单元代号、标准长度代号的表示方法也不尽相同,同时又有各自的安装方式和安装附件,在选用时应多加注意。

2)封闭(插接)式母线槽的功能单元

(1)普通型母线槽

即直线式母线槽,单纯是为了延伸配电线路,通过绝缘螺栓能方便地连接成母线干线系统,带有插孔的母线槽(见图2.15)可以通过插接分线箱、配电箱与母线槽形成一个完整的网络,并可通过插接分线箱进行电源分支,方便地引出电源分路,向用电设备供电。普通型母线槽有十几种规格,一般长度在0.5~3 m,有的母线槽可长达6 m。

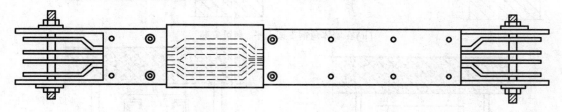

图2.15 带插孔的母线槽

(2)插接分线箱

插接分线箱应与带插孔的母线槽匹配使用,以方便地引出电源,向用电设备供电。插接分线箱内部可安装空气开关、闸刀开关、熔断器、按钮或其他电器元件,并可以自由选择。

(3)始端母线槽

母线槽在与变压器、配电柜或电缆连接时,采用始端母线槽,如图2.16所示,其长度一般有0.5 m、1 m两种。

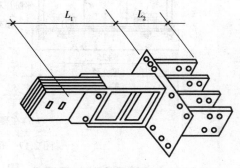

图2.16 始端母线槽

(4)各种弯头

母线槽配线时,为了改变配线方向,还配套有各种弯头,有L形弯头、Z形弯头、T形弯头、十字形弯头等。

(5)膨胀节母线槽

当封闭(插接)式母线运行时,母线导体会随着温度的升高而沿长度方向膨胀,为适应其膨胀,当直线敷设长度超过40 m时,应设置伸缩节(即膨胀节母线槽)。母线在水平跨越建筑物的伸缩缝或沉降缝处,也宜采取适当措施。

3)封闭式母线槽支、吊架制作安装

母线槽的固定形式有垂直和水平安装两种。水平安装分为平卧式和侧卧式,垂直安装有弹簧支架和沿墙支架固定式。支、吊架可以根据用户要求由厂家配套供应,也可以自制。制作支、吊架应根据施工现场结构类型,采用角钢和槽钢制作,一般采用"一"字形、"U"形、"L"形、"T"字形和吊架形等几种形式。其安装示意见图2.17。

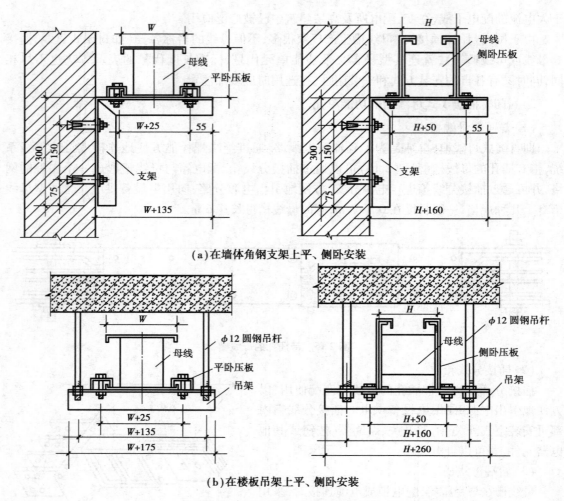

(a)在墙体角钢支架上平、侧卧安装

(b)在楼板吊架上平、侧卧安装

图 2.17　母线在支、吊架上水平安装

4)封闭式母线槽安装一般要求

①封闭式母线水平安装时,与地面的距离不应小于 2.2 m。垂直安装时,距地面 1.8 m 以下部分应采取防止机械损伤措施。但敷设在电气专用房间(如配电室、电机室、电气竖井、技术层等)时除外。

②封闭式母线水平敷设时支撑点间距不宜大于 2 m。垂直敷设时,应在通过楼板处采用专用附件支撑,如图 2.18 所示。

③当封闭式母线直线敷设长度超过 40 m 时,应设置伸缩节(即膨胀节母线槽)。母线在水平跨越建筑物的伸缩缝或沉降缝处,应采取适当措施。

④封闭式母线的插接分支点应设在安全及维修方便的地方。

⑤封闭式母线的连接不应在穿过楼板或墙壁处进行,如图 2.19 所示。

⑥封闭式母线在穿过防火墙及防火楼板时,应采取防火措施。

⑦封闭式母线的外壳需做接地连接,但不得作为保护干线用。

封闭式母线槽接地连接有利用壳体本身做接地线的,也有一种半总体接地装置(图 2.20 为半总体接地装置示意图),接地金属带与各相母线并列,在连接各母线槽时,相邻槽的接地

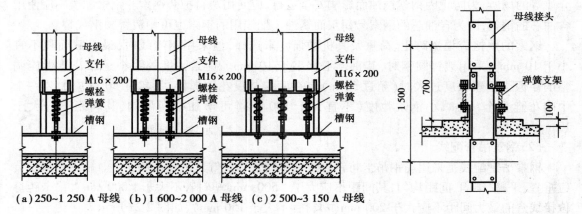

(a) 250~1 250 A 母线　(b) 1 600~2 000 A 母线　(c) 2 500~3 150 A 母线

图 2.18　母线安装用弹簧支承器

图 2.19　母线接头与楼(地)面
关系示意图

铜带自动紧密结合。还有在外壳体上附加 25 mm×3 mm 裸铜带做接地线的(图 2.21 为附加接地装置示意图)。无论采用什么形式接地,均应接地牢固,防止松动,且严禁焊接。母线槽外壳接地线应与专用保护线(PE 线)连接。

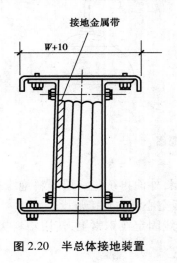

图 2.20　半总体接地装置

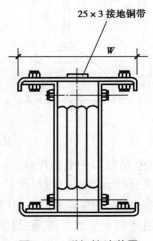

图 2.21　附加接地装置

2.6　钢索配线

在工业厂房或高大场所内,当屋架较高,跨度较大,而灯具安装高度要求较低时,照明线路可采用钢索配线。所谓钢索配线,就是在建筑物两端的墙壁或柱、梁之间架设一根用花篮螺栓拉紧的钢索,再将导线和灯具悬挂敷设在钢索上。导线在钢索上敷设可以采用管子配线、塑料护套线配线等,与前面配线不同的是增加了钢索的架设。

(1)钢索的选择

钢索配线应优先使用镀锌钢索,钢索的单根钢丝直径应小于 0.5 mm。在潮湿或有腐蚀性介质等的场所,为防止因钢索锈蚀而影响安全运行,应使用塑料护套钢索。钢索配线不应使用含油芯的钢索,因为含油芯的钢索易积灰而锈蚀。配线用的钢索也可用镀锌圆钢代替。

钢索的规格应根据跨距、荷重及其机械强度来选择,但采用钢绞线时,最小截面积不宜小于 10 mm²;采用镀锌圆钢时,其直径不宜小于 10 mm。钢索弧度的大小是靠花篮螺栓调整的。但当钢索长度过大时(超过 50 m)应在两端装设花篮螺栓,每超过 50 m 应加装一个中间花篮螺栓。为减小钢索弧度(不宜大于 100 mm)可增加中间吊钩,其间距不应大于12 m。

(2)钢索吊管配线

钢索吊管配线是采用扁钢吊卡将钢管或硬塑料管以及灯具吊装在钢索上。扁钢吊卡安装应垂直、平整、牢固、间距均匀,其间距不应大于 1 500 mm(塑料管不大于 1 000 mm),吊卡距灯位接线盒的最大间距不应大于 200 mm(塑料管不大于 150 mm),如图 2.22 所示。

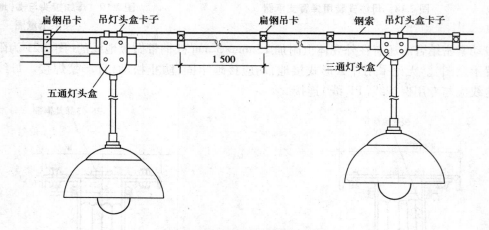

图 2.22　钢索吊管配线示意图

(3)钢索吊塑料护套线配线

塑料护套线具有双层塑料保护层,即线芯绝缘为内层,外面再统包一层塑料绝缘护套,常见的型号有 BVV、BLVV、BVVB、BLVVB 等,常用在预制板空心洞中直接敷设。

钢索吊塑料护套线配线是采用铝皮线卡将塑料护套线固定在钢索上,使用塑料接线盒和

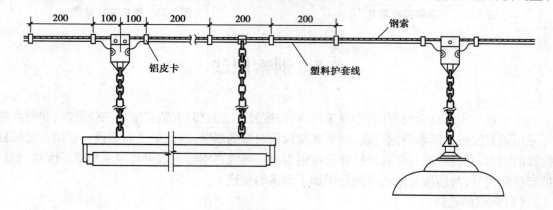

图 2.23　钢索吊塑料护套线配线示意图

接线盒固定钢板把照明灯具吊装在钢索上,如图 2.23 所示。线卡距灯头盒的最大距离为 100 mm;线卡之间最大间距为 200 mm。

2.7 电气竖井内配线

竖井内配线一般适用于多层和高层民用建筑中强电及弱电垂直干线的敷设,是高层建筑特有的一种综合配线方式。

高层民用建筑与一般的民用建筑相比,室内配电线路的敷设有一些特殊情况。一方面是由于电源一般在最底层,用电设备分布在各个楼层直至最高层,配电主干线垂直敷设且距离很大;另一方面是消防设备配线和电气主干线有防火要求。这就形成了高层建筑室内线路敷设的特殊性。

除了层数不多的高层住宅可采用导线穿钢管在墙内暗敷设以外,层数较多的高层民用建筑,由于低压供电距离长,供电负荷大,为了减少线路电压损失及电能损耗,干线截面都比较大。一般干线是不能暗敷设在建筑物墙体内的,须敷设在专用的电气竖井内。

· 2.7.1 电气竖井的构造 ·

电气竖井就是在建筑物中从底层到顶层留出一定截面的井道。竖井在每个楼层上设有配电小间,它是竖井的一部分,这种敷设配电主干线上升的电气竖井,每层都有楼板隔开,只留出一定的预留孔洞。考虑防火要求,电气竖井安装工程完成后,将预留孔洞多余的部分用防火材料封堵。为了维修方便,竖井在每层均设有向外开的维护检修防火门。因此,电气竖井实质上是由每层配电小间上下及配线连接构成。

电气竖井的大小应根据线路及设备的布置确定,而且必须充分考虑配线及设备运行的操作和维护距离。竖井大小除满足配线间隔及端子箱、配电箱布置所必须尺寸外,并宜在箱体前留出不小于 0.8 m 的操作、维护距离。目前,在一些工程中受土建布局的限制,大部分竖井的尺寸较小,给使用和维护带来很多问题,值得引起注意。图 2.24 所示,为强弱电竖井配电设备布置方案,可供设计施工时参考。

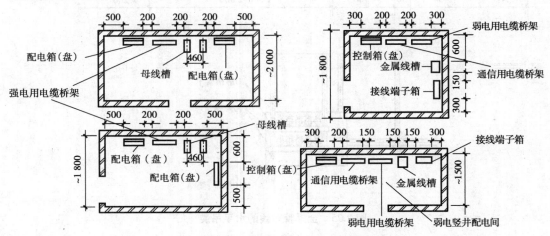

图 2.24 电气竖井配电设备布置示意图

2.7.2 电气竖井内配线 ·

电气竖井内常用的配线方式为金属管、金属线槽、电缆或电缆桥架及封闭母线等。

在电气竖井内除敷设干线回路外,还可以设置各层的电力、照明分线箱及弱电线路的端子箱等电气设备。

竖井内高压、低压和应急电源的电气线路,相互间应保持 0.3 m 及以上距离或采取隔离措施,并且高压线路应设有明显标志。

强电和弱电如受条件限制必须设在同一竖井内,应分别布置在竖井两侧或采取隔离措施以防止强电对弱电的干扰。

电气竖井内应敷设有接地干线和接地端子。

1)金属管配线

在多、高层民用建筑中,采用金属管配线时;配管由配电室引出后,一般可采用水平吊装,如图 2.25 所示的方式进入电气竖井内,然后沿支架在竖井内垂直敷设。

在竖井内,绝缘导线穿钢导管布线穿过楼板处,应配合土建施工,把钢导管直接预埋在楼板上,不必留置洞口,也不再需要进行防火封堵。

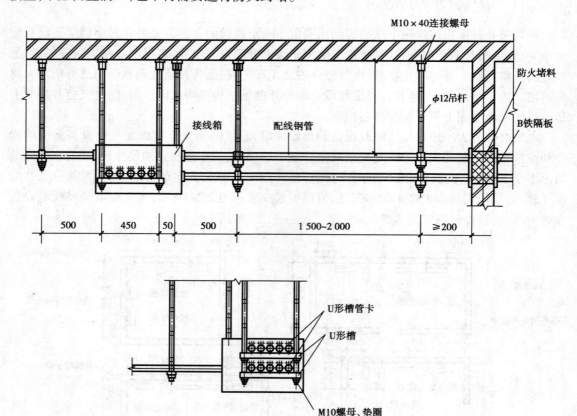

图 2.25 金属管布线的水平吊装

2) 金属线槽配线

利用金属线槽配线施工比较方便,线槽水平吊装可以用角钢支架支撑,角钢支架可以用膨胀螺栓固定在建筑物楼板下方,膨胀螺栓的孔是用冲击钻打出的,在楼板上并不需要预留或预埋件。吊装线槽的吊杆与膨胀螺栓的连接,可使用 M10×40 连接螺母进行,如图 2.26 所示。

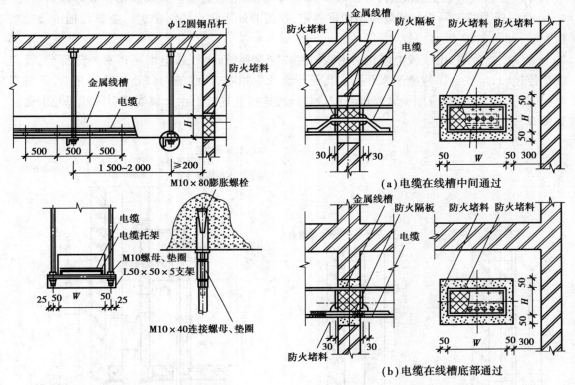

图 2.26　金属线槽的水平吊装　　　　图 2.27　金属线槽穿墙吊装

金属线槽在通过墙壁处,应用防火隔板进行隔离,防火隔板可以采用矿棉半硬板 EF—85 型耐火隔板。金属线槽穿墙做法,如图 2.27 所示。在离墙 1 m 范围内的金属线槽外壳应涂防火涂料。

在电气竖井内金属线槽沿墙穿楼板安装时,用扁钢支架固定金属线槽,扁钢支架可用 Q235A 钢材现场加工制作,如图 2.28 所示。有条件时支架可以进行镀锌处理,当条件不具备时,应按工程设计规定涂漆处理。

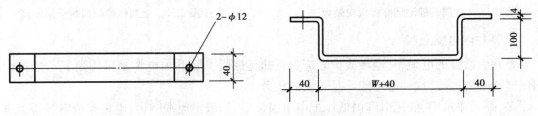

图 2.28　金属线槽用扁钢支架
W—线槽宽度

金属线槽用扁钢支架,使用 M10×80 膨胀螺栓与墙体固定,线槽槽低与支架之间用 M6×10 开槽盘头螺钉固定。金属线槽底部固定线槽的扁钢支架距楼地面距离为 0.5 m,固定支架中间距离为 1~1.5 m。金属线槽的支架应该用 φ12 镀锌圆钢进行焊接连接并作为接地干线。金属线槽穿过楼板处应设置预留洞,并预埋 L 40×4 固定角钢做边框。金属线槽安装好以后,再用 4 mm 厚钢板做防火隔板与预埋角钢边框固定,预留洞处用防火堵料密封。金属线槽沿墙穿楼板安装,如图 2.29 所示。

金属线槽配线,电线或电缆在引出线槽时要穿金属管,电线或电缆不得有外露部分,管与线槽连接时,应在金属线槽侧面开孔。孔径与管径应相吻合,线槽切口处应整齐光滑,严禁用电、气焊开孔,金属管应用锁紧螺母和护口与线槽连接孔连接。由金属线槽引入端子箱的做法如图 2.30 所示。

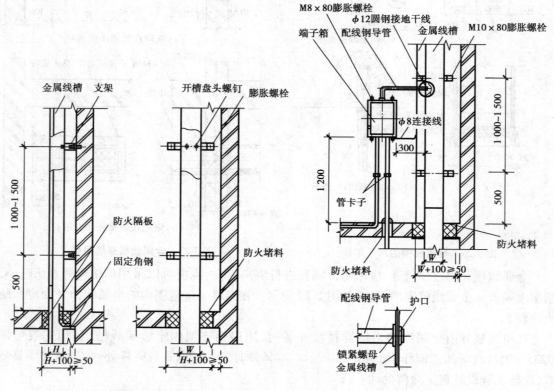

图 2.29　金属线槽沿墙穿楼板安装做法　　　　图 2.30　金属线槽配线端子箱安装

3)竖井内电缆配线

竖井内敷设的电缆,其绝缘或护套应具有非延燃性。竖井内电缆多采用聚氯乙烯护套细钢丝铠装电力电缆,这种电缆能承受较大的拉力。

多、高层建筑中,低压电缆由低压配电室引出后,一般沿电缆隧道、电缆沟或电缆桥架进入电缆竖井,然后沿支架或桥架垂直上升。

电缆在竖井内沿支架垂直配线,采用的支架可按金属线槽用扁钢支架的样式在现场加工制作,支架的长度应根据电缆直径和根数的多少而定。

扁钢支架与建筑物的固定应采用 M10×80 的膨胀螺栓紧固。支架每隔 1.5 m 设置一个,底部支架距楼(地)面的距离不应小于 300 mm。电缆在支架上的固定采用与电缆外径相配合的管卡子固定,电缆之间的间距不应小于 50 mm。

电缆在穿过竖井楼板或墙壁时,应穿在保护管内保护,并应以防火隔板、防火堵料等做好密封隔离,电缆保护管两端管口空隙处应做密封隔离。电缆沿支架的垂直安装,如图 2.31 所示。电缆在穿过楼板处也可以配合土建施工在楼板内预埋保护管,电缆配线后,只在保护管两端电缆周围管口空隙处做密封隔离。

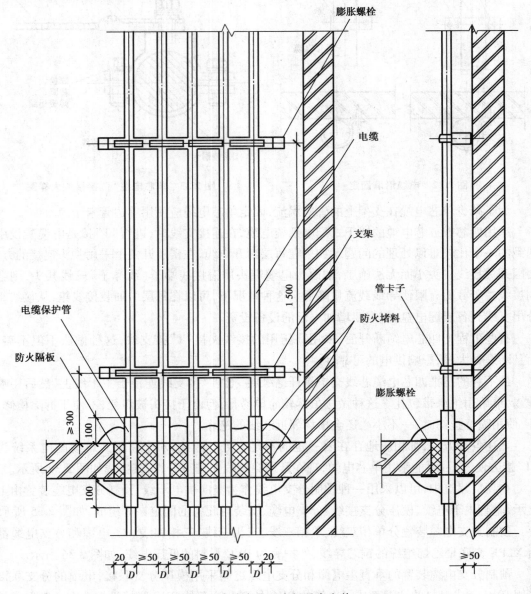

图 2.31 电缆布线沿支架垂直安装

小截面电缆在电气竖井内配线,还可以沿墙敷设,此时可使用管卡子或单边管卡子用 φ6×30 塑料胀管固定,如图 2.32 所示。

电缆配线垂直干线与分支干线的连接,常采用"T"接方法。为了接线方便,树干式配电系统电缆应尽量采用单芯电缆,单心电缆"T"接是采用专门的"T"接头由两个近似半圆的铸铜U形卡构成,两个U形卡卡住电缆芯线,两端用螺栓固定。其中一个U形卡上带有固定引出导线接线耳的螺孔及螺钉。单芯电缆T形接头大样如图2.33所示。

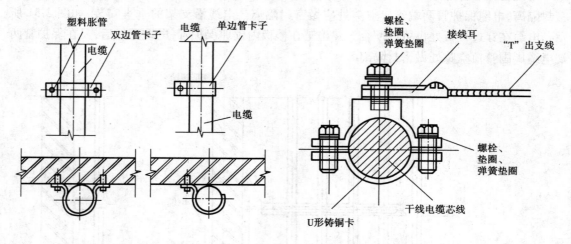

图2.32　电缆沿墙固定　　　　　　　　图2.33　单芯电缆"T"接接头大样图

为了减少单芯电缆在支架上的感应涡流,固定单芯电缆应使用单边管卡子。

采用四芯或五芯电缆的树干式配电系统电缆,在连接支线时,进行"T"接是电缆敷设中常遇到的一个比较难以处理的问题。如果在每层断开电缆,在楼层开关上采用共头连接的方法,会因开关接线桩头小而无法施工;如改为电缆端头用铜接线端子(线鼻子)三线共头,则会因铜接线端子截面有限使导线载流量降低。这种情况下,可以在每层中加装接线箱,从接线箱内分出支线到各层配电盘,但需要增加一定的设备投资。

有些工程把四芯电缆断开后,采用高压用的接线夹接"T"接支线,这种做法不但不美观,而且断缆处太多,影响供电的可靠性。

最不利的是把四芯电缆芯线交错剥开绝缘层,把"T"接支线连接于主干线上,然后用喷灯挂锡,最后用绝缘带包扎。这种做法虽然较简单易行,但由于接头被焊死,不便于拆除检修,另外,使用喷灯挂锡时,一不小心还会损坏邻近芯线的绝缘。

上述各种方法,都相应地存在着一定的不足之处。因此,对于树干式电缆配电系统为了"T"接方便,应尽可能采用单芯电缆,现在常用穿刺线夹进行分支,其接线如图2.34所示。

在高层建筑中,可以采用一种预制分支电缆作为竖向供电干线,预制分支电缆装置由上端支承、垂直主干电缆、模压分支接线、分支电缆、安装时配备的固定夹等组成,如图2.35所示。

预制分支电缆装置分单相双线、单相三线、三相三线、三相四线。主电缆和分支电缆都是由XLPE交联聚乙烯绝缘的铜芯导线、外护套为PVC材料的低压电缆,如图2.36所示。

预制分支电缆装置的垂直主电缆和分支电缆之间采用模压分支联接,电缆的分支联接件采用PVC合成材料的注塑而成。电缆的PVC外套和注塑的PVC联接件接合在一起形成气密和防水,如图2.37所示。

预制分支电缆装置的分支联接及主电缆顶端处置和悬吊部件都在工厂中进行,这使电缆

图 2.34　穿刺线夹接线示意图

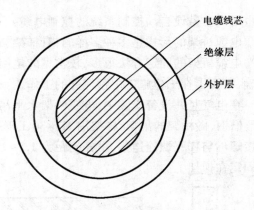

图 2.36　单芯电缆结构

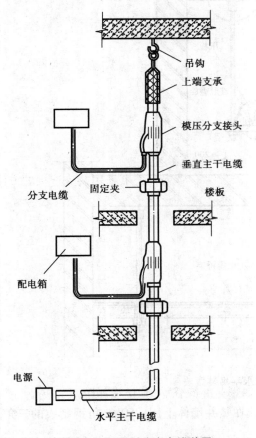

图 2.35　预制分支电缆装置

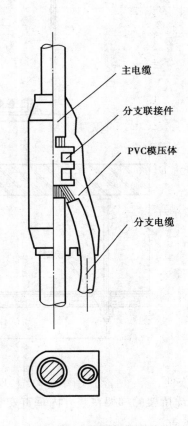

图 2.37　模压分支联接

分支接头的施工质量得到保证,并可以解决目前工地上难以保证的大规格电缆分支接头的质量问题。

4)电缆桥架配线

低压电缆由低压配电室引出后,可沿电缆桥架进入电缆竖井,然后再沿桥架垂直上升。电缆桥架特别适合于全塑电缆的敷设。桥架不仅可以用于敷设电力电缆和控制电缆,同时也可用于敷设自动控制系统的控制电缆。

电缆桥架的形式是多种多样的:有梯架、有孔托盘、无孔托盘和组合式桥架等。

电缆桥架的固定方法很多,较常见的是用膨胀螺栓固定,这种方法施工简单、方便、省工、准确,省去了在土建施工中预埋件的工作。

在电气竖井设备安装中,电缆桥架水平吊装,如图 2.38 所示。图中使用的 φ12 吊杆吊挂 U 形槽钢,做桥架的吊架,梯架用 M8×30 T 形螺栓和压板固定在 U 形槽钢上。吊杆用 M10×40 连接螺母与膨胀螺栓连接,吊杆间距为 1.5~2 m。电缆在梯架上是单层布置,用塑料卡带将电缆固定在梯架上。

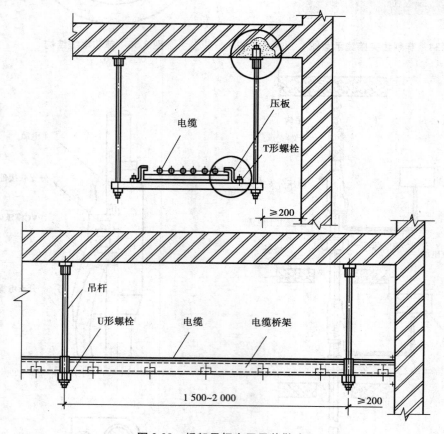

图 2.38　桥架吊杆水平吊装做法

电缆桥架的梯架在竖井内垂直安装时,是梯架在竖井墙体上用 L 50×5 角钢制成的三角形支架和同规格的角钢固定,在竖井楼板上用两根 ⊂10 槽钢和 L 50×5 角钢支架固定,如图 2.39 所示。

敷设在垂直梯架上的电缆采用塑料电缆卡子固定。

电缆桥架在穿过竖井时,应在竖井墙壁或楼板处预留洞口,配线完成后,洞口处应用防火隔板及防火堵料隔离,防火隔板可采用矿棉半硬板 EF—85 型耐火隔板式或厚 4 mm 钢板煨制,电缆桥架穿竖井的做法,如图 2.40 所示。

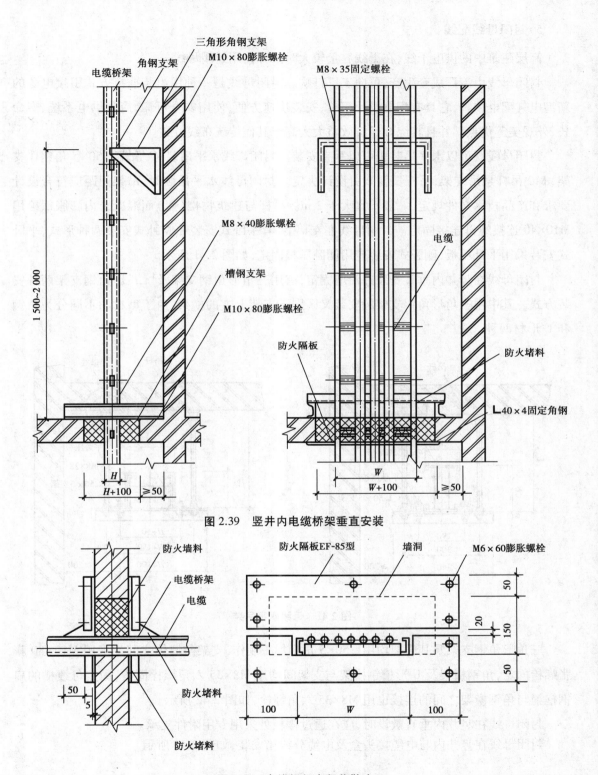

图 2.39　竖井内电缆桥架垂直安装

图 2.40　电缆桥架穿竖井做法

5）封闭母线配线

高层建筑中的供电干线,在干线容量较大时推荐使用封闭母线。

封闭母线由工厂成套生产,可向工厂订购。封闭母线是一种用组装插接方式引接电源的新型电气配电装置,它具有配电设计简单、安装快速方便,使用安全可靠,简化供电系统、寿命长、外观美等优点。并且其综合经济效益大大高于其他传统布线方式。

封闭母线既可以水平吊装也可以垂直安装。封闭母线水平吊装时,采用∟50×5角钢作支架,φ12吊杆悬吊支架,吊杆长度L由设计决定。封闭母线水平吊装时,吊架间距应符合设计要求和产品技术文件规定,一般不宜大于2 m。吊杆与建筑物楼(屋)面混凝土内膨胀螺栓用M10×40连接螺母连接固定。封闭母线在支架上,有平卧式安装和侧卧式安装两种形式,平卧式安装采用平卧压板,侧卧式安装应用侧卧压根固定,如图2.41所示。

封闭母线在竖井内垂直安装并沿墙固定,有用三角形角钢支架及"凵"形角钢支架两种安装方式。其中用三角形角钢支架的安装又区别于支架上方的横架,由于型材的不同分为角钢和U形材两种。

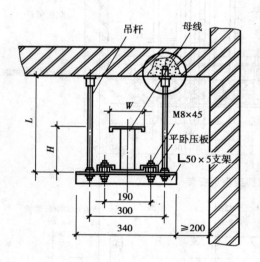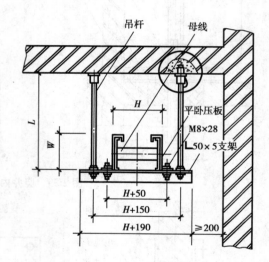

图2.41　母线水平吊装

三角形角钢支架及其横架均用∟50×5角钢加工制作,支架与墙体之间均采用M10×80膨胀螺栓固定,角钢横架及U形槽钢横架与支架间均用M8×35六角螺栓固定,固定母线槽的扁钢抱箍与角钢横架之间的连接也用M8×35六角螺栓,如图2.42所示。

封闭母线在竖井内垂直敷设时,应在通过楼板处采用专用附件支承。

封闭母线在竖井内与电缆接头盒及电缆分线箱安装,如图2.43所示。

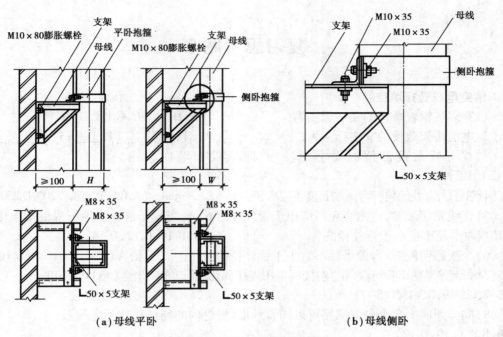

（a）母线平卧　　　　　　　　　　　　（b）母线侧卧

图 2.42　母线沿墙固定安装做法

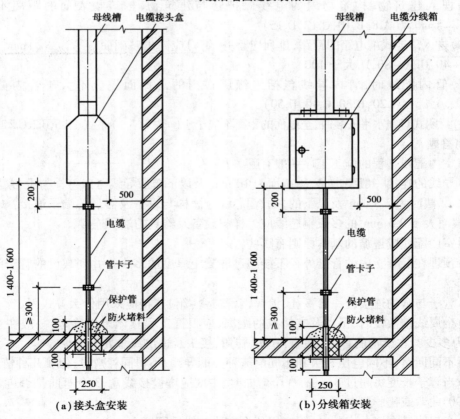

（a）接头盒安装　　　　　　　　　　　（b）分线箱安装

图 2.43　母线电缆接头盒、分线箱安装

复习思考题 2

1.填空题或选择填空题

(1)穿焊接钢管敷设的文字标注为( )。(A.TC,B.SC,C.PC,D.RC)

(2)电缆桥架敷设的文字标注为( )。(A.CT,B.MR,C.PR,D.CE)

(3)在导线敷设部位的文字标注中,暗敷设在墙内标注为( )。(A.WS,B.WC,C.BC)

(4)管子入盒处的鸭脖弯尾端长度不应大于( )mm。(A.120,B.150,C.200,D.250)

(5)当线路暗配时,弯曲半径不应小于管外径的 6 倍,当管子敷设于地下或混凝土楼板内时,其弯曲半径不应小于管外径的( )倍。(A.8,B.10,C.12,D.14)

(6)当线路明配时,弯曲半径不宜小于管外径的( )倍。(A.4,B.6,C.8,D.10)

(7)非镀锌厚壁钢管与盒(箱)连接可采用焊接固定,管口宜突出盒(箱)内壁( )mm。(A.2~7,B.3~9,C.3~5,D.5~7)

(8)同类照明的多个分支回路可以同管敷设,但管内的导线总数不应超过( )根。(A.6,B.8,C.10,D.12)

(9)埋入建筑物、构筑物内的电线保护管与建筑物、构筑物表面的距离不应小于( )mm。(A.8,B.10,C.12,D.15)

(10)进入落地式配电箱的管路,排列应整齐,管口应高出基础面( )mm。(A.10~30,B.20~40,C.50~80,D.大于100)

(11)管内配线时,管内导线包括绝缘层在内的总截面积应不大于管内截面积的( )%。(A.20,B.30,C.40,D.50)

(12)封闭式母线水平安装时,至地面的距离不应小于( )m。(A.1.5,B.2,C.2.2,D.3)

2.简答题

(1)室内配线工程的施工工序一般有哪些?

(2)导线的连接一般要求是,①截面为 10 mm² 及以下单股导线可以怎样与设备、器具的端子连接?②截面为 2.5 mm² 及以下的多股铜芯线应怎样与设备及器具的端子连接?③多股铝芯线和截面大于 2.5 mm² 的多股铜芯线应怎样与设备及器具的端子连接?

(3)室内配线应遵循的基本原则有哪些?

(4)预埋在混凝土内的管子外径不能超过混凝土厚度的多少?并列敷设的管子间距不应小于多少?

(5)管子与盒的连接应一管一孔,镀锌钢管与盒(箱)连接应采用什么方式固定?

(6)金属线槽敷设时,吊点及支持点的距离,应根据工程具体条件确定,一般在直线段固定间距为多少?在线槽的首端、终端、分支、转角、接头及进出线盒处为多少?

(7)不同回路、不同电压等级和不同电流种类的导线,不得同管敷设,但哪几种情况除外?

(8)当管子长度每超过 8 m,有 3 个弯曲时,中间应增设接线盒,3 个弯曲是否包含管子入盒处的 90°曲弯或鸭脖弯?

(9)金属线槽在墙上安装时,固定用什么方法?线槽宽度 b>100 mm 时如何固定?

(10)母线槽的固定形式有垂直和水平安装两种,水平安装有什么形式?垂直安装有什么形式?

3 照明与动力工程

〖本章导读〗

• **基本要求** 了解电力设备在平面图上的文字标注、建筑电气设备在平面图上的图形符号；熟悉动力设备配线工程特点；掌握办公科研楼照明配线工程特点、住宅照明配线工程特点。

• **重点** 办公科研楼照明配线工程特点、住宅照明配线工程特点、配线工程中的导线数量、管长和线长分析。

• **难点** 配线工程中的导线数量、管长和线长分析。

照明与动力工程是现代建筑工程中最基本的电气工程。动力工程主要是指以电动机为动力的设备、装置及其启动器、控制柜（箱）和配电线路的安装。照明工程主要包括灯具、开关、插座等电气设备和配电线路的安装。

3.1 照明与动力平面图的文字标注

1) 电力设备的标注方法

照明与动力平面图中的电力设备常常需要进行文字标注，其标注方式有统一的国家标准，下面将00DX001《建筑电气工程设计常用图形和文字符号》标准中的文字符号标注进行摘录见表3.1、表3.2。

表 3.1 建筑电气工程设计常用文字符号标注摘录

序号	项目种类	标注方式	说　　明	示　　例
1	用电设备	$\dfrac{a}{b}$	a—设备编号或设备位号 b—额定功率（kW 或 kV·A）	$\dfrac{P\,01B}{37\ kW}$ 热媒泵的位号为 P 01B,容量为 37 kW
2	概略图的电气箱（柜、屏）标注	$-a+\dfrac{b}{c}$	a—设备种类代号 b—设备安装的位置代号 c—设备型号	-AP1+1·B6/XL21-15 动力配电箱种类代号-AP1,位置代号+1·B6 即安装位置在一层 B、6 轴线,型号 XL21-15
3	平面图的电气箱（柜、屏）标注	$-a$	a—设备种类代号	-AP1　动力配电箱-AP1,在不会引起混淆时可取消前缀"-",即表示为 AP1

续表

序号	项目种类	标注方式	说　　明	示　　例
4	照明、安全、控制变压器标注	$a\dfrac{b}{c}d$	a—设备种类代号 $\dfrac{b}{c}$—一次电压/二次电压 d—额定容量	TL1 220/36 V 500 V·A 照明变压器 TL1 变比 220/36 V 容量 500 V·A
5	照明灯具标注	$a-b\dfrac{c\times d\times L}{e}f$	a—灯数 b—型号或编号(无则省略) c—每盏照明灯具的灯泡数 d—灯泡安装容量 e—灯泡安装高度,m,"-"表示吸顶安装 f—安装方式 L—光源种类	$5-BYS80\dfrac{2\times40\times FL}{3.5}CS$ 5 盏 BYS-80 型灯具,灯管为 2 根40 W 荧光灯管,安装高度距地 3.5 m,灯具为链吊安装
6	线路的标注	ab-c(d×e+f×g)i-jh	a—线缆编号 b—型号(不需要可省略) c—线缆根数 d—电缆线芯数 e—线芯截面,mm² f—PE、N线芯数 g—线芯截面,mm² i—线缆敷设方式 j—线缆敷设部位 h—线缆敷设安装高度,m 上述字母无内容则省略该部分	WP201 YJV-0.6/1 kV-2(3×150+2×70)SC80-WS3.5 电缆编号为 WP201 电缆型号、规格为 YJV-0.6/1 kV-2(3×150+2×70) 2 根电缆并联连接 敷设方式为穿 DN80 焊接钢管沿墙明敷 线缆敷设高度距地 3.5 m
7	电缆桥架标注	$\dfrac{a\times b}{c}$	a—电缆桥架宽度,mm b—电缆桥架高度,mm c—电缆桥架安装高度,m	600×150/3.5　电缆桥架宽度 600 mm,桥架高度 150 mm,安装高度距地 3.5 m
8	电缆与其他设施交叉点标注	$\dfrac{a-b-c-d}{e-f}$	a—保护管根数 b—保护管直径,mm c—保护管长度,m d—地面标高,m e—保护管埋设深度,m f—交叉点坐标	6-DN100-1.1 m-0.3 m -1 m-17.2(24.6) 电缆与设施交叉,交叉点 A 坐标为 17.2,B 坐标为 24.6,埋设 6 根长 1.1 m 的 DN100 焊接钢管,埋设深度为-1 m,地面标高为-0.3 m
9	电话线路的标注	a-b(c×2×d)e-f	a—电话线缆编号 b—型号(不需要时可省略) c—导线对数 d—线缆截面 e—敷设方式和管径,mm f—敷设部位	W1-HPVV(25×2×0.5)M-MS W1 为电话电缆编号 电话电缆的型号、规格为 HPVV(25×2×0.5) 电话电缆敷设方式为用钢索敷设 电话电缆沿墙敷设

序号	项目种类	标注方式	说　明	示　例
10	电话分线盒、交接箱的标注	$\dfrac{a \times b}{c}d$	a—编号 b—型号(不需要标注可省略) c—线序 d—用户数	$\dfrac{\#3 \times NF\text{-}3\text{-}10}{1 \sim 12}6$ #3 电话分线盒的型号规格为 NF-3-10,用户数为 6 户,接线线序为 1~12
11	断路器整定值的标注	$\dfrac{a}{b}c$	a—脱扣器额定电流 b—脱扣整定电流值 c—短延时整定时间(瞬断不标注)	$\dfrac{500\ A}{500\ A \times 3}0.2\ s$ 断路器脱扣器额定电流为 500 A,动作整定值为 500 A×3,短延时整定值为 0.2 s

2)灯具安装方式的标注

灯具安装方式有若干种,其文字符号标注见表 3.2。

表 3.2　灯具安装方式的标注

序　号	名　称	标注文字符号		序　号	名　称	标注文字符号	
		新标准	旧标准			新标准	旧标准
1	线吊式	SW	WP	7	顶棚内安装	CR	无
2	链吊式	CS	C	8	墙壁内安装	WR	无
3	管吊式	DS	P	9	支架上安装	S	无
4	壁装式	W	W	10	柱上安装	CL	无
5	吸顶式	C	—	11	座装	HM	无
6	嵌入式	R	R	12	台上安装	T	无

3)常用图形符号的文字标注

在 IEC 和 GB/T 的新标准中,有的电器种类比较多,但不是用不同的图形符号进行区别,而是在项目图形符号附近用文字标注的方式进行区别,表 3.3 是 GB/T 常用图形符号中的文字符号标注部分摘录。

表 3.3　常用图形符号的文字标注

序号	图形符号	说　明	项目种类	标注文字符号
1		配电中心的一般符号,示出 5 路馈线。符号就近标注种类代号"☆",表示的配电柜(屏)、箱、台	动力配电箱	AP
			应急动力配电箱	APE
			照明配电箱	AL
			应急照明配电箱	ALE

续表

序号	图形符号	说　明	项目种类	标注文字符号
2	⊗★	灯的一般符号,如需要指出灯具种类,则在"★"位置标出字母	壁灯	W
			吸顶灯	C
			筒灯	R
			密闭灯	EN
			防爆灯	EX
			圆球灯	G
			吊灯	P
			花灯	L
			局部照明灯	LL
			安全照明灯	SA
			备用照明灯	ST
3		(电源)插座和带保护接点(电源)插座的一般符号。根据需要可在"★"处用文字区别不同插座	单相(电源)插座	1P
			三相(电源)插座	3P
			单相暗敷(电源)插座	1C
			三相暗敷(电源)插座	3C
			单相防爆(电源)插座	1EX
			三相防爆(电源)插座	3EX
			单相密闭(电源)插座	1EN
			三相密闭(电源)插座	3EN
4		电信插座的一般符号,可用文字区别不同插座	电话插座	TP
			传真	FX
			传声器	M
			电视	TV
			信息	TO
5	─── ☆	导线一般符号,可用文字区别不同用途	电力干线	WP
			常用照明干线	WL
			事故照明干线	WEL
			封闭母线槽	WB
			滑触线	WT
			信号线路	WS
			接地线	E
			保护接地线	PE
			避雷线、避雷带、避雷网	LP

4)Y 系列三相电动机的技术数据

表 3.4 是 Y 系列三相电动机技术数据及设备选择表,表中的额定电流统计的比较早,有点偏大,因为现代的电动机制造时功率因数都有所提高,其额定电流会减小。在工程中,如果不知道三相电动机的额定电流,可以用经验公式进行估算,经验公式为每 kW 的电流为 2 A。例如 11 kW 的电动机,其额定电流估算为 2×11 kW=22 A。一般以 11 kW 为界限,11 kW 及以下电动机的额定电流一般比经验公式计算值稍大点,15 kW 及以上电动机的额定电流一般比经验公式计算值稍小点,仅供参考。

表 3.4　Y 系列三相电动机技术数据及设备选择表

| 序　号 | 电动机 | | 断路器 整定电流 /A | 启动设备 | 配线/管径 | 备　注 |
	额定功率/kW	额定电流/A		接触器/热继电器 /A	BV/DN	
1	0.55	1.6	6	6/2.4	2.5/15	SC
2	0.75	2.3	6	6/2.4	2.5/15	SC
3	1.1	3.2	6	6/3.5	2.5/15	SC
4	1.5	4	10	9/5	2.5/15	SC
5	2.2	5.8	10	9/7.2	2.5/15	SC
6	3	7.7	10	9/11	2.5/15	SC
7	4	9.9	16	16/11	2.5/15	SC
8	5.5	13.3	20	20/16	2.5/15	SC
9	7.5	17.7	25	25/24	4/20	SC
10	11	25.1	32	32/35	6/25	SC
11	15	34.1	40	50/45	10/32	SC
12	18.5	41.3	63	65/45	16/32	SC
13	22	47.6	63	65/63	16/32	SC
14	30	63	80	80/86	25/40	SC
15	37	78.2	100	110/100	35/50	SC
16	45	98	125	110/125	50/70	SC
17	55	120	160	150/160	70/70	SC
18	75	160	200	180/176	95/80	SC

注:摘自建筑工程设计编制深度实例范本《建筑电气》孙成群主编。

5)电线、电缆的允许载流量

电线、电缆截面一般按电线、电缆的允许温升,电压损失允许值和机械强度进行选择。电线电缆的允许温升应不超过其允许值,按发热条件,电线、电缆的允许持续工作电流(允许载流量)应不小于线路的工作电流。导线明敷及穿管载流量见附录表 3。

6)导线进入开关箱、柜、板等的预留线规定

在电气工程预算定额中,导线进入开关箱、柜、板等的预留线,按表 3.5 规定预留长度,应分别计入相应的工程量内。导线进入灯具、开关、插座、按钮等的预留线,已分别综合在有关项目内,做工程预算时,不另计算以上预留线的工程量。

表 3.5　连接设备导线预留长度表(每一根线)

序号	项　目	预留长度/m	说　明
1	各种开关箱、柜、板	高+宽	盘面尺寸
2	单独安装(无箱、盘)的铁壳开关、闸刀开关、启动器、母线槽进出线盒等	0.3	以安装对象中心算起
3	由地面管子出口至动力接线箱	1	以管口计算
4	电源与管内导线连接(管内穿线与软、硬母线接头)	1.5	以管口计算
5	出户线	1.5	以管口计算

3.2　某办公科研楼照明工程图

某办公科研楼是一栋两层的平顶楼房,图3.1、图3.2和图3.3分别为该楼的配电概略(系统)图,平面布置图。该楼的电气照明工程的规模不大但变化比较多,其分析方法对初学者非常有益,所以被编入许多电气识图类书籍中。笔者根据现在的教学需要,进行了部分修改和补充。

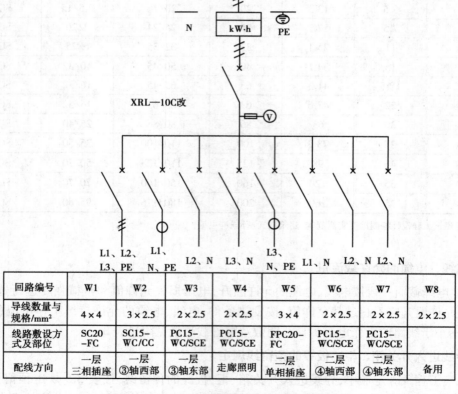

回路编号	W1	W2	W3	W4	W5	W6	W7	W8
导线数量与规格/mm²	4×4	3×2.5	2×2.5	2×2.5	3×4	2×2.5	2×2.5	2×2.5
线路敷设方式及部位	SC20–FC	SC15–WC/CC	PC15–WC/SCE	PC15–WC/SCE	FPC20–FC	PC15–WC/SCE	PC15–WC/SCE	
配线方向	一层三相插座	一层③轴西部	一层③轴东部	走廊照明	二层单相插座	二层④轴西部	二层④轴东部	备用

图 3.1　某办公科研楼照明配电概略(系统)图

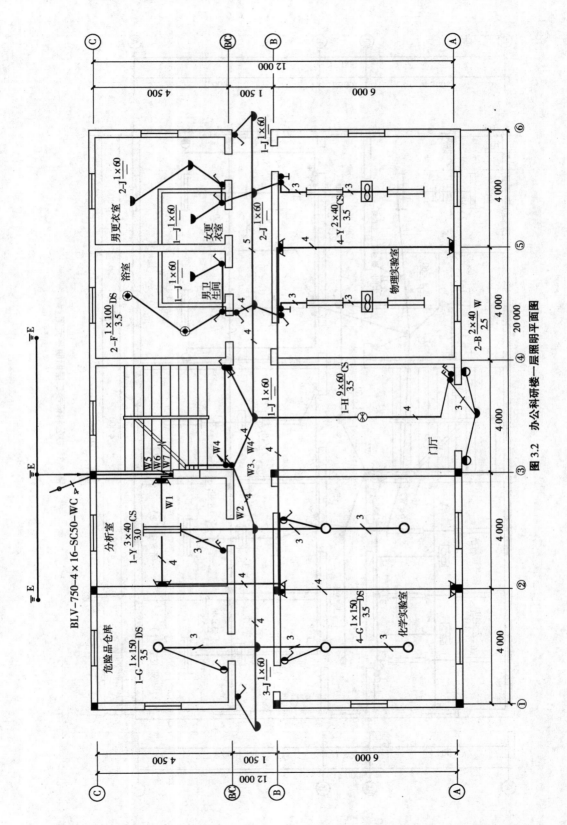

图 3.2　办公科研楼一层照明平面图

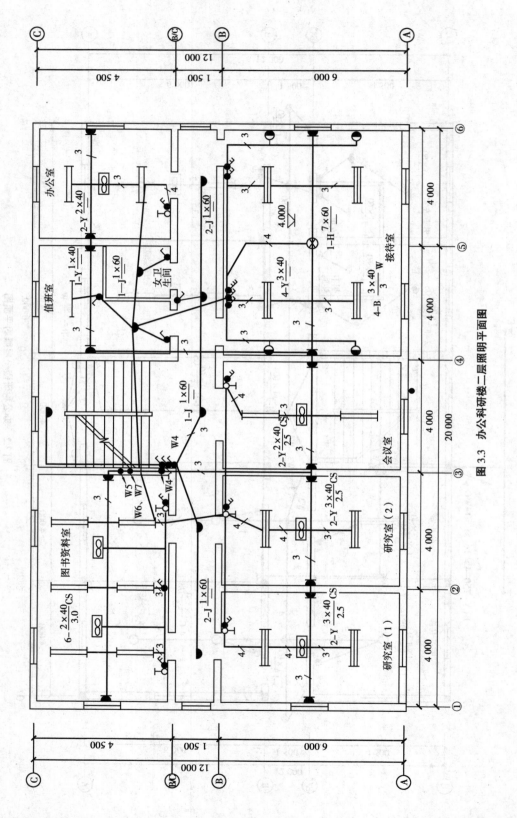

图 3.3　办公科研楼二层照明平面图

• *3.2.1 某办公科研楼照明工程图的阅读* •

1）施工说明

①电源为三相四线 380/220 V，接户线为 BLV-750 V-4×16 mm²，自室外架空线路引入，进户时在室外埋设接地极进行重复接地。

②化学实验室、危险品仓库按爆炸性气体环境分区为 2 号，并按防爆要求进行施工。

③配线：三相插座电源导线采用 BV-750 V-4×4 mm²，穿直径为 20 mm 的焊接钢管埋地敷设；③轴西侧照明为焊接钢管暗敷；其余房间均为 PVC 硬质塑料管在吊顶内暗敷。导线采用 BV-500 V-2.5 mm²。

④灯具代号说明：G—隔爆灯；J—半圆球吸顶灯；H—花灯；F—防水防尘灯；B—壁灯；Y—荧光灯。注：灯具代号是按原来的习惯用汉语拼音的第一个字母标注，属于旧代号。

2）进户线

根据阅读建筑电气平面图的一般规律，按电源入户方向依次阅读，即进户线→配电箱→干线回路→分支干线回路→分支线及用电设备。

从一层照明平面图可知，该工程进户点处于③轴线，进户线采用 4 根16 mm² 铝芯聚氯乙烯绝缘导线，穿钢管自室外低压架空线路引至室内配电箱，在室外埋设垂直接地体 3 根进行重复接地，从配电箱开始接出 PE 线，成为三相五线制和单相三线制。

3）照明设备布置情况

由于楼内各房间的用途不同，所以各房间布置的灯具类型和数量都不一样。

（1）一层设备布置情况

物理实验室装 4 盏双管荧光灯，每盏灯管功率 40 W，采用链吊安装，安装高度为距地 3.5 m，4 盏灯用两只单联开关控制；另有 2 只暗装三相插座，2 台吊扇。

化学实验室有防爆要求，装有 4 盏防爆灯，每盏灯内装一支 150 W 的白炽灯泡，管吊式安装，安装高度距地 3.5 m，4 盏灯用 2 只防爆式单联开关控制，另外还装有密闭防爆三相插座 2 个。危险品仓库亦有防爆要求，装有一盏防爆灯，管吊式安装，安装高度距地 3.5 m，由一只防爆单极开关控制。

分析室要求光色较好，装有一盏三管荧光灯，每只灯管功率为 40 W，链吊式安装，安装高度距地 3 m，用 1 只暗装双联开关控制，另有暗装三相插座 2 个。由于浴室内水气多，较潮湿，所以装有 2 盏防水防尘灯，内装 100 W 白炽灯泡，管吊式安装，安装高度距地 3.5 m，2 盏灯用一个单联开关控制。

男卫生间、女更衣室、走道、东西出口门外都装有半圆球吸顶灯。一层门厅安装的灯具主要起装饰作用，厅内装有一盏花灯，内装有 9 个 60 W 的白炽灯，采用链吊式安装，安装高度距地 3.5 m。进门雨棚下安装 1 盏半圆球形吸顶灯，内装一个 60 W 灯泡，吸顶安装。大门两侧分别装有 1 盏壁灯，内装 2 个 40 W 白炽灯泡，安装高度为 2.5 m。花灯、壁灯、吸顶灯的控制开关均装在大门右侧，共有 2 个双联开关。

（2）二层设备布置情况

接待室安装了 3 种灯具。花灯一盏，内装 7 个 60 W 白炽灯泡，为吸顶安装；三管荧光灯 4 盏，每只灯管功率为 40 W，吸顶安装；壁灯 4 盏，每盏内装 3 个 40 W 白炽灯泡，安装高度 3 m；

单相带接地孔的插座2个,暗装;总计9盏灯由11个单极开关控制。会议室装有双管荧光灯2盏,每只灯管功率40 W,链吊安装,安装高度2.5 m,两只开关控制;另外还装有吊扇一台,带接地插孔的单相插座2个。研究室(1)和(2)分别装有3管荧光灯2盏,每只灯管功率40 W,链吊式安装,安装高度2.5 m,均用2个开关控制;另有吊扇一台,带接地插孔的单相插座2个。

图书资料室装有双管荧光灯6盏,每只灯管功率40 W,链吊式安装,安装高度为3 m;吊扇2台;6盏荧光灯由6个开关控制,带接地插孔的单相插座2个。办公室装有双管荧光灯2盏,每只灯管功率40 W,吸顶安装,各由1个开关控制;吊扇一台,带接地插孔的单相插座2个。值班室装有1盏单管荧光灯,吸顶安装;还装有一盏半圆球吸顶灯,内装一只60 W白炽灯;2盏灯各自用1个开关控制,带接地插孔的单相插座2个。女卫生间、走道、楼梯均装有半圆球吸顶灯,每盏1个60 W的白炽灯泡,共7盏。楼梯灯采用2只双控开关分别在二楼和一楼控制。

4)各配电回路负荷分配

根据图3.1配电概略(系统)图可知,该照明配电箱设有三相进线总开关和三相电度表,共有8条回路,其中W1为三相回路,向一层三相插座供电;W2向一层③轴线西部的室内照明灯具及走廊供电;W3向③轴线以东部分的照明灯具供电;W4向一层部分走廊灯和二层走廊灯供电;W5向二层单相插座供电;W6向二层④轴线西部的会议室、研究室、图书资料室内的灯具、吊扇供电;W7为二层④轴线东部的接待室、办公室、值班室及女卫生间的照明、吊扇供电;W8为备用回路。

考虑到三相负荷应尽量均匀分配的原则,W2~W8支路应分别接在L1,L2,L3三相上。因W2、W3、W4和W5、W6、W7各为同一层楼的照明线路,应尽量不要接在同一相上,因此,可将W2、W6接在L1相上;将W3、W7接在L2相上;将W4、W5接在L3相上。

5)各配电回路连接情况

各条线路导线的根数及其走向是电气照明平面图的主要表现内容之一。然而,要真正认识每根导线及导线根数的变化原因,是初学者的难点之一。为解决这一问题,在识别线路连接情况时,应首先了解采用的接线方法是在开关盒、灯头盒内接线,还是在线路上直接接线;其次是了解各照明灯具的控制方式,应特别注意分清哪些是采用2个甚至3个开关控制一盏灯的接线,然后再一条线路一条线路地查看,这样就不难搞清楚导线的数量了。下面根据照明电路的工作原理,对各回路的接线情况进行分析。

(1)W1回路

W1回路为一条三相回路,外加一根PE线,共4条线,引向一层的各个三相插座。导线在插座盒内进行共头连接。

(2)W2回路

W2回路的走向及连接情况:W2、W3、W4各一根相线和一根零线,加上W2回路的一根PE线(接防爆灯外壳)共7根线,由配电箱沿③轴线引出到B/C轴线交叉处开关盒上方的接线盒内。其中,W2在③轴线和B/C轴线交叉处的开关盒上方的接线盒处与W3,W4分开,转而引向一层西部的走廊和房间,其连接情况如图3.4所示。

W2相线在③与B/C轴线交叉处接入一只暗装单极开关,控制西部走廊内的两盏半圆球吸顶灯,同时往西引至西部走廊第一盏半圆球形吸顶灯的灯头盒内,并在灯头盒内分成3路。

第一路引至分析室门侧面的二联开关盒内,与两只开关相接,用这2只开关控制3管荧光灯的3只灯管,即一只开关控制一只灯管,另一只开关控制2只灯管,以实现开1只、2只、3只灯管的任意选择。第二路引向化学实验室右边防爆开关的开关盒内,这只开关控制化学实验室右边的2盏防爆灯。第三路向西引至走廊内第二盏半圆球吸顶灯的灯头盒内,在这个灯头盒内又分成3路,一路引向西部门灯;一路引向危险品仓库;一路引向化学实验室左侧门边防爆开关盒。

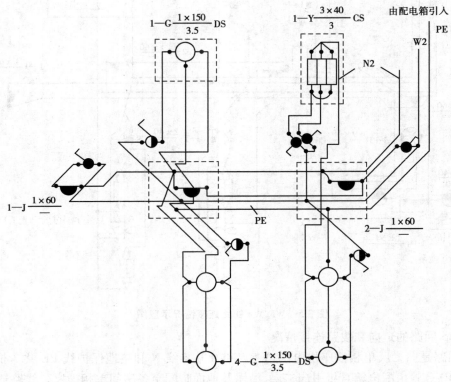

图 3.4　W2 回路连接情况示意图

　　3根零线在③轴线与B/C轴线交叉处的接线盒处分开,一路和W2相线一起走,同时还有一根PE线,并和W2相线同样在一层西部走廊灯的灯头盒内分支,另外2根随W3、W4引向东侧和二楼。

　　(3)W3回路的走向和连接情况

　　W3、W4相线各带一根零线,沿③轴线引至③轴线和B/C轴线交叉处的接线盒,转向东南引至一层走廊正中的半圆球形吸顶灯的灯头盒内,但W3回路的相线和零线只是从此通过(并不分支),一直向东至男卫生间门前的半圆球吸顶灯灯头盒;在此盒内分成3路,分别引向物理实验室西门、浴室和继续向东引至更衣室门前吸顶灯灯头盒;在此盒内再分成3路,又分别引向物理实验室东门、更衣室及东端门灯。

　　(4)W4回路的走向和连接情况

　　W4回路在③轴线和B/C轴线交叉处的接线盒内分成2路,一路由此引上至二层,向二层走廊灯供电。另一路向一层③轴线以东走廊灯供电。该分支与W3回路一起转向东南引至一层走廊正中的半圆球形吸顶灯,在灯头盒内分成3路,一路引至楼梯口右侧开关盒,接开关;第二路引向门厅花灯,直至大门右侧开关盒,作为门厅花灯及壁灯等的电源;第三路与 W3 回路一起沿走廊引至男卫生间门前半圆球吸顶灯;再到更衣室门前吸顶灯及东端门灯。其连接情况见示意图 3.5。

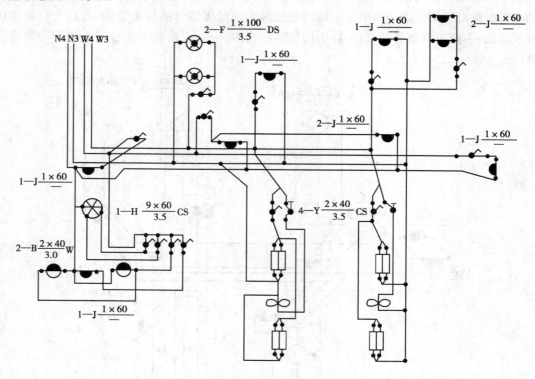

图 3.5　W3、W4 回路连接情况示意图

（5）W5 回路的走向和线路连接情况

W5 回路是向二层单相插座供电的,W5 相线 L3、零线 N 和接地保护线 PE 共 3 根 4 mm² 的导线穿 PVC 管由配电箱直接引向二层,沿墙及地面暗配至各房间单相插座。线路连接情况可自行分析。

（6）W6 回路的走向和线路连接情况

W6 相线和零线穿 PVC 管由配电箱直接引向二层,向④轴线西部房间供电。线路连接情况可自行分析。在研究室（1）和研究室（2）房间中从开关至灯具、吊扇间导线根数标注依次是 4—4—3,其原因是两只开关不是分别控制两盏灯,而是分别同时控制两盏灯中的 1 支灯管和 2 支灯管。

（7）W7 回路的走向和连接情况

W7 回路同 W6 回路一起向上引至二层,再向东至值班室灯位盒,然后再引至办公室、接待室。具体连接情况见图 3.6。

对于前面几条回路,我们分析的顺序都是从开关到灯具,反过来,也可以从灯具到开关进行阅读。例如,图 3.3 接待室西边门东侧有 7 只开关,④轴线上有 2 盏壁灯,导线的根数是递减的 3—2,这说明两盏壁灯各用一只开关控制。这样还剩下 5 只开关,还有 3 盏灯具。④~⑤轴线间的两盏荧光灯,导线根数标注都是 3 根,其中必有一根是零线,剩下的必定是 2 根开关线了,由此可推定这2盏荧光灯是由2只开关共同控制的,即每只开关同时控制两盏灯中的1支灯管和2支灯管,利于节能。这样,剩下的3只开关就是控制花灯的了。

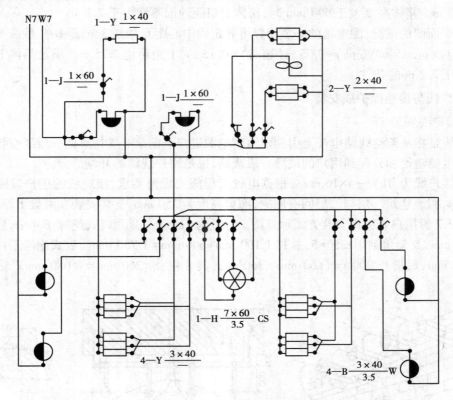

图3.6　W7回路连接情况示意图

以上分析了各回路的连接情况,并分别画出了部分回路的连接示意图。在此,给出连接示意图的目的是帮助读者更好地阅读图纸。在实际工程中,设计人员是不绘制这种照明接线图的,此处是为初学者更快入门而绘制的。但看图时不是先看接线图,而是做到看了施工平面图,脑子里就能想象出一个相应的接线图,而且还要能想象出一个立体布置的概貌。这样也就基本能把照明图看懂了。

·3.2.2　科研楼照明图工程量分析·

首先,要确定配电箱的尺寸和安装位置,再分析配电箱的进线和各回路出线情况。插座安装高度为0.3 m,楼板垫层较厚,沿地面配管配线。屋面有装饰性吊顶,吊顶高度为0.3 m。W1、W2、W5回路在楼板内暗敷设,其余回路在楼板外明敷设。

1)配电箱的尺寸和安装位置

已知配电箱的型号为XRL(仪)—10 C改,查阅《建筑电气安装工程施工图集》,可知配电箱规格为550 mm×650 mm×160 mm(宽×高×深),XRL是嵌入式动力配电箱;(仪)为设计序号,含义为安装有电度表或电压指示仪表;10为电路方案号;C为电路分方案号;改的含义为定做(非标准箱),需要将几个三相自动开关(低压断路器)更换成单相自动开关和漏电保护开关。因为该建筑既有三相动力设备又有单相设备,目前还没有这样的标准配电箱,所以要定做,现代的配电箱内开关是导轨式安装,改装非常方便,定做已经非常普遍。

规范上要求照明配电箱的安装高度一般为:当箱体高度不大于 600 mm 时,箱体下口距地面宜为 1.5 m。箱体高度大于 600 mm 时,箱体上口距地面不宜大于 2.2 m。

根据平面图的情况,配电箱的安装位置可确定为中心距 C 轴线 3 m,距 B/C 轴线 1.5 m,底边距地面 1.5 m,1.5 m(安高)+0.65 m(箱高)= 2.15 m,上边距地 2.15 m。满足箱体上口距地面不宜大于 2.2 m 的条件。

2)接户线与接地保护线安装

(1)接户线安装

接户线是指从架空线路电杆上引到建筑物电源进户点前第一支持点的一段架空导线。接户线是将电能输送和分配到用户的最后一段线路,也是用户线路的开端部分。

已知接户线为 BLV—4×16 mm²,根据电气工程施工规范要求,接户线的进户口距地不宜低于 2.5 m,因该建筑一层与二层间有圈梁,圈梁高度为 250 mm,支架安装在圈梁下面,高度取 3.5 m,图 3.7 为接户线横担安装方式示意图。导线为 16 mm²,采用碟式绝缘子 4 个,瓷瓶间距 L1 为 300 mm,支架角钢用 ∟ 50×5,总长 1 100 mm+600 mm = 1 700 mm。碟式绝缘子拉板用扁钢—40×4 mm,每根长 200 mm+60 mm = 260 mm,共 8 根,8×260 mm = 2 080 mm。钻孔 2 个为 φ18。

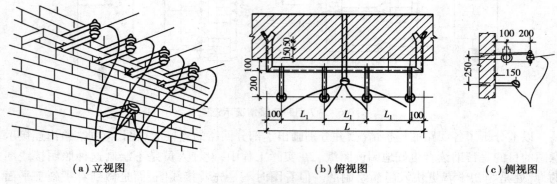

(a)立视图   (b)俯视图   (c)侧视图

图 3.7　接户线横担安装方式示意图

进户管宜使用镀锌钢管,在接户线支架横担正下方,垂直距离为 250 mm,伸出建筑物外墙部分不应小于 150 mm,且应加装防水弯头,其周围应堵塞严密,以防雨水进入室内。进户线管为 DN50,管长 3 m+0.15 m(外墙部分)+0.12(半墙厚)+3.25 m−2.15 m = 4.37 m。16 mm² 单根线长为 4.37 m+1.5 m(架空接头预留线)+1.2 m(配电箱预留线)= 7.07 m,16 mm² 导线总长 4×7.07 m = 28.28 m。

(2)接地保护线安装

因为该建筑的供电系统是 TN—C—S 系统,所以在线路进入建筑物时需要将中性线进行重复接地。重复接地一般是在接户线支架处进行,也可以在配电箱内进行。接地引下线和接地线一般用扁钢或圆钢,扁钢为 25×4 mm,圆钢为 φ10。接地极用 ∟ 50×5,3 根,每根长 2.5 m,共 3×2.5 m = 7.5 m,接地极(体)平行间距不宜小于 5 m,顶部埋地深度不宜小于 0.6 m,接地极距建筑物不宜小于 2 m。因此,接地引下线和接地线总长为 10 m+2 m+0.7 m+3.5 m(到横担)= 16.2 m。如果在配电箱中进行,接地线总长度为 10 m+2 m+0.7 m+3 m+1.5 m = 17.2 m。

接地电阻不得大于 10 Ω。重复接地做法见图 3.8。电源的中性线(N)重复接地后成为 PEN 线,进入配电箱后先与 PE 线端子相接,再与 N 线端子相接,此后 PE 线和 N 线就要分清楚了,PE 线是与电气设备的金属外壳相连接,使金属外壳与大地等电位;而 N 线是电气设备的零线,电路的组成部分。

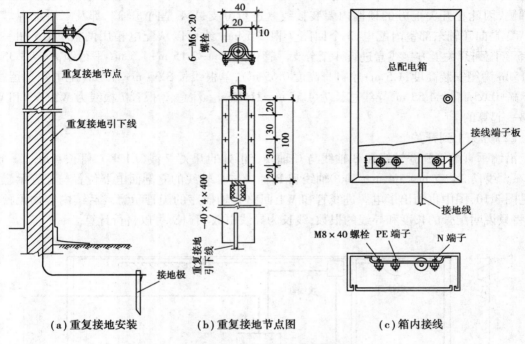

(a)重复接地安装　　(b)重复接地节点图　　(c)箱内接线

图 3.8　重复接地室外做法

3)W1 回路分析

W1 回路连接带接地三相插座 6 个,标注应为 BV—4×4—SC20—FC,含义为穿焊接钢管 DN20 埋地暗敷设,插座安装高度为 0.3 m,从配电箱底边到分析室③轴线插座,管长为 1.5 m−0.3 m+3 m−2.25 m=1.95 m,4 mm² 导线单根线长为 1.95 m+1.2 m(配电箱预留线)= 3.15 m,导线总长 4×3.15 m=12.6 m。从③轴线插座到②轴线插座,管长为 4 m+2×0.3 m+2× 0.1 m(埋深)= 4.8 m。导线总长为 4×4.8 m= 19.2 m,在工程量计算时不用考虑预留线。其 ②~③ 轴线间插座安装剖面示意图参见图 3.9。从②轴线插座 CZ2 到化学实验室 B 轴插座 CZ3,管长为 2.25 m+1.5 m+2×0.3 m+2×0. 1 m(埋深)= 4.55 m。线长 4×4.55 m=18.2 m。防爆插座安装时要求管口及管周围要密封,防止易燃易爆气体通过管道流通,具体做法请查阅《建筑安装工程施工图集、电气工程》。其他插座工程量可自行分析。

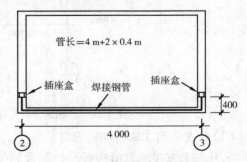

图 3.9　分析室②-③轴线间插座安装剖面示意图

4）W2 回路分析

（1）配电箱到接线盒

W2 是向一层西部照明配电,由于化学实验室和危险品仓库安装的是隔爆灯,而隔爆灯的金属外壳需要接 PE 线,所以 W2 回路为 3 线(L1、N、PE),由于西部走廊灯的开关安装在③轴楼梯侧,因此在开关上方的顶棚内要装接线盒进行分支,W4 是向③轴东部及二层走廊灯配电,W3 是向④轴东部室内配电,3 个回路 7 根 2.5 mm² 线可以从配电箱用两根 PC15 和一根 SC15 管配到开关上方接线盒进行 4 个分支。管长为 4 m−2.15 m+1.5 m(平行距离)= 3.35 m(2.15 m 为箱安装高度,1.5 m+箱自身高度 0.65 m),单根线长 3.35 m+1.2 m(配电箱预留线,0.55宽+0.65 高)= 4.55 m,导线总长 7×4.55 m=31.85 m。注意:3 根管 7 根线为 W2、W3 和 W4 回路一起算的。

（2）分支 1 到开关

沿墙垂直配管到③轴线和 B 轴线与 C 轴线交汇处的开关,2 线(L1、K),管长 4 m−1.3 m= 2.7 m。线长 2×2.7 m=5.4 m。其③轴线和 B 轴线与 C 轴线的立剖面电器位置与配管示意图参见图 3.10,图中也画出了电源进线管和 W1 回路③轴插座的配管示意。后续内容如无预留线,将只说明配管的长度和导线的根数,线长为导线根数×管长,可以自行计算。

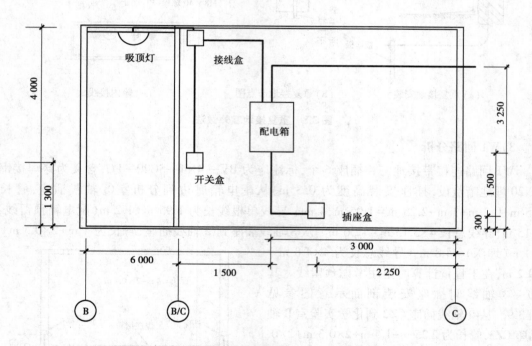

图 3.10　③轴线Ⓑ与Ⓒ轴立剖面电器位置与配管示意图

（3）分支 2 到③轴西部走廊灯

从开关上方接线盒沿楼板平行配管到②轴至③轴间走廊灯位盒,4 根线(L1、N、PE、K),管长约等于 2.2 m,此处的管长可以用比例尺测量后换算,因为建筑图是按一定比例绘制的,也可以用勾股定律进行计算。

在西部走廊灯位盒处又有 3 个分支,1 分支到化学实验室隔爆灯处,3 线(L1、N、PE),管长 0.75 m+1.5 m=2.25 m。再从化学实验室隔爆灯处沿楼板内配到其开关处,2 线(L1、K),1.5 m+4 m−1.3 m=4.2 m。其化学实验室灯与走廊灯配管安装立剖面示意图参见图3.11。

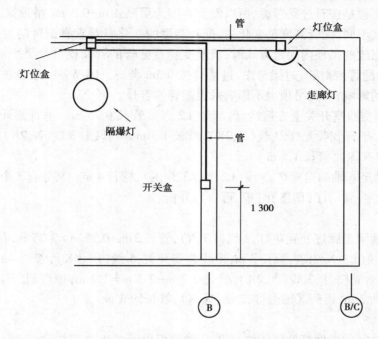

图 3.11 化学实验室灯与走廊灯配管安装立剖面示意图

2 分支到分析室荧光灯处,2 线(L1、N),管长为 0.75 m+2.25 m=3 m,再从荧光灯处配向其双联开关,3 线(L1、2K),管长约等于 2.3 m(平行)+2.7 m(垂直)=5 m。

3 分支沿走廊到①轴至②轴间的走廊灯处,4 根线(L1、N、PE、K),管长为 4 m,该灯位盒处又有 3 个分支,可自行分析。

(4)分支 3 到③轴至④轴间走廊灯

从接线盒沿顶棚平行配管到③轴至④轴间走廊灯位盒,4 线(L2、N、L3、N),管长 2.1 m。

(5)分支 4 到二层③轴侧开关盒

二层走廊灯由 W4 配电,其二层③轴西部走廊灯的开关在③轴 1.3 m 处,从接线盒沿墙配到开关盒,2 线(L3、N),如与双控开关联络线汇合为 4 线。管长 5.3 m−4 m=1.3 m。

5)W3、W4 回路分析

在③轴至④轴间走廊灯处有 3 个分支。因为 W3、W4 同向,所以一起分析。

(1)分支 1

④轴至⑤轴间走廊灯,为 W3、W4 各穿一根管,4 线(L2、N、L3、N),管长 4 m。在④轴至⑤轴间走廊灯处又有 3 个分支。

1 分支到浴室开关上方接线盒,4 线(L3、K、L2、N),管长 0.75 m。垂直到开关,4 线(L2、K、L3、K),管长 4 m−0.3 m−1.3 m=2.4 m。再穿墙到走廊灯开关,管长0.2 m,2 线。平行到浴室灯,2 线(N、K),管长约 1.5 m。平行到男卫生间灯,2 线(N、K),管长约 1.5 m。男卫生间灯再到开关,可以少装一个接线盒。注意:当建筑物房间有吊顶时,在吊顶内电气配管主要有两种固定方式:一是房间内无过梁时,电气配管直接固定在楼板上;二是房间内有过梁时,电气配管要躲过梁高,如果固定在楼板上,就会出现遇到梁而使电气配管经常弯曲的情况。因此,有过梁时配管一般固定在支撑架上(吊架)或过梁上。

办公科研楼工程是按有过梁考虑,所以配管高度为层高 4 m-0.3 m(吊顶高)= 3.7 m,由于吊顶内固定方式不同,配管高度是变化的,配管高度的变化只对垂直配管的管长有影响,不影响平行配管。当改变吊顶内固定方式时,只改变垂直配管的管长就可以了。本工程的垂直配管(到开关处的配管)都按有过梁考虑,过梁高按 0.3m 考虑。因 W2 回路是在楼板中敷设,所以不受过梁高的影响,有无吊顶也不影响垂直配管的管长。

2 分支到物理实验室开关上方接线盒,2 线(L2、N),管长 0.75 m。垂直到开关,3 线(L2、2K),管长 2.4 m。平行到荧光灯,3 线(N、2K),管长 1.5 m。到风扇 3 线(N、2K),管长 1.5 m。再到荧光灯,2 线(N、K),管长 1.5 m。

3 分支到⑤轴至⑥轴间走廊灯,5 线(L2、N、L3、N、K),管长 4 m。又分有 3 个分支,到女更衣室,到物理实验室,到门厅(雨篷)灯等,可自行分析。

(2)分支 2

从③轴至④轴间走廊灯处到花灯,2 线(L3、N),管长 3 m+0.75 m = 3.75 m,花灯到 A 轴开关上方接线盒,4 线(L3、N、2K),管长 3 m,接线盒到开关,5 线(L3、4K),管长 4 m-0.3 m-1.3 m = 2.4 m,从接线盒到壁灯,3 线(N、2K),管长 3.7 m-2.5 m = 1.2 m,壁灯到门厅(雨篷)灯,3 线(N、2K),管长约 3 m,再到③轴壁灯,2 线(N、K),管长约 3 m。

(3)分支 3

从③轴至④轴间的走廊灯处到④轴与 B/C 轴交汇处开关上方接线盒,2 线(L3、K),管长

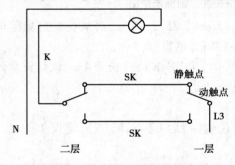

图 3.12　两个双控开关接线示意图

约 2.2 m。注意:该处有 2 个开关,一个为控制走廊灯的单控单联开关,一个为控制走廊楼梯灯的双控单联开关,双控开关就是可以在两个地方控制一盏灯,另一个安装在二层③轴与 B/C 轴交汇处。每一个双控开关有 3 个接线桩,其中两个分别与两个静触点连通,另一个与动触点连通(称为共用桩)。共用桩接 L 或 K 线,另两个接线桩为两个开关之间的连接线,我们称之为联络线,用 SK 表示。两个双控开关控制一盏灯的接线示意图见图 3.12。

两个双控开关控制一盏灯在住宅中应用是非常普遍的,在卧室中常常是在进门处安装一个,在床头安装一个。现代的楼梯灯已经普遍应用声光控开关控制,声光控开关为电子器件,外部接线比较简单。

(4)两个双控开关控制楼梯灯的配线分析

两个双控开关之间的连线为 2 线(2SK),配管从④轴与 B/C 轴交汇处开关上方接线盒沿一层楼板配到③轴与 B/C 轴交汇处的接线盒处,管长 4 m,单线长 4 m。该处的接线盒 W4 回路干线(L3、N)也在此配向二层开关处,此 4 线(L3、N、2 根 SK)可以共管,配到二层 1.3 m(地坪 5.3 m)高,管长 1.3 m,单线长 1.3 m。该高度有 2 个单控开关和一个双控开关,其中的 L3 要与 2 个单控开关连接,还要配到二层走廊④轴至⑤轴间的走廊灯开关处,N 线是经过开关配向二层顶棚的(注意:N 线在开关盒中不能有接头和绝缘损坏的情况),2 根 SK 线与双控开关连接,引出一根开关线,加上 2 个单控开关的开关线共 5 根线共管(L3、N、3 根 K)配向二层顶棚

接线盒处,管长 4 m -0.3 m(吊顶高)-1.3 m =2.4 m,单线长 2.4 m。

注意:二层③轴与 B/C 轴交汇处的开关垂直配管中的上方和下方导线的根数是不同的,开关下方配管中为 4 根线(L3、N、2 根 SK),开关上方配管中为 5 根线(L3、N、3 根 K)。而垂直配管中的导线是不标注的,这就需要知道每根导线的用途(功能线),通过分析就可以知道每段配管中的导线根数,这是电气配线分析中最难懂的部分。

(5)W4 在二层回路分析

在二层开关上方顶棚内安装接线盒,该接线盒内有 3 个分支,分支 1 到③轴西部走廊灯,2 线(N、K);分支 2 到③轴东部走廊灯,3 线(L3、N、K);分支 3 是到两个双控开关控制的二层楼梯平台走廊灯处,2 线(N、K)。管长和线长可自行分析。

6)W5 回路分析

W5 回路是向二层所有的单相插座配电的,插座安装高度为 0.3 m,沿一层楼板配管配线。从配电箱到图书资料室③轴插座盒,3 线(L3、N、PE),管长 4 m+0.3 m-2.15 m+2.25 m-1.5 m=2.9 m,单根线长 2.9 m+1.2 m=4.1 m。从图书资料室③轴插座盒到 2 研究室的③轴插座盒,3 线(L3、N、PE),管长 2.25 m+1.5 m+3 m+2×0.3 m+2×0.1 m=7.55 m。线长 3×7.55 m=22.65 m。其他可自行分析。

7)W6 回路分析

W6、W7 是沿二层顶棚配管配线。从配电箱沿墙直接配到顶棚,安装一个接线盒进行分支,4 线(L1、N、L2、N),管长 7.7 m-2.15 m=5.55 m,单根线长 5.55 m+1.2 m=6.75 m。

W6(2 线、L1、N)直接配到图书资料室接近 B/C 轴的荧光灯(灯位盒),再从灯位盒配向开关、风扇及其他荧光灯,可以实现从灯位盒到灯位盒,再从灯位盒到开关,虽然管、线增加了,但可以减少接线盒,减少中途接线的机会。由于该图比例太小,工程量计算不一定准确,如果管、线增加得多,也可以考虑加装接线盒。例如,从图书资料室接近 B/C 轴的荧光灯到研究室的荧光灯,如果在开关上方加装接线盒,可以减少 2 m 管和 2 m 线。在选择方案时可以进行经济比较。其他可自行分析。

8)W7 回路分析

W7(2 线、L2、N)直接配到值班室球形灯,再从球形灯到开关及女卫生间球形灯等。从女卫生间球形灯到接待室开关上方加装接线盒,2 线(L2、N),管长约 3 m。由于该房间的灯具比较多,配线方案可以有几种,现举例其中一种,并不一定合理,读者可以选择其他方案进行比较,确定比较经济的方案。

分支 1,从接线盒到开关(7 个开关),8 线(L2、7K),管长 2.4 m。分支 2,从接线盒到接近 B 轴的荧光灯,壁灯和花灯线共管,8 线(N、7K),管长 1.5 m。在该荧光灯处又进行分支,1 分支到壁灯,3 线(N、2K),管长 2 m+3.7 m-3 m=2.7 m。壁灯到壁灯,2 线(N、K),管长 3 m。2 分支到荧光灯,3 线(N、2K),管长 3 m。3 分支到花灯,4 线(N、3K),管长约 3 m。

分支 2,从接线盒到⑤轴至⑥轴间开关上方接线盒,2 线(L2、N),管长约 5 m。垂直沿墙到开关盒,5 线(L2、4K),管长 2.4 m。接线盒再到荧光灯,5 线(N、4K),管长 1.5 m。荧光灯到荧光灯,3 线(N、2K),管长 3 m。荧光灯到壁灯,3 线(N、2K),管长 2 m+3.7 m-3 m=2.7 m。壁灯到壁灯,2 线(N、K),管长 3 m。

到此,照明平面图分析基本完毕,可能有的数据计算不准确,读者可以自行纠正,也可以选择比较经济的配线方案,最后可以用列表的方式将工程量统计起来。需要说明的是,本书的工程量计算是从施工角度进行统计,而工程造价的工程量计算是按贯例进行的,其计算量比施工的要大一些。

3.3　住宅照明平面图识读

随着科技的发展和生活水平的提高,人们对居住的舒适度要求也越来越高。对住宅照明配电的要求主要是方便、安全、可靠和美观。体现在配线工程上,就是插座多、回路多、管线多。这里我们用一个实例来了解住宅照明配电的基本情况,分析方法与办公科研楼照明的分析方法基本相同。

· 3.3.1　住宅设计规范(GB50096—2011)电气部分规定 ·

(1)每套住宅的用电负荷应根据套内建筑面积和用电负荷计算确定,且不应小于 2.5 kW。

(2)住宅供电系统的设计,应符合下列规定:

①应采用 TT、TN-C-S、TN-S 接地方式,并应进行总等电位联结。

②电气线路应采用符合安全和防火要求的敷设方式配线,套内的电气管线应采用穿管暗敷设方式配线。导线应采用铜芯绝缘线,每套住宅进户线截面不应小于 10 mm²,分支回路截面不应小于 2.5 mm²。

③套内的空调电源插座、一般电源插座与照明应分路设计,厨房插座应设置独立回路,卫生间插座宜设置独立回路。

④除壁挂式分体空调电源插座外,电源插座回路应设置剩余电流保护装置。

⑤设有洗浴设备的卫生间应做局部等电位联结。

⑥每幢住宅的总电源进线应设剩余电流动作保护或剩余电流动作报警。

(3)每套住宅应设置户配电箱,其电源总开关装置应采用可同时断开相线和中性线的开关电器。

(4)套内安装在 1.80 m 及以下的插座均应采用安全型插座。

(5)共用部位应设置人工照明,应采用高效节能的照明装置和节能控制措施。当应急照明采用节能自息开关时,必须采取消防时应急点亮的措施。

(6)住宅套内电源插座应根据住宅套内空间和家用电器设置,电源插座的数量不应少于表 3.6 的规定。

表 3.6　电源插座的设置数量

空　间	设置数量和内容
卧室	一个单相三线和一个单相二线的插座 2 组
兼起居的卧室	一个单相三线和一个单相二线的插座 3 组
起居室	一个单相三线和一个单相二线的插座 3 组
厨房	防溅水型一个单相三线和一个单相二线的插座 2 组

空　　间	设置数量和内容
卫生间	防溅水型一个单相三线和一个单相二线的插座 1 组
布置洗衣机、冰箱、排油烟机、排风机及预留家用空调器处	专用单相三线插座各 1 个

（7）住宅供配电系统设计

①每套住宅用电负荷超过 12 kW 时，宜采用三相电源进户，电能表应能按相序计量。

②6 层及以下的住宅单元宜采用三相电源供配电，当住宅单元数为 3 及 3 的整数倍时，住宅单元可采用单相电源供配电。

③7 层及以上的住宅单元应采用三相电源供配电，当同层住户数小于 9 时，同层住户可采用单相电源供配电。

（8）建筑供配电系统相关说明

①每个配电箱内最大与最小的负荷电流差不宜超过 30%。

②应急照明应由两个电源供电。

③照明系统中，每个单相回路不宜超过 16 A，灯具数量不宜超过 25 个，大型组合灯具每一单相回路不宜超过 25 A，光源数量不宜超过 60 个。

④插座应为单独回路，插座数量不宜超过 10 个（住宅除外）。一般插座按 100 W 计，计算机较多的办公室插座按 150 W 计。

⑤照明系统中，中性线截面应与相线相同。

⑥不同回路的线路，不应穿在同一根管内。

⑦上人吊顶内维修灯具及灯具安装高度低于 2.4 m 时，应加一根接地线 PE，将灯具外壳接地。

· **3.3.2　住宅照明平面图的基本情况** ·

图 3.13、图 3.14 为某 8 层住宅楼 A 栋 2 单元 4 层某户的电气照明配电概略（系统）图和照明平面布置图。该图的灯具布置主要是从教学需要的角度而设计的，其目的主要是想在同一个案例中讨论住宅电气配管配线施工和工程量计算的不同情况（有的地方与现代的设计理念不相符合，很难以一概全，请理解）。

1）住宅配电基本概况

（1）照明配电系统图标注含义

从图中照明配电概略图和照明平面图中得到的信息有：

①电源进线 BV—4×35+1×16 mm² 含义：为 4 根 35 mm² 聚氯乙烯绝缘导线用于三相交流电的相线（火线）L1、L2、L3 和一根中性线（零线）N，一根 16 mm² 用于 PE（保护接地线）线。有 3 根（L1、N、PE）与该配电箱接线供电，该 5 线还要配到 5 层去。

②DD862-4K 含义：为单相电度表的型号，4 倍乘的，电流为 10~40 A。

③C45N/2P-40A 含义：为自动空气开关的型号为 C45N，2P 代表开关为两极的，即 L 线、N 线都要进开关，同时接通和断开，1P 代表开关为单极的，只有 L 线受开关控制，3P 代表开关为

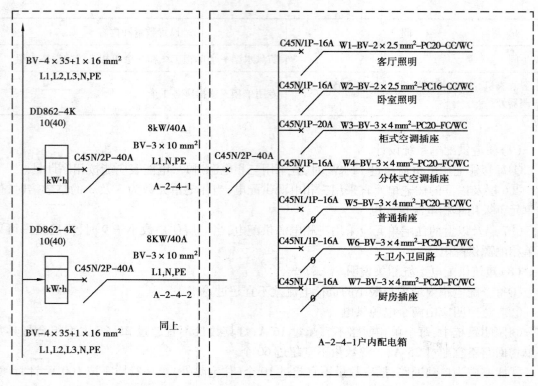

BV-4×35+1×16 mm²
L1,L2,L3,N,PE

DD862-4K
10(40)

C45N/2P-40A

kW·h

8kW/40A
BV-3×10 mm²
L1,N,PE

A-2-4-1

DD862-4K
10(40)

C45N/2P-40A

kW·h

8KW/40A
BV-3×10 mm²
L1,N,PE

A-2-4-2

同上

BV-4×35+1×16 mm²
L1,L2,L3,N,PE

A栋2单元4层电度表箱

C45N/1P-16A W1-BV-2×2.5 mm²-PC20-CC/WC
客厅照明

C45N/1P-16A W2-BV-2×2.5 mm²-PC16-CC/WC
卧室照明

C45N/1P-20A W3-BV-3×4 mm²-PC20-FC/WC
柜式空调插座

C45N/2P-40A C45N/1P-16A W4-BV-3×4 mm²-PC20-FC/WC
分体式空调插座

C45NL/1P-16A W5-BV-3×4 mm²-PC20-FC/WC
普通插座

C45NL/1P-16A W6-BV-3×4 mm²-PC20-FC/WC
大卫小卫回路

C45NL/1P-16A W7-BV-3×4 mm²-PC20-FC/WC
厨房插座

A-2-4-1户内配电箱

图 3.13 照明配电概略（系统）图

3 极,用于三相交流电的开关,也有 4P 的,代表开关为 4 极,用于三相交流电的 L1、L2、L3 和一根 N 线。40A 代表额定电流为 40 A,C45NL 代表具有漏电保护功能的自动空气开关型号。

④8 kW/ 40A 代表每户功率按 8 kW 设计的,长期额定工作电流可达 40 A,进户线为 3 根 10 mm² 用于 L1、N、PE。

（2）回路分配

从图 3.13 可以知道,户内配电箱分出 7 个回路,其中 W1 为客厅、餐厅、小卧、厨房和阳台处的照明;W2 为过厅、次卧、主卧和书房处的照明;W3 为柜式空调插座回路;W4 为书房和主卧的分体式空调插座回路;W5 为大多数的普通插座供电;W6 为大卫生间、小卫生间及次卧的部分插座供电;W7 为厨房、小卧和餐厅的部分插座供电。为了节约导管和导线,部分普通插座与就近的配电回路相连接,在不影响安全的前提下,没必要分得很清楚,这样可以节约用料。

（3）安装说明

图 3.13 为初步设计图,建筑结构为砖混结构,楼板为现浇混凝土楼板,层高为 3 m,错层式,其中大卫、过厅、书房、主卧室、次卧室比客厅等处高 0.4 m。户内配电箱的安装高度为 1.8 m,15 A 的插座是为分体式空调设计的,安装高度为 2 m,厨房的插座安装高度为 1 m,大卫、小卫的插座安装高度为 1.3 m,其他插座安装高度为 0.3 m,20 A 的插座是为柜式空调设计的,安装高度为 0.3 m,日光灯安装高度为 2.5 m,壁灯安装高度为 2 m,开关安装高度为 1.3 m,

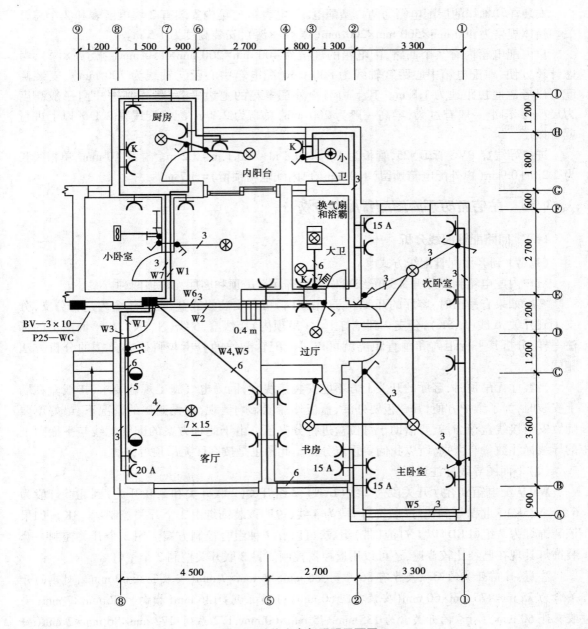

图 3.14　住宅电气照明平面图

床头的双控开关安装高度为 1 m,插座边标注 K 的为带开关的插座,该开关可以单独用于控制照明灯,也可以用于控制插座的 L 线。建筑结构的详细情况需要看结构图。

2)配电箱与进户线

下面就从户内配电箱开始,分析各个回路的配管配线情况。首先应该说明的是,砖混结构的配管是随着土建专业的施工从下向上进行的,但为了分析方便,我们从配电箱开始,从上向下进行。实际上,只要知道管线怎样布置,包括配管走向、导线数量、导管数量等,也就知道怎样配合土建施工了。

安装在⑨轴线的层配电箱为两户型配电箱(电表箱),箱内安装有2块电度表和2个总开关。箱体规格为400 mm×500 mm×200 mm(宽×高×深),安装高度为1.5 m。

户内配电箱内有7个回路,配电箱的规格为400 mm×200 mm×150 mm(宽×高×深),考虑计算方便,取配电箱中心距⑧轴线为800 mm(配电箱中心距⑦轴线为700 mm),安装高度可以考虑底边距地为1.8 m。其上边与户外配电箱的上边平齐,考虑到进户门一般高度为1.9 m。门上一般有过梁,梁高一般为200 mm,总高为2.1 m,配管配线在2.1 m以上进行就可以了。

进户导线穿PVC管DN25,管长为1.2 m+0.8 m+2×0.1 m=2.2 m。导线10 mm² 单根线长为2.2 m+0.9 m(户外配电箱预留)+ 0.6 m(户内配电箱预留)= 3.7 m。

· 3.3.3 住宅照明平面图配管配线分析 ·

1)W1 回路配管配线分析

(1)W1 到客厅配管配线方式

从户内配电箱到客厅开关处配线可以分为客厅有吊顶和客厅无吊顶两种方案。

客厅如果有吊顶时,客厅的开关上方(吊顶内)可以安装接线盒,在接线盒内进行分支,分支1到开关,6线(L、5K);分支2到壁灯上方(吊顶内)接线盒,6线(N、5K),与平面图上的标注一样,分析其平行距离和垂直距离就可以了。配管配线的分析与科研办公楼的分析方法相同。

当客厅无吊顶时,客厅的开关上方不能安装接线盒,因为电气施工规范要求,接线盒在墙上安装时,为了维护方便,其盖板要外漏,盖板外漏就影响美观,在无遮挡的情况下,最好不要随意安装接线盒,此时就要借助于灯位盒进行分支了。由于此种方案的配管配线与平面图上的导线标注数量有区别,所以我们要重点分析。此图也是按客厅无吊顶考虑的。

(2)平面图导线标注说明

W1从配电箱到客厅开关段为2线(L、N),2组开关(2联开关和3联开关)到北壁灯段为6线(N、5K),北壁灯到花灯(装饰灯)段为4线,说明该装饰灯由3个开关控制(N、3K),如果该装饰灯为7组(LED)以上灯泡(带)组成,可以有7种组合控制方案。用3个开关控制一套装饰灯具现在已经比较普遍,还可以用遥控器控制。另2联开关控制2个壁灯。

注意:目前开关的面板尺寸有86系列:86 mm×86 mm×7 mm(安装孔距60 mm),对应的开关盒为75 mm×75 mm×60 mm(安装孔距60 mm);146系列:146 mm(横向)×86 mm×7 mm(安装孔距60 mm),对应的开关盒为135 mm×75 mm×60 mm;172系列:172 mm×86 mm×7 mm(安装孔距60 mm),对应的开关盒为161 mm×75 mm×60 mm。开关的按键常用的为跷板(竖向长条)形和指甲形,86系列指甲形开关的面板最多可安装5个开关(1~5联开关),86系列跷板形开关面板最多可安装3个开关(1~3联开关),4联及以上就要用146系列面板了。2组开关选择的是86系列跷板形开关,跷板形开关的按键比较气派,也可以选用一组86系列指甲形的5联开关。

由于客厅壁灯处安装有灯位盒,高度为2 m,将W1(L、N)的配管配到该灯位盒处进行穿线是比较方便的,因此考虑在北壁灯处进行分支,共有3个分支,分支1到开关、分支2到南壁灯、分支3到楼板装饰灯处。

北壁灯距 Ⓔ 轴线考虑为 2.4 m，南壁灯距 Ⓑ 轴线考虑为 1.6 m，两个壁灯间距为 2 m，配电箱到北壁灯的管长为 0.8 m（配电箱中心到 Ⓐ 轴）+2.4 m（Ⓔ 轴到 Ⓒ 轴）+2×0.1 m（高出门过梁）=3.4 m。导线 W2 为 2×2.5 mm²，单根线长为 3.4 m+0.6 m（箱预留）=4 m。

（3）北壁灯到开关

从北壁灯到开关，开关安装距门边一般在 180~240 mm，一般考虑为 200 mm，门边距 Ⓔ 轴 0.8 m+0.3 m=1.1 m，北壁灯与开关平行距离为 2.4 m-1.1 m-0.2 m=1.1 m，垂直距离 2 m-1.3 m=0.7 m，管长合计为 1.8 m，6 线（L、5K），单根线长 1.8 m。客厅灯具配管配线立剖面示意图可参见图 3.15，同时也将客厅的灯具布置平面图画出进行对照。

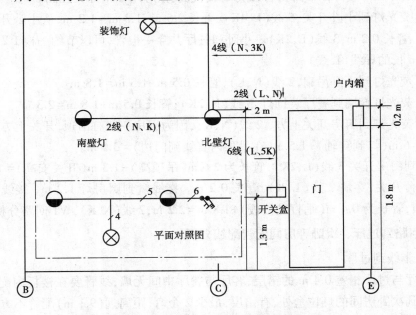

图 3.15　客厅灯具配管配线立剖面示意图

注意：通过配管配线分析，我们可以了解到，平面图上的导线标注是按灯的控制原理进行标注的，导线中途可以有分支接头。而实际配管配线中，要考虑导线在中途是否可以有分支，有分支就必须在接线盒或灯位盒中进行，无吊顶时就不能随意加装接线盒而影响美观，由于客厅开关上方不能加装接线盒，导线从配电箱到开关段要配到北壁灯处再返回。

因此，从开关到北壁灯段实际的配管配线为 2 管 8 根线，比平面图的标注多增加一段管和 2 根线，管长为北壁灯到开关的平行距离为 2.4 m-1.1 m-0.2 m=1.1 m，线长 2.2 m。如果不了解施工工艺情况，这段管和线就很容易漏算，工程量计算就不准确。从北壁灯到装饰灯段也有这种情况。

（4）北壁灯到装饰灯

因为装饰灯标注为 4 线（N、3K），说明有 3 个开关控制装饰灯，由于北壁灯上方不能装接线盒，所以从北壁灯到装饰灯要单独配管，不能与到南壁灯的导线同管，管长为 1 m（壁灯到楼板垂直距离）+1 m（平行）+2.25 m（平行）=4.25 m。

从北壁灯到南壁灯，单独配管，管长为 2 m，2 线（N、K）。由此可知，与平面图相比，从北壁灯到装饰灯段，实际配管配线增加了一段管（1 m 长）和一根线（5 线变 6 线，1 m 长）。这就是有、无吊顶在不同配线情况下的区别,有吊顶时,遇到导线分支,在吊顶内可以加装接线盒。无吊顶时,遇到导线分支,只有到灯位盒处进行。

(5)W1回路到餐厅方向配管配线分析

W1回路到餐厅方向最好先配到小卧房间的荧光灯处,再分支到开关和其他灯处,因为荧光灯安装高度为2.5 m,距Ⓔ轴取1.7 m,管长0.5 m(配电箱向上)+0.7 m(沿Ⓔ轴)+1.7 m=2.9 m,2线(L、N)。

注意:因为此段线是直接从配电箱中接出的,因此也要计算箱预留线,单线长为2.9 m+0.6 m(箱预留)=3.5 m。餐厅的装饰灯标注为3线,说明该灯用2个开关控制。

分支1:荧光灯到小卧开关,5线(L、4K)管长2.5 m-1.3 m=1.2 m,从小卧开关处穿墙再到餐厅开关,管长0.2 m,3线(L、2K)。小卧和餐厅共穿一根管,可以节约一根1.2 m长的管子和一根1.2 m长的导线(L线)。

分支2:荧光灯到小卧吊扇,2线(N、K),管长0.5 m+1.3 m=1.8 m。

分支3:荧光灯穿墙到餐厅装饰灯,3线(N、2K),管长0.5 m+1.8 m=2.3 m。

分支4:荧光灯到厨房开关上方,2线(N、K),因为厨房一般有吊顶,开关上方可以安装接线盒,管长1.6 m(灯到Ⓒ轴)+1.5 m(在吊顶内直线到门边)=3.1 m。

接线盒到厨房开关3线(L、2K),管长为2.6 m(吊顶高)-1.3 m(开关安高)=1.3 m。厨房开关到内阳台开关,穿墙2线(L、K),管长0.2 m。接线盒到厨房灯1.2 m,接线盒到内阳台灯,如无吊顶,管长为0.4 m(垂直进楼板)+1.8 m=2.2 m,2线(N、K),W1回路分析结束。

2)W2回路到过厅、次卧等房间配管配线分析

(1)W2干线到过厅

因为客厅与过厅相差0.4 m的错层,客厅与餐厅中间无墙,线管要在楼板内配管,如果将配管直接配到次卧房间的灯位盒处,有错层,最少2个弯,距离远(9.1 m)配管不方便。由于大卫房间内有吊顶,在大卫房间内墙上(2.6 m高)安装接线盒比较方便,W2回路的干线先配到③轴线开关上方接线盒处再分支。2线(L、N)管长为1 m(配电箱向上垂直管)+0.7 m(到⑦轴)+0.9 m+2.7 m+0.8 m(到③轴)=6.1 m。

大卫房间接线盒到过厅灯,2线(N、K)管长0.4 m(向上到楼板)+1.2 m=1.6 m。到过厅开关,2线(L、K)管长2.6 m-1.3 m=1.3 m。

大卫房间接线盒到次卧灯位盒处,2线(L、N)管长为0.4 m(向上到楼板)+1.3 m+1.8 m(楼板内斜向)=3.5 m。

(2)次卧灯位盒处分支

从次卧灯位盒处到②轴双控开关,3线(L、2根联络线SK)管长为1.8 m+3 m-1.3 m=3.5 m。从次卧灯位盒处到①轴双控开关,3线(K、2SK)管长为1.8 m+3 m-1 m(床头开关安高1 m)=3.8 m。

(3)主卧灯位盒处分支

W2回路干线从次卧到主卧灯位盒,2线(L、N)管长为2.3 m(次卧房间)+1.2 m+1.8 m=5.3 m。注意:次卧房间灯的安装要考虑衣柜的宽度(0.6 m),再考虑灯的等距布置,所以取距Ⓓ轴2.3 m。

主卧灯位盒到②轴双控开关,3 线(L、2 根联络线 SK)管长为 2 m(斜向)+3 m-1.3 m=3.7 m。从主卧灯位盒处到①轴双控开关,3 线(K、2SK)管长为 2 m+3 m-1 m(床头开关安高 1 m)=4 m。

主卧灯位盒到书房灯,2 线(L、N)管长为 1.7 m+1.3 m=3 m。从书房灯到其开关,2 线(L、K)管长为 1.8 m+3 m-1.3 m=3.5 m。W2 回路分析结束。

注意:卧室灯的布置要考虑衣柜的宽度和布置,房间去掉衣柜的宽度后,灯才能等距布置。还要考虑床的宽度,现在的床有 1.5 m 宽和 1.8 m 宽的,床头开关要安装在床头柜上面,不能放在床头后面而无法使用,也不能放在太远而不方便。因此,床头开关可能决定床的安放位置,必须布置合理。

3)W3 回路配管配线分析

W3 回路是配向⑧轴柜式空调插座的,安装高度为 0.3 m。可以从配电箱下面沿地面楼板配管,3 线(L、N、PE)管为箱安高 1.8 m+0.1 m(埋深)+5.5 m(横向,不要靠边)+0.1 m(埋深)+0.3 m(安高)=7.8 m。与其相近的普通插座也接在该回路,就不用再多配 3 根线了。

4)W4 与 W5 回路配管配线分析

W4 回路是配向书房和主卧的分体式空调插座的,W5 回路是配向客厅电视插座及书房、主卧、次卧的普通插座,都可以从配电箱下面沿地面配管,各穿一根管,并联配向⑤轴墙,普通插座安装高度为 0.3 m,分体式空调插座安装高度为 2 m,每管 3 线(L、N、PE)。

W5 回路先配到客厅电视插座,管长为 1.8 m(箱安高)+0.1 m(埋深)+4.5 m(横向,近似值)+0.1 m(埋深)+0.3 m(安高)=6.8 m。单线长为 6.8 m+0.6 m(箱预留)=7.4 m。

由客厅插座穿墙配到书房插座 0.4 m(因为书房地面比客厅高 0.4 m),再由书房插座沿楼板配向②轴墙,管长 0.3 m+0.1 m(埋深)+2.9 m+0.3 m+0.1 m(埋深)=3.7 m。再穿墙到主卧插座,从主卧②轴墙沿楼板再配向①轴墙,管长 0.3 m+0.1 m(埋深)+3.3 m+0.3 m+0.1 m(埋深)=4.1 m。再由主卧①轴墙沿墙配向次卧①轴墙插座,平行的管长 3.6 m+1.2 m+1.2 m+2.2 m(近似值)=8.8 m。

W4 回路先配向客厅电视插座,再沿书房地面配向②轴墙上 2 m 高,再穿墙到主卧结束。3 线(L、N、PE)管长为 1.8 m(箱安高)+0.1 m(埋深)+4.5 m(横向,近似值)+0.1 m(埋深)+0.3 m(安高)+2.7 m(书房平面)+0.1 m(埋深)+2 m(安高)+0.5 m(穿墙后偏移)=12.1 m,单线长为 12.1 m+0.6 m(箱预留)=12.7 m。

注意:插座在墙上的距离是用近似值,实际中要考虑床宽和安放位置,要考虑衣柜厚和位置等因素。

5)W6 回路到大卫、小卫配管配线分析

W6 回路到大卫配管配线是沿楼板先配到餐厅④轴墙上插座(1 m 高),再配到大卫开关处。3 线(L、N、PE)管长为 1.8 m(箱安高)+0.1 m(埋深)+0.7 m+0.9 m+2.7 m+0.1 m(埋深)+1 m(安高)=7.3 m,单线长为 7.3 m+0.6 m(箱预留)=7.9 m。

由餐厅④轴墙上插座配到大卫开关处的平行距离为 0.8 m,错层 0.4 m,安高差 0.3 m(开关高度 1.3 m,插座与开关平行安装),管长为 0.8 m+0.4 m+0.3 m=1.5 m。由开关处配向顶棚。

目前的浴霸(核动力式)多为 5 联开关控制,多数是设备自带开关,有照明、暖风 1、暖风 2、

吹风扇和排气扇等开关,再加上镜前灯开关和 N 线,共 7 线(N、6K)配到 2.6 m 顶棚高,7 线(N、6K)管长为 2.6 m−1.3 m=1.3 m。再沿顶棚平行配到浴霸,6 线(N、5K)管长为 2.7 m。到镜前灯 2 线管长 0.8 m。镜前灯的开关如果单装就显得不协调了,常常安装一个带开关的插座,插座主要用于电吹风和剃须刀,开关用于镜前灯。带开关的插座可以两用,一是开关单独用,如用于镜前灯的控制;二是直接控制插座的 L 线,如厨房的电饭锅插座,经常插拔很不方便,热水器电源插座都要求用带开关的插座。

由大卫开关处到过厅插座高差 1 m,3 线(L、N、PE)管长为 1 m。

由大卫开关处到房间次卧插座,可以由过厅插座到楼板,再沿楼板配到次卧普通插座,3 线(L、N、PE)管长为 0.3 m+0.1 m(埋深)+1.3 m+2.2 m(②轴横向,近似值)+0.1 m(埋深)+0.3 m(安高)= 4.3 m。再向上到分体式空调插座,3 线(L、N、PE)管长为 2 m−0.3 m=1.7 m。

由次卧普通插座到小卫插座,3 线(L、N、PE)管长为 0.5 m(次卧内)+0.6 m+1.8 m +1.3 m+0.5 m(③轴横向,近似值)+0.6 m(安高差)= 4.7 m,再向上到小卫灯,2 线(N、K)管长为 2.6 m−1.3 m+0.7 m=2 m。因为小卫插座安高 1.3 m,次卧普通插座安高 0.3 m,次卧比小卫地平错层 0.4 m,安高差为 0.6 m。

6)W7 回路到厨房插座配管配线分析

W7 回路到厨房插座配管配线是沿楼板先配到小卧插座,再沿墙配到厨房插座。3 线(L、N、PE)管长为 1.8 m(箱安高)+0.1 m(埋深)+3.3 m+0.1 m(埋深)+0.3 m(安高)= 5.6 m,单线长为 5.6 m+0.6 m(箱预留)=6.2 m。沿墙到餐厅插座,3 线(L、N、PE)管长为 1.8 m(横向,近似值)。

小卧插座到厨房插座。3 线(L、N、PE)管长为 0.7 m(垂直、安高差)+1.8 m+1.2 m+1.5 m+0.9 m+1.2 m+0.2 m(穿墙、到阳台 6 轴墙)= 7.5 m,另外,厨房①轴插座为抽油烟机插座,安高 2 m,再向上配 1 m 管,管长 8.5 m,单线长为 8.5 m。

到此,该平面图配管配线分析完毕,有的地方为近似值,有的地方可能存在遗漏,请读者自行纠正。电气配管的长度计算很难有标准答案,配管的路径不同,其长度也不同,只能是在安全、可靠、方便、美观和经济的基础上,哪个路径最短才是标准的答案。将上述工程量用表格的形式进行表示,阅读或计算都比较方便。表 3.7 为部分工程量的计算表格,读者可以将剩余的继续统计,并将全部工程量归类计算。

表 3.7　工程量(材料)计算表

序号	项目名称(回路)	计算公式	单　位	数　量
1	进户线 PVC 管 DN25	1.2+0.8+2×0.1=2.2	m	2.2
	3 线 BV-10 mm²	2.2+0.9+0.6=3.7	m	11.1
2	W1 回路到客厅管长 BV-2.5 mm²	3.4+1.8+4.25+2	m	11.45
		2 线×3.4+6 线×1.8+4 线×4.25+ 2 线×2+2 线×0.6(箱预留)	m	39.8

工程量归类计算是将不同规格的管径、导线截面、插座、开关、灯具等数量统计出来,这也称为列清单,如果知道其市场价格,也就知道了电气工程材料的总价格,按照规则计算就能知

道电气工程总造价。

　　了解室内照明线路配线方式及其施工工艺是帮助我们读懂图纸并实现读图目的的基础之一，只有比较熟悉施工工艺及施工要求，才能做出比较合理的工程造价。本书是按实际施工的情况下统计出的工程量，与工程造价惯例统计的工程量稍有不同。

3.4　动力工程电气平面图

　　动力工程主要是为电动机供电，电动机是机械类设备的动力源。电动机的额定功率在0.5 kW（家用电器除外）以上时，基本采用三相电动机，三相电动机的三相绕组为对称三相负载，由三相电源供电，可以不接中性线（零线）。中性线的作用主要是设备的金属外壳保护接地，为 TN—C 系统（保护接零）。图 3.16 为某工厂的机修车间动力工程电气平面图，图 3.17 为车间动力配电概略图（系统图、主结线图）。

· 3.4.1　动力工程电气平面图概述 ·

1）车间动力设备概况

　　车间动力设备编号共有 32 台，其中 12 号为单梁行车（桥式起重机），电动机的额定功率为 11 kW，实际上为 3 台电动机的功率。25 号为电焊机，其余均为机床类设备，包括车、磨、铣、刨、镗、钻等。额定功率最大的设备为 14 号，总功率为 32 kW。由于机床类设备的每台机床一般都有几台电动机分别拖动不同的运动机构，而几台电动机在同一时间内不会都同时工作，因此，在供配电设计时，需要乘以一个系数（称需要系数），其系数的大小由机床设备的种类来定（行业经验总结）。设备的配线只有部分标注，其他可参考相近的额定功率进行确定。

2）动力设备配电概况

　　通过图 3.17 车间动力配电概略图我们可以了解到，动力设备配电主要分为 5 个部分，车间北部（Ⓐ轴线）的 11 台设备由 WP1 回路供电，总功率为 60.3 kW；车间中部（Ⓒ轴线）的 12 台设备由 2 条回路供电，其中 WP2 为 59.4 kW，WP3 为 56.8 kW；车间南部（Ⓓ轴线）的 8 台设备由 WP4 回路供电，总功率为 60 kW；车间中部（Ⓒ轴线）桥式起重机的滑触线是由 WP5 回路供电，总功率为 11 kW；WP6 配到电容器柜 ACP（功率因数集中补偿），车间照明由 WL1 回路供电，总功率为 12 kW，其他为备用回路。全部总功率为 262.5 kW。但这些设备不会都同时用电，一般同时用电在 100 kW 左右。经查阅《建筑电气安装工程施工图集》可知总配电柜 AP，型号 XL—21—23 的箱体规格为 600 mm×1 600 mm×350 mm（宽×高×深）。ACP 为电容器柜，规格与 AP 相同。电源进线为电缆，型号规格为 YJV-3×120+1×70，穿钢管 DN80，沿地暗配至总配电柜 AP。

· 3.4.2　动力工程电气平面图分析 ·

1）WP1 回路配电分析

（1）动力配电箱

WP1 回路连接 3 个动力配电箱，AP1 的型号为 XXL（仪）—07C。XXL（仪）为配电箱型号，

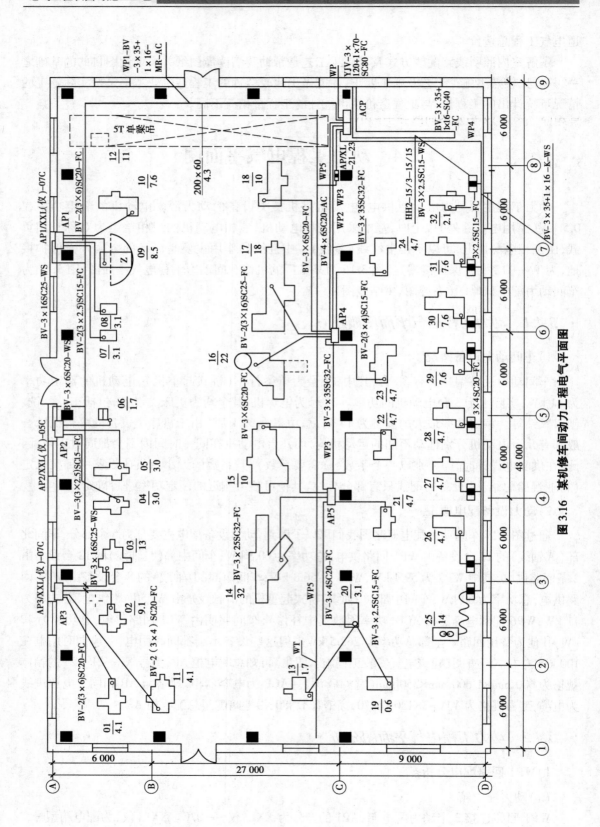

图 3.16 某机修车间动力工程电气平面图

含义为悬挂式动力配电箱,它表示箱内有部分测量仪表,如电压表、电流表等,07 为一次线路方案号,C 为方案分号。查阅《建筑电气安装工程施工图集》,可知该动力配电箱的箱体规格为 650 mm×540 mm×160 mm(宽×高×深),有 6 个回路。AP2 的型号为 XXL(仪)—05C,该动力配电箱的箱体规格为 450 mm×450 mm×160 mm,有 4 个回路。AP3、AP4、AP5 与 AP1 的型号相同。图 3.18 为 6 个回路动力配电箱概略图。

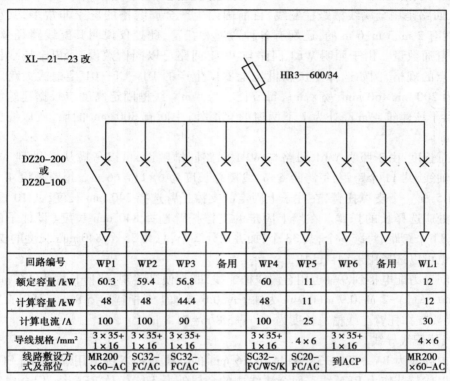

回路编号	WP1	WP2	WP3	备用	WP4	WP5	WP6	备用	WL1
额定容量 /kW	60.3	59.4	56.8		60	11			12
计算容量 /kW	48	48	44.4		48	11			12
计算电流 /A	100	100	90		100	25			30
导线规格 /mm²	3×35+1×16	3×35+1×16	3×35+1×16		3×35+1×16	4×6	3×35+1×16		4×6
线路敷设方式及部位	MR200×60-AC	SC32-FC/AC	SC32-FC/AC		SC32-FC/WS/K	SC20-FC/AC	到ACP		MR200×60-AC

图 3.17　车间动力电气概略图(系统图、主结线图)

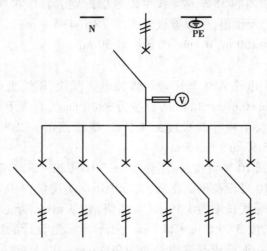

图 3.18　XXL(仪)—07C 概略图

动力配电箱安装高度一般要求为:当箱体高度不大于 600 mm 时,箱体下口距地面宜为

1.5 m;箱体高度大于 600 mm 时,箱体上口距地面不宜大于 2.2 m;箱体高度为 1.2 m 以上时,宜落地安装,落地安装时,柜下宜垫高 100 mm。动力配电箱墙上安装可以根据配电箱安装孔尺寸直接在墙上用膨胀螺栓固定,也可以在墙上埋设用∟40×4 角钢制作成的 2 个Π形支架,在支架上钻好安装孔,用螺栓固定在支架上。

(2)金属线槽配线

WP1 回路是用金属线槽跨柱配线,目前国内生产金属线槽的厂家非常多,其型号也不统一,长度有 2 m、3 m、6 m 的,还配有各种弯通和托臂,此处仅说明其配线路径及长度,不具体说明弯通数量。由于照明 WL1 回路与 WP1 回路可以同槽敷设,所以金属线槽可以选择截面大点的规格,例如选择重庆新世纪电器厂生产的 DJ—CI—01 型槽式大跨距汇线桥架,规格为 200 mm×60 mm(宽×高),每节长度为 6 m。线槽固定高度应根据建筑结构情况来决定,由于该建筑 4 m 高处为上下两窗的交汇处,中间有 800 mm 的墙,所以线槽安装高度为 4.3 m。

线槽总长度:由于照明 WL1 回路与 WP1 回路同槽敷设,可以考虑从 C 轴到 A 轴,再从⑨轴到①轴线,共 11 个跨距,每跨距 6 m,线槽总长度为 6×11 = 66 m。每跨距设 4 个支撑托臂,平均 1.5 m 一个支撑托臂,在柱子上固定的支撑托臂选择 240 mm 长度,共 10 根,A 轴和⑨轴夹角处应选择长的托臂。在墙上固定的支撑托臂选择 840 mm 长度(设柱子的厚度为 600 mm),11 个跨距,每跨 3 个,共 33 个,加夹角处 2 个,总共 35 个 840 mm 长度的支撑托臂。支撑托臂也可以选择用角钢自己加工。

从车间动力配电柜到⑨轴也用金属线槽配线,既方便又美观,线槽长度为 4.3 m(垂直)-1.6 m+6 m(平行)-2 m-0.9 m(0.9 m 为柱子厚 0.6 m 加 1/2 柜宽)= 5.8 m。可以直接固定在墙上,不需要支撑托臂。线槽总长度为 66 m+5.8 m = 71.8 m。

(3)线槽配线导线

线槽内导线为 BV—500—3×35+1×16,16 mm² 的导线是 PEN 线。用焊接钢管 SC 时,焊接钢管就可以代替其作为 PEN 线。而金属线槽的金属外壳不能代替 PEN 线,但金属线槽也必须进行可靠的接地。线槽内的 35 mm² 导线可以考虑配到⑤轴线再改变截面,其长度为 7 跨×6,再加上前端 5.8 m 引上及预留,单根导线长度为 7×6 m+5.8 m+2.2 m(柜预留)= 50 m。35 mm² 导线长度为 3×50 m = 150 m,16 mm² 的导线是 50 m。

(4)AP1 配线

从金属线槽到动力配电箱 AP1 是用镀锌焊接钢管配线,钢管直径为 DN 25 mm。钢管长度为 4.3 m-1.5 m-0.54 m+0.6 m = 2.86 m,导线为 3×16 mm²,直接用钢管作为 PEN 线,钢管的壁厚必须是 3 mm 及以上,单根导线长度为 1.5 m(线槽预留)+2.86 m+1.19 m(箱预留)= 5.55 m。导线总长度 3×5.55 m = 16.65 m。

从动力配电箱 AP1 到 10 号设备,标注为 BV—3×6SC20—FC。钢管长度为 1.5 m+0.2 m(埋深)+5 m(配电箱到 10 号设备平面距离,实际中用比例尺量)+ 0.2 m(埋深)+0.2 m(出地面)= 7.1 m。6 mm² 单根导线长度为 1.19 m(箱预留)+7.1 m+0.3 m(金属波纹管)+1 m(设备预留)= 9.6 m。导线总长度 3×9.6 m = 28.8 m。管子埋深由设计决定,一般可考虑 200～300 mm。配管到设备进线口一般要求是露出地面为 200 mm 及以上,然后再用一段金属波纹管保护进入设备的电源接线箱内。金属波纹管长度一般要求为 300 mm 及以上,准确的长度只有设备定位后才能确定。从 AP1 到其他设备处读者可以自己统计。

（5）AP2 配线与 AP3 配线

AP2 配线的标注为 BV—3×6SC20—WS。AP3 配线的标注为 BV—3×16SC25—WS。2 个回路导线在⑤轴处金属线槽内进行并接,6 mm² 导线到 AP2 配电箱,16 mm² 导线到 AP3 配电箱。因 AP2 配电箱的规格为 450 mm 高,所以到 AP2 配电箱的 SC20 管长为 4.3 m−1.5 m−0.45 m+0.6 m=2.95 m,单根导线长度为 1.5 m(线槽预留)+2.95 m+0.9 m(箱预留)=5.35 m,导线总长度为 3×5.35 m=16.05 m。

因 AP3 配电箱与 AP1 箱规格相同,所以 AP3 配线的钢管长度与 AP1 配线相同,直径 DN 为 25 mm,管长 2.86 m。而 16 mm² 导线长度应增加⑤轴到③轴段,为 4 线,即 16 mm² 导线总长度为 3×5.55 m+4×12 m=64.65 m。动力配电箱到设备处读者可以自己统计。

2)WP2 回路配电分析

WP2 回路所连接的 AP4 为 XXL(仪)—07C 型动力配电箱,动力配电箱在柱子上安装时一般不采用钻孔埋膨胀螺栓的方法,因为有时孔中心距柱子边角太近,会造成柱角崩裂。常采用角钢支架,先将角钢支架加工好,按配电箱安装孔尺寸钻好孔,然后用扁钢制成的抱箍将支架固定在柱子上,再将配电箱用螺栓固定在支架上。

配线标注为 BV—3×35SC32—FC,配线用 SC32 钢管为地下暗敷设,管长为 2×6 m+2.3 m+2×0.2 m(埋深)+0.2 m(配电柜的基础高 100 mm 和管露出基础 50~80 mm)+1.5 m=16.4 m。35 mm² 单根导线长度为 16.4 m+1.19 m(配电箱预留)+2.2 m(柜预留)=19.8 m,导线总长度为 3×19.8 m=59.4 m。

3)WP3 回路配电分析

WP3 回路所连接的 AP5 也是 XXL(仪)—07C 型动力配电箱,配线标注也相同,只是距离增加了 2 个跨距,即 12 m。管长为 12 m+16.4 m=28.4 m。35 mm² 导线长度为 59.4 m+3×12 m=95.4 m。

因为机床类设备本身自带开关、控制与保护电器,动力配电箱内的开关主要起电源隔离开关的作用,所以部分设备可以采用链式配电方式。在 WP3 回路的 13 号和 19 号设备,因为容量较小,为链式配电方式。

4)WP4 回路配电分析

（1）配线方式

WP4 回路为 25—32 号设备配电,属于树杆式配电方式,用负荷开关(铁壳开关)单独控制。负荷开关安装高度一般为操作手柄中心距地面的高度,一般要求为 1.5 m。WP4 回路采用的是针式瓷绝缘子支架配线方式。

支架采用一字形角钢支架,角钢规格用 L 30×4 mm,每个一字形角钢支架的长度是 3×100 mm(绝缘子间距)+60 mm(墙体距离)+30 mm(端部距离)+180 mm(嵌入墙体)=570 mm。

角钢支架的安装距离是根据导线截面而定的,见表 3.8。因为导线截面为 35 mm²,但有一根为 16 mm²,根据建筑结构情况,取安装距离为 3 m,支架配线可以配到③轴线,总长度可以考虑为 33 m,支架数量为 11+1=12 具,角钢总长度为 12×570 mm=6.84 m。安装高度与金属线槽配线相同,为 4.3 m,针式瓷绝缘子支架配线方式示意如图 3.19。

表 3.8　绝缘导线间的最大距离

配线方式	线芯截面/mm²				
	1~4	6~10	16~25	35~70	95~120
瓷柱配线	1 500	2 000	3 000		
瓷瓶配线	2 000	2 500	3 000	6 000	6 000

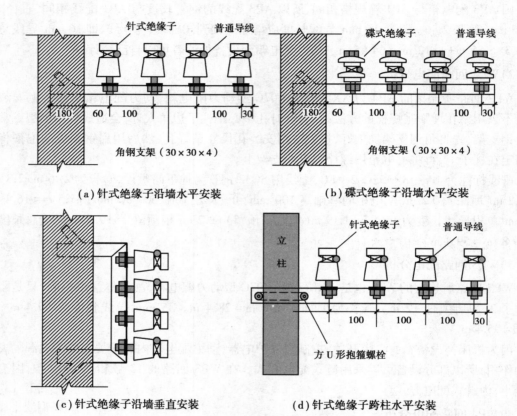

图 3.19　针式瓷绝缘子支架配线方式示意图

电源干线从配电柜 AP 到支架采用钢管配线,沿地面平行距离为 9 m+0.3 m+2×0.2 m+0.2 m(基础高)= 9.9 m,沿墙垂直 4.3 m,用 SC40 电线管,总长度为 14.2 m。

导线单根长度为 2.2 m(配电柜预留)+ 14.2 m+1.5 m(预留)= 17.9 m。支架上配线长度为 33 m+2×1.5 m(末端预留)= 36 m,35 mm² 导线总长度为 3×(17.9+36)m = 161.7 m。16 mm² 导线为 53.9 m。

(2)32 号设备分支线分析

WP4 回路到 32 号设备配线是先由 SC15 沿墙配到铁壳开关,再由铁壳开关用 SC15 配到 32 号设备接线口。铁壳开关(中心)安装高度取 1.5 m,WP4 回路到铁壳开关的管长为 4.3 m-1.5 m=2.8 m,单根线长为 1.5 m(预留)+2.8 m+0.3 m(铁壳开关预留)= 4.6 m。2.5 mm² 导线长度为 3×4.6 m = 13.8 m。铁壳开关到设备的管长为 1.5 m+0.2 m(埋深)+2 m+0.2 m(埋深)+0.2 m(出地面)+0.3 m(金属波纹管)= 4.4 m。单根线长为 0.3 m(开关预留)+4.4 m+1 m(设备预留)= 5.7 m。2.5 mm^2 导线长度为 3×5.7 m=17.1 m。2.5 mm^2 导线总长度为 13.8 m+17.1 m=30.9 m。到其他机床类设备与 32 号设备相同,可自行分析。

(3)25 号设备分支线分析

25 号设备为电焊机,电焊机为接 2 根线的负荷,其额定电压可以分为 380 V 和 220 V 两种,额定电压为 380 V 时,需要接 2 根相线,额定电压为 220 V 时,需要接 1 根相线和 1 根零线。25 号设备为 14 kW,将 4 线沿墙配到铁壳开关就可以了。铁壳开关到电焊机是用软电缆与电焊机配套。

5)WP5 回路配电分析

(1)滑触线

WP5 回路是给桥式起重机配电的,桥式起重机是移动式动力设备。功率较小的桥式起重机用软电缆供电,功率较大的桥式起重机用滑触线供电。传统的滑触线用角钢或圆钢等导电体固定在绝缘子上,再将绝缘子用螺栓固定在角钢支架上,一般为现场制作。现代的滑触线多数是由生产厂家制造的半成品在现场组装而成。分为多线式安全滑触线、单线式安全滑触线和导管式安全滑触线。

安全滑触线由滑线架与集电器两部分组成。多线式安全滑触线是以塑料为骨架,以扁铜线为载流体。将多根载流体平行地分别嵌入同一根塑料架的各个槽内,槽体对应每根载流体有一个开口缝,用作集电器上的电刷滑行通道。这种滑触线结构紧凑,占用空间小,适用于中、小容量的起重机。结构示意见图 3.20,其滑触线载流量分为 60 A、100 A 2 种,集电器分为 15 A、30 A、50 A 3 种,有三线与四线式产品。

(2)滑触线安装

首先安装滑触线支架,支架要安装得横平竖直,直线段支架间距为 1.5 m,支架的规格与吊车梁的规格及安装方法有关,现查阅 90D401 图集,采用安全滑触线 1—1 型支架时,支架构件用 50×5 角钢,h_2=350 mm,每个支架长度为 100 mm+350 mm+270 mm=720 mm,配 2 个 M16×260 mm 的双头螺栓。因为机修车间的总长度为 48 m,所以支架的个数为 48÷1.5+1=33 个。∟50×5 角钢总长度为 33×0.72 m=23.76 m。安全滑触线总长度为 48 m。

多线式安全滑触线的安装,是先在地面上按滑触线的设计长度与线数,先将扁铜线平整调直后,平行地插入同一根塑料架的各个槽内,每段长度为 3~6 m。然后从端头开始逐段拼接,扁铜线拼接为焊接,焊接后表面必须打磨平整,也可以用连接板和 4 个 M4×12 螺钉进行连接。滑触线拼接是在塑料槽外用螺栓固定好连接板(夹板)。全线滑触线组装好后逐步提升到支架高度,用专用的吊挂螺栓套入支架孔内进行初步定位,全线调整后再紧固。

(3)钢管配线分析

C 轴和⑧轴柱子的铁壳开关为滑触线的电源开关,其配线是用 SC20 的钢管沿柱子和地面由配电柜 AP 配到铁壳开关的,管长为 2 m+0.3 m+2×0.2 m+0.2 m(柜基础高)+1.5 m=4.4 m,6 mm^2 单根线长为 2.2 m(预留)+4.4 m+0.3 m(开关预留)=6.9 m,导线总长度为 4×6.9 m=27.6 m。

铁壳开关配到滑触线,滑触线的安装高度为 8 m,管长为 8 m-1.5 m=6.5 m,6 mm^2 单根线长为 6.5 m+0.3 m(开关预留)+1.5 m(预留)=8.3 m,导线总长度为 4×8.3 m=33.2 m。

6)WP6 回路计算

WP6 回路是从总配电柜 AP 到电容器柜 ACP,导线为 BV—3×35+1×16,需要穿焊接钢管

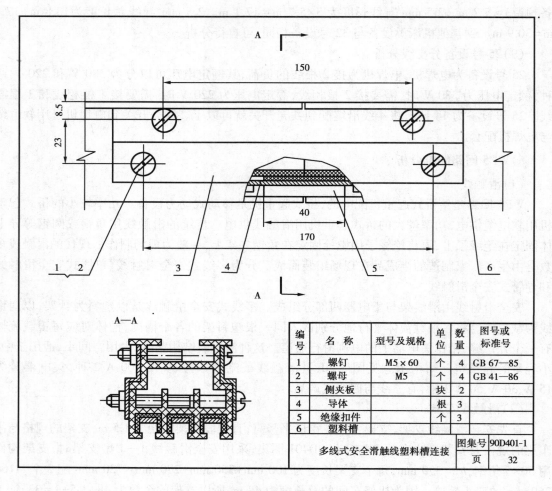

编号	名　称	型号及规格	单位	数量	图号或标准号
1	螺钉	M5×60	个	4	GB 67—85
2	螺母	M5	个	4	GB 41—86
3	侧夹板		块	2	
4	导体		根	3	
5	绝缘扣件		个	3	
6	塑料槽				
多线式安全滑触线塑料槽连接				图集号	90D401-1
				页	32

图 3.20　滑触线结构示意图

DN40,SC40 管长为平行的柜宽 0.6 m,垂直的为埋深 2 边×0.2 m,再考虑柜的基础高0.1 m和出基础面 0.1 m,2 边×0.2 m。合计为 0.6 m+2×0.2 m+2×0.2 m＝1.4 m。导线35 mm² 单根线长为管长 1.4 m,两个柜的预留 2×(0.6 m +1.6 m)＝4.4 m,合计为 5.8 m。导线 35 mm² 总长为 3×5.8 m＝17.4 m,导线 16 mm² 总长为 5.8 m。

7)车间总电源进线分析

车间总电源进线为电缆,型号规格为 YJV—3×120+1×70,穿焊接钢管 DN80 沿地暗配 YJV 为交联聚乙烯绝缘聚氯乙烯护套电力电缆、四芯。

（1）电缆敷设

厂区内的电缆主要分为直接埋地式敷设和电缆沟式敷设,电缆沟式敷设一般用于变配电所出线时的多根电缆敷设,工艺为挖电缆沟、砌砖、做支架、将电缆敷设在电缆沟支架上、盖盖板。直接埋地式敷设一般用于敷设根数较少的电缆,工艺为挖电缆沟、铺沙、敷设电缆、盖砖或盖盖板,直埋电缆的挖、填土（石）方一般要求为:

①两根以内的电缆沟,沟深按 900 mm 考虑、上口宽度 600 mm、下口宽度 400 mm、每米沟

长挖方量为 0.45 m³(深度按规范的最低标准);

②每增加一根电缆,其宽度增加 17 mm;每米沟长挖方量增加 0.153 m³。

(2) 电缆保护管

电缆直接埋地式敷设需要横穿道路、过排水沟、过建筑物外墙时需要增加电缆保护管。

电缆保护管长度,除按设计规定长度计算外,遇有下列情况,应按以下规定增加保护管长度:

①横穿道路,按路基宽度两端各增加 1 m。

②垂直敷设时,管口距地面增加 2 m。

③穿过建筑物外墙时,按基础外缘以外增加 1 m。

④穿过排水沟时,按沟壁外缘以外增加 0.5 m。

电缆保护管埋地敷设,其土方量凡有施工图注明的,按施工图计算;无施工图的,一般按沟深 0.9 m、沟宽按最外边的保护管两侧边缘外各增加 0.3 m 工作面计算。未能达到上述标准时,则按实际开挖尺寸计算。

(3)电缆敷设长度

电缆敷设长度应根据敷设路径的水平和垂直敷设长度,按表 3.9 规定增加长度。实际未预留者不得计算工程量。

表 3.9　电缆敷设的附加长度

序号	项　目	预留长度	说　明
1	电缆敷设弛度、波形弯度、交叉	2.5%	按电缆全长计算
2	电缆进入建筑物	2.0 m	规范规定最小值
3	电缆进入沟内或吊架时引上(下)预留	1.5 m	规范规定最小值
4	变电所进线、出线	1.5 m	规范规定最小值
5	电力电缆终端头	1.5 m	检修余量最小值
6	电缆中间接头盒	两端各留 2.0 m	检修余量最小值
7	电缆进控制、保护屏及模拟盘等	宽+高	按盘面尺寸
8	高压开关柜及低压配电盘、箱	2.0 m	盘下进出线
9	电缆至电动机	0.5 m	从电机接线盒起算
10	厂用变压器	3.0 m	从地坪起算
11	电缆绕过梁柱等增加长度	按实计算	按被绕物的断面情况计算增加长度
12	电梯电缆与电缆架固定点	每处 0.5 m	规定最小值

(4)电缆终端头及中间头

电缆的对接需要制作中间头,电缆进入配电柜(箱)与开关设备连接需要制作电缆终端头,电缆终端头及中间头的制作工艺方法比较多也比较复杂,主要有干包式、浇注式、热缩式和冷缩式,一般需要剥削护套和绝缘层、焊(压)接线端子和恢复绝缘层,常使用成套供应的电缆头制作套件。1 kV 以下截面积在 10 mm² 以下的电缆不需要制作电缆终端头。

（5）电缆敷设长度计算

该车间的室外配线距离没有提供,我们就从建筑物外墙开始计算,SC80 的管长为室内平行的长 4 m-0.3 m,垂直的埋深≥0.7 m,室外按基础外缘以外增加 1 m 和基础外缘宽 0.2 m 考虑,合计为 4 m-0.3 m+0.7 m+1 m+0.2 m=5.6 m。

电缆在管内敷设长度为管长 5.6 m,电缆进入建筑物预留 2 m,电缆进入高压开关柜及低压配电盘、箱预留 2 m,电力电缆终端头制作预留 1.5 m 与电缆进入高压开关柜及低压配电盘、箱预留 2 m 为重复的,可以不考虑。电缆敷设长度合计为 5.6 m+2 m+2 m=9.6 m。另外,还要考虑电缆敷设弛度、波形弯度、交叉等情况,按电缆全长的 2.5%计算。

· 3.4.3 车间照明电路配线分析 ·

1）照明电路配线

（1）电光源选择

因为机修车间的每台机床设备上都带有 36 V 的局部照明,所以只考虑一般照明。机修车间的照度一般为 100 lx,根据车间的具体情况,可考虑用混合光源。电光源根据工作原理分为热辐射光源,如白炽灯、卤钨灯等;气体放电光源,如荧光灯、高压汞灯（高压指气体压力高）、高压钠灯。虽然荧光灯有光色好、光效高等优点,但存在频闪效应,因机床设备的运动机构有旋转运动,当旋转运动的转速与荧光灯的频闪接近时,在人们的视觉上会感觉到旋转运动的转速很慢或不动,产生错误的信息,虽然使用电子镇流器的荧光灯无频闪效应,但其使用寿命还需要提高。所以有机床类设备的车间都不采用荧光灯作为电光源,一般采用高压汞灯和高压钠灯作为电光源。

高压汞灯、高压钠灯、金属卤化物灯都属于高强度气体放电灯,其结构外形见图 3.21。

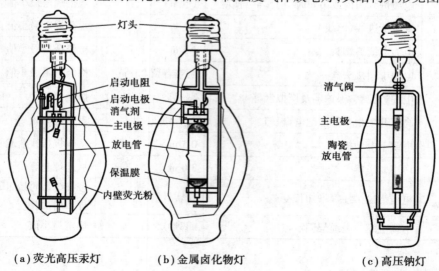

（a）荧光高压汞灯　　　　　（b）金属卤化物灯　　　　　（c）高压钠灯

图 3.21　高强度气体放电灯

该车间选用 GGY—250（容量为 250 W）型高压汞灯和 NG—110（容量为 110 W）型高压钠灯组合成混合光源,通过计算需要 21 组,每组 2 盏。根据车间情况,考虑安装在屋架的下弦梁上,因车间中间有 7 架屋架,每个屋架安装 3 组,东西两侧在墙上安装部分弯灯,基本可以满足照度要求,灯具布置见图 3.22。

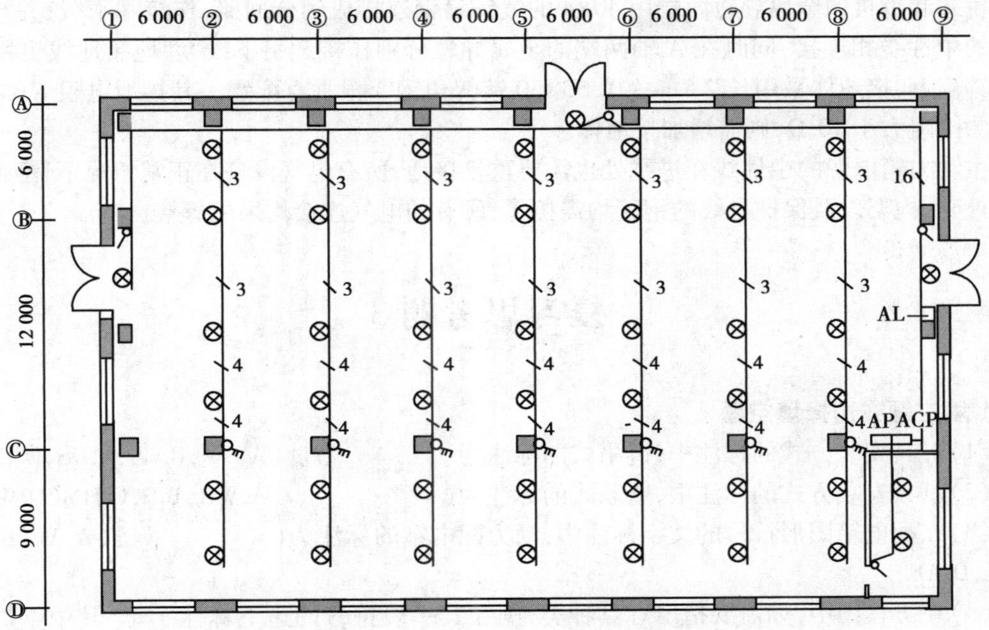

图 3.22 车间灯具布置平面图

(2)灯具配线

车间照明可以采用照明配电箱集中控制,每个屋架 3 组灯,每组灯 360 W,3 组的总功率为 3×360 W=1 080 W。作为一个回路(单相),也可以采用分散控制,分散控制是用跷板开关控制。因为每个回路有 3 组灯,每组灯用一个开关,每个回路的灯开关集中安装在 C 轴立柱上(明装),垂直配线为 4 根。再考虑其他灯设 2 个回路,选择照明配电箱型号为 XXM(横向)—08,箱体规格为 580 mm×280 mm×90 mm(宽×高×深),共 12 个回路,其余的作为备用。

导线标注为 BV—4×6MR—WS,干线为金属线槽配线到照明配电箱。照明配电箱的进线为 4 根 6 mm²,出线为 2.5 mm²,屋架上有 7 个回路,再加上另外 2 个回路,共 9 个回路 18 根线。总配线数为 2×9+4=22 根。所以从动力线的金属线槽到照明配电箱最好继续用金属线槽配线,长度为 0.6 m+4.3 m−1.5 m−0.28 m=3.1 m,在金属线槽分支处用一个弯通,需要加一个托臂。

屋架的下弦梁一般距地面 10 m,从金属线槽到屋架的下弦梁的高度为 10 m−4.3 m=5.7 m,保护管可以选择电线管 DN16,在下弦梁上也可以用 PVC 管,每个回路配线从 A 轴的第一个灯开始为 3 线,从第三个灯到 C 轴立柱为 4 线,工程量可自行分析。其灯具安装也固定在屋架的下弦梁上,安装方法可参考标准图 D702-1~3《常用低压配电设备及灯具安装》。

2)车间电气接地

(1)跨接接地线

桥式起重机为金属导轨,需要可靠接地,导轨与导轨之间的连接称为跨接接地线,导轨的跨接接地线可以用扁钢或圆钢焊接。连接方法在工程量的统计中用多少处表示,应先知道导轨长度,设导轨长度为 6 m,可以得出每边 8−1=7 处,两边共 14 处。

（2）接地与接零

桥式起重机的金属导轨两端用 40×4 的镀锌扁钢连接成闭合回路,作接零干线,并与主动力箱的中性线相连接,同时在 A 轴两端的金属导轨分别作接地引下线,埋地接地线也用40×4 的镀锌扁钢,接地体采用长 2.5 m 的 **L** 50×50 镀锌角钢 3 根垂直配置。其接地电阻 $R \leqslant 10\ \Omega$, 若实测电阻大于 10 Ω,则需增加接地体。

主动力箱电源的中性线在进线处也需要重复接地,所有电气设备在正常情况下,不带电的金属外壳、构架以及保护导线的钢管均需接零,所有的电气连接均采用焊接。

复习思考题 3

1.填空题或选择填空题

（1）灯具安装方式的标注中,链吊式的标注为( )。(A.SW,B.CS,C.DS,D.CR)

（2）灯具安装方式的标注中,壁装式的标注为( )。(A.WR,B.S,C.HM,D.W)

（3）在配电箱图形符号的文字标注中,动力配电箱的标注为( )。(A.AL, B. AP, C.AH,D.AE)

（4）在工程图中,如需要指出灯具种类,则在其一般符号的边上标注字母,其中壁灯的文字标注为( )。(A.C,B.R,C.W,D.EN)

（5）在工程图中,如需要指出灯具种类,则在其一般符号的边上标注字母,其中圆球灯的文字标注为( )。(A.P,B.L,C.G,D.SA)

（6）在工程图中,如需要指出插座和带保护接点插座的种类,则在其一般符号内标注字母以区别不同插座,单相暗敷(电源)插座的文字标注为( )。(A.1P,B.1C,C.3P,D.3C)

（7）在工程图中,如需要指出插座和带保护接点插座的种类,则在其一般符号内标注字母以区别不同插座,单相防爆(电源)插座的文字标注为( )。(A.1P,B.1EX,C.1C, D.3C)

（8）在工程图中,如需要指出电信插座的种类,则在其一般符号内标注字母以区别不同插座,电话插座的文字标注为( )。(A.TV,B.TO,C.TP,D.FX)

（9）在工程图中,如需要指出导线的作用,根据需要可在其边上用文字标注,动力干线的文字标注为( )。(A.WL,B.WE,C.WP,D.E)

（10）在工程图中,如需要指出导线的作用,根据需要可在其边上用文字标注,接地线的文字标注为( )。(A.PE,B.WE,C.E,D.LP)

（11）导线进入开关箱的预留量是( )m。(A.高+宽,B.0.3 m,C.1 m,D.1.5 m)

（12）出户线的预留量是( )m。(A.高+宽,B.0.3 m,C.1 m,D.1.5 m)

2.简答题

（1）在办公科研楼一层照明工程图中的分析室内,开关的垂直配管内需要穿几根线? 各用于什么?

（2）在办公科研楼一层照明工程图中④轴与 B/C 轴交汇处,开关的垂直配管内需要穿几根线? 各用于什么?

（3）如果将浴室房间内到男卫生间的开关处的配管配线直接配向男卫生间灯位盒处能节

约什么？是否合理？

(4)在办公科研楼一层照明工程图中的走廊,从④轴至⑤轴间的走廊灯到⑤轴至⑥轴间的走廊灯处为什么要标注 5 根线?

(5)一个双控开关需要连接几根线?分别说明各用于什么?

(6)办公科研楼的门厅花灯,标注有 4 线,分别说明各用于什么?

(7)用列表方法统计出办公科研楼照明工程图各种灯具和电器的数量,表中内容有名称、图形符号、单位、数量。

(8)用列表方法统计出住宅照明平面图各种灯具和电器的数量,表中内容有名称、图形符号、单位、数量。

(9)计算办公科研楼 W1 回路的管长和线长。

(10)计算办公科研楼 W5 回路的管长和线长。

(11)导线进入开关箱的预留量是多少?

(12)导线进入单独安装(无箱、盘)的铁壳开关、闸刀开关、启动器、母线槽进出线盒等的预留量是多少?

(13)导线穿 PVC 管,6 根导线为 BV 型 4 mm^2,长度为 2 m,管径为多少?

(14)导线穿 SC 钢管,8 根导线为 BV 型 2.5 mm^2,长度为 3 m,管径为多少?

(15)导线穿电线管,3 根导线为 BV 型 2.5 mm^2,长度为 1.5 m,管径为多少?

(16)计算机修车间动力工程图中 AP1 到 9 号设备的管长、总线长(注:AP1 到 9 号设备的平面距离为 4.5 m)。

(17)计算机修车间动力工程图中 AP2 到 5 号设备的管长、总线长(注 AP2 到 5 号设备的平面距离为 4.7 m)。

(18)在动力工程图平面图上,标注有 WP1-BV-3×35+1×16-MR-AC,请说明各个位置标注的含义。

(19)请说明办公科研楼危险品仓库房间内灯具标注各位置的含义。

(20)请说明办公科研楼电源进线(沿ⓒ轴)标注各位置的含义。

4 变配电工程

〖本章导读〗
- **基本要求**　了解变配电工程基本组成、负荷等级划分、不同负荷等级对供电的要求;熟悉变配电工程图分析方法;掌握变配电系统主接线的构成。
- **重点**　变配电系统主接线的主要设备。
- **难点**　变配电工程图分析。

　　变配电工程是供配电系统的中间枢纽,变配电所为建筑内用电设备提供和分配电能,是建筑供配电系统的重要组成部分。变配电所的安装工程亦是建筑电气安装工程的重要组成部分,变电所担负着从电力系统受电、变电、配电的任务。配电所担负着从电力系统受电、配电的任务。

4.1　变配电工程概述

· 4.1.1　电力系统简介 ·

　　所谓电力系统就是由各种电压等级的电力线路将发电厂、变电所和电力用户联系起来的一个发电、输电、变电、配电和用电的整体。图 4.1 是从发电厂到电力用户的送电过程示意图。

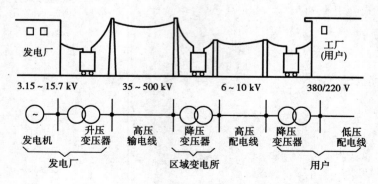

图 4.1　发电、输电、变电过程

1)变电所

变电所是接受电能、改变电压并分配电能的场所,主要有电力变压器与开关设备等组成,是电力系统的重要组成部分。装有升压电力变压器的变电所叫做升压变电所,装有降压电力变压器的变电所叫做降压变电所。只接受电能,不改变电压,并进行电能分配的场所叫做配电所。

2)电力线路

电力线路是输送电能的通道。其任务是把发电厂生产的电能输送并分配到用户,把发电厂、变配电所和电力用户联系起来。它由不同电压等级和不同类型的线路构成。输送电能的电压越高,电力线路的损耗越小,目前,我国电网的最高额定电压已达到 700 kV,正在向 1 000 kV 发展。

建筑供配电线路的额定电压多数为 10 kV 线路和 380 V 线路,并有架空线路和电缆线路之分。

3)低压配电系统

低压配电系统由配电装置(配电盘)及配电线路组成。配电方式有放射式、树干式及混合式等,如图 4.2 所示。

(1)放射式

放射式的优点是各个负荷独立受电,因而故障范围一般仅限于本回路,线路发生故障需要检修时,只需切断本回路而不影响其他回路;同时回路中电动机启动所引起的电压波动,对其他回路的影响也较小。其缺点是所需开关设备和有色金属消耗量较多,因此,放射式配电一般多用于对供电可靠性要求高的负荷或大容量设备。

(2)树干式

树干式配电的特点正好与放射式相反。一般情况下,树干式采用的开关设备较少,有色金属消耗也较少,但干线发生故障时影响范围大,供电可靠性较低。树干式配电在机加工车间、高层建筑中使用较多。

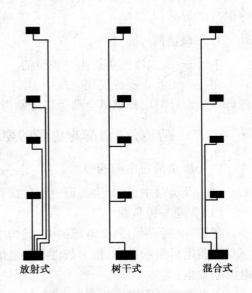

图 4.2　配电方式分类示意图

在很多情况下,常常采用放射式和树干式相结合的配电方式,也称为混合式配电。

· 4.1.2　负荷等级 ·

这里"负荷"的概念是指用电设备,"负荷的大小"是指用电设备功率的大小。不同的负荷,重要程度是不同的。重要的负荷对供电可靠性的要求高,反之则低。因此,我们根据对供电可靠性的要求及中断供电对政治、经济等造成的损失或影响程度进行分级,并针对不同的负荷等级确定其对供电电源的要求。

1)一级负荷

符合下列条件之一的,称为一级负荷。

①中断供电将造成人身伤亡的负荷。如:医院急诊室、监护病房、手术室等处的负荷。

②中断供电将在政治、经济上造成重大损失的负荷。如：由于停电使重大设备损坏、重大产品报废、用重要原料生产的产品大量报废、国民经济中重点企业的连续生产过程被打乱等。

③中断供电将影响有重大政治、经济意义的用电单位正常工作的负荷。如：重要交通枢纽、重要通讯枢纽、重要宾馆、大型体育场馆、经常用于国际活动的大量人员集中的公共场所等单位中的重要负荷。

2）二级负荷

符合下列条件之一的，称为二级负荷。

①中断供电将在政治、经济上造成较大损失的负荷。如：由于停电使主要设备损坏、大量产品报废、连续生产过程被打乱，重点企业大量减产等。

②中断供电将影响重要用电单位的正常工作的负荷。如：交通枢纽、通讯枢纽等用电单位中的重要负荷，以及中断供电将造成大型影剧院、大型商场等较多人员集中的重要公共场所秩序混乱的负荷。

3）三级负荷

不属于一、二级的负荷为三级负荷。

在一个工业企业或民用建筑中，并不一定所有用电设备都属于同一等级的负荷，因此，在进行系统设计时应根据其负荷等级分别考虑。

· *4.1.3* **不同等级负荷对电源的要求** ·

1）一级负荷对电源的要求

在一级负荷中，还分为普通一级负荷和特别重要的一级负荷。

（1）普通一级负荷

普通一级负荷由两个电源供电，且当中一个电源发生故障时，另一个电源不应同时受到损坏。在我国目前的经济、技术条件和供电情况下，符合下列条件之一的，即认为满足一级负荷电源的要求：

①电源来自不同的两个发电厂，如图 4.3（a）所示。

②电源来自两个不同区域的变电站，且区域变电站的进线电压不低于 35 kV，如图 4.3（b）所示。

③电源一个来自区域变电站、一个为自备发电设备，如图 4.3（c）所示。

（2）特别重要的负荷

一级负荷中特别重要的负荷，除满足上述条件的两个电源供电外，还应增设应急电源，专门对此类负荷供电。应急电源不能与电网电源并列运行，并严禁将其他负荷接入该应急供电系统。

这主要是因为地区大电网主网都是并网的，无论从电网取几回电源进线，也无法得到严格意义上的互无关联的两个电源，电力部门不可能完全保证供电不中断，即存在两个电源同时中断的可能性，所以，对特别重要的负荷，应该增加在电气上与电力系统完全独立的应急电源。

应急电源可以是独立于正常电源的发电机组、蓄电池、干电池等。

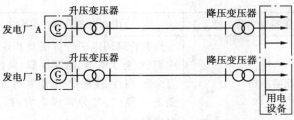

（a）电源来自两个不同发电厂

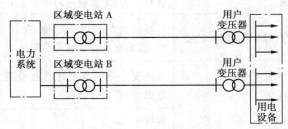

（b）电源来自两个区域变电站

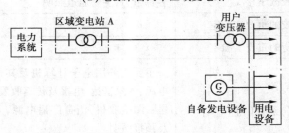

（c）电源一个来自区域变电站，一个为自备发电设备

图 4.3　满足一级负荷要求的电源

2）二级负荷对电源的要求

二级负荷一般由两回线路供电，当电源来自于同一区域变电站的不同变压器时，即可认为满足要求。

在负荷较小或地区供电条件困难时，可由一回 6 kV 及以上专用的架空线路或电缆线路供电。当采用架空线时，可为一回架空线供电；当采用电缆时，应采用两根电缆组成的线路供电，且每根电缆应能承受 100%的二级负荷。这主要是考虑架空线路的常见故障检修周期较短，而并非电缆的故障率较高，相反，电缆的故障率较架空线要低。

3）三级负荷对电源的要求

三级负荷对电源无特殊要求，一般单回路电源供电即可。表 4.1 为民用建筑中常用重要设备及部位的负荷分级。

表 4.1　常用重要设备及部位的负荷分级

序号	建筑类别	建筑物名称	用电设备及部位名称	负荷级别	备注
1	住宅建筑	高层普通住宅	客梯电力、楼梯照明	二级	
2	宿舍建筑	高层宿舍	客梯电力、主要通道照明	二级	

续表

序号	建筑类别	建筑物名称	用电设备及部位名称	负荷级别	备注
3	旅馆建筑	一、二级旅游旅馆	经营管理用电子计算机及其外部设备电源、宴会厅电声、新闻摄影、录像电源、宴会厅、餐厅、娱乐厅、高级客房、厨房、主要通道照明、部分客梯电力,厨房部分电力	一级	
		高层普通旅游	客梯电力、主要通道照明	二级	
4	办公建筑	省、市、自治区及高级办公楼	客梯电力,主要办公室、会议室、总值班室、档案室及主要通道照明	二级	
		银行	主要业务用电子计算机及其外部设备电源、防盗信号电源	一级	
			客梯电力	二级	
5	教学建筑	高等学校教学楼	客梯电力,主要通道照明	二级	
		高等学校的重要实验室		一级	
6	科研建筑	科研院所的重要实验室		一级	
		市(地区)级及以上气象台	主要业务用电子计算机及其外部设备电源、气象雷达、电报及传真收发设备、卫星云图接收机、语言广播电源、天气绘图及预报照明	二级	
			客梯电力	二级	
		计算中心	主要业务用电子计算机及其外部设备电源	一级	
			客梯电力	二级	
7	文娱建筑	大型剧院	舞台、贵宾室、演员化妆室照明,电声、广播及电视转播、新闻摄影电源	一级	
8	博览建筑	省、市、自治区级及以上的博物馆、展览馆	珍贵展品展室的照明、防盗信号电源	一级	
			商品展览用电	二级	
9	体育建筑	省、市、自治区级及以上的体育馆、体育场	比赛厅(场)主席台、贵宾室、接待室、广场照明、计时记分、电声、广播及电视转播、新闻摄影电源	一级	
10	医疗建筑	县(区)级及以上的医院	手术室、分娩室、婴儿室、急诊室、监护室、高压氧仓、病理切片分析、区域性中心血库的电力及照明	一级	

4.2　变配电系统的主接线

主接线是由各种开关电器、电力变压器、母线、电力电缆或导线、移相电容器、避雷器等电气设备按照一定规律相连接的接受和分配电能的电路。主接线只表达上述电气设备之间的联结关系，与其具体安装地点无关。主接线的实施场所是变电站或配电所。

· 4.2.1　一次设备及功能简介 ·

主接线图是一种概略图，以单线表示法绘图，用单线表示三相，其中，各电气元件用国家标准规定的图形符号和文字符号表示，如表 4.2 所示，这些电气元件常被称为一次设备，而进行继电保护与指示的电器及仪表常被称为二次设备。常见的一次设备及其功能如下：

表 4.2　主接线中主要电气元件的图形符号和文字符号

元件名称	图形符号	文字符号	元件名称	图形符号	文字符号
变压器	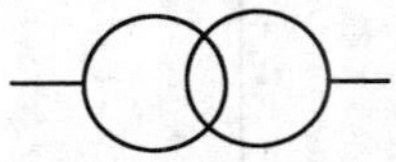	T	热继电器		KB
断路器		QF	电流互感器①	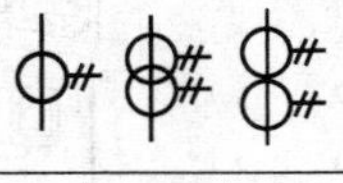	TA
负荷开关	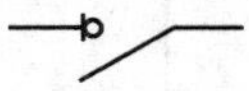	QL	电压互感器②	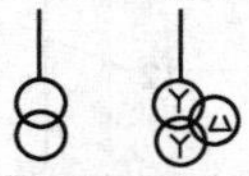	TV
隔离开关	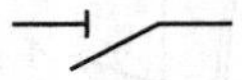	QS	避雷器		F
熔断器		FU	移相电容器		C
接触器		QC			

注：①三个符号分别表示单个二次绕组；一个铁芯、两个二次绕组；两个铁芯、两个二次绕组的电流互感器。
②两个符号分别表示双绕组和三绕组电压互感器。

1)高压一次设备

（1）高压断路器（QF）

高压断路器是一种开关电器，不仅能接通和断开正常负荷的电流，还能在保护装置的作用下自动跳闸，切除故障（如短路故障）电流。因为电路短路时电流很大，断开电路瞬间会产生非常大的电弧（相当于电焊机），所以要求断路器具有很强的灭弧能力。由于断路器的主触头是设置在灭弧装置内的，无法观察其通或断的状态，即断开时无可见的断点。因此，考虑使用安全，除小容量的低压断路器外，一般断路器不能单独使用，必须与能产生可见断点的隔离开关配合使用。

高压断路器按其采用的灭弧介质可分为：油断路器、空气断路器、六氟化硫断路器、真空断路器等。其中使用最多的是油断路器,在高层建筑中,多采用真空断路器。常用的高压断路器有 SN10—10 型、LN2—10 型、ZN3—10 型等。

(2)高压隔离开关(QS)

高压隔离开关主要用于隔离高压电源,以保证对被隔离的其他设备及线路进行安全检修。高压隔离开关将高压装置中需要检修的设备与其他带电部分可靠地断开,并有明显可见的断开间隙。隔离开关没有专门的灭弧装置,所以不能带负荷操作,否则可能会发生严重的事故。常用的高压隔离开关有户内式 GN6,GN8 系列、户外式 GW10 系列等。

(3)高压负荷开关(QL)

高压负荷开关具有简单的灭弧装置。主要用在高压侧接通和断开正常工作的负荷电流,但因灭弧能力不高,故不能切断短路电流,它必须和高压熔断器串联使用,靠熔断器切断短路电流。常用的高压负荷开关有 FN3—10RT,一般配用 CS2 或 CS3 型手动操作机构来进行操作。

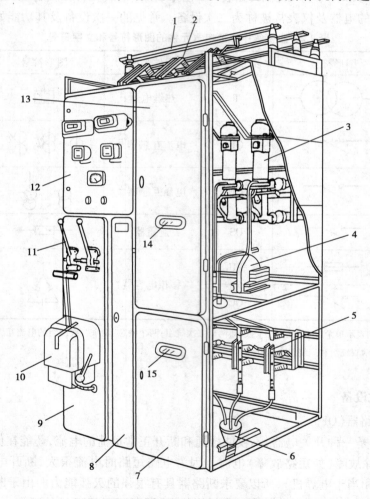

图 4.4　高压开关柜结构示意图

1—母线;2—母线隔离开关;3—少油断路器;4—电流互感器;5—线路隔离开关;

6—电缆头;7—下检修门;8—端子箱门;9—操作板;10—断路器的手动操作机构;

11—隔离开关操动机构手柄;12—仪表继电器屏;13—上检修门;14,15—观察窗口

（4）高压熔断器（FU）

高压熔断器当所在电路的电流超过规定值并经过一定时间后,能使其熔体熔化而切断电路,如果发生短路故障,其熔体会快速熔断而切断电路。因此,熔断器主要功能是对电路进行短路保护,也具有过负荷保护的功能。由于它结构简单、价格便宜、使用方便,在三级负荷变配电系统应用比较多。

在建筑供配电高压系统中,室内广泛采用 RN1,RN2 型高压管式熔断器,室外则采用 RW4,RW10(F)等型跌落式熔断器。

（5）高压开关柜

高压开关柜是按照一定的接线方案将有关的一、二次设备(如开关设备、监察测量仪表、保护电器及操作辅助设备等)组装而成的一种高压成套配电装置。每种型号的开关柜可以由不同的元件组合,因此可组成几十种主接线方案供选择。

高压开关柜有固定式、手车式两大类型。固定式高压开关柜中所有的电器都是固定安装、固定接线,具有结构简单、经济的特点,应用比较广泛。手车式高压开关柜中其主要设备如高压断路器、电压互感器、避雷器等可将手车拉出柜外进行检修,并推入备用同类型手车,即可继续供电,有安全、方便、缩短停电时间等优点,但价格较贵。

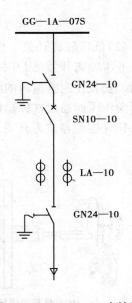

图 4.5 GG—1A— 07 主接线

高压开关柜都必须具有"五防"措施:a.防止在隔离开关断开时误分、误合断路器。b.防止带负荷分、合隔离开关。c.防止带电情况下,合接地开关;d.防止接地开关闭合时合隔离开关;e.防止人员误入带电间隔。

图 4.4 为 GG—1A（FZ）固定式高压开关柜的外形结构示意图。图 4.5 为 GG—1A（FZ）固定式高压开关柜的一次接线方案。

近年来,还陆续出现了 KGN—10(F)固定金属铠装开关柜、KYN—10(F)移开式金属铠装开关柜、JYN—10(F)移开式金属封闭间隔型开关柜、HXGN—10 型环网柜等各种型号开关柜,其箱内接线可见相关的设计手册。

2）**低压配电装置**

（1）低压断路器

低压断路器(自动开关或自动空气开关)具有良好的灭弧能力,用于正常情况下接通或断开负荷电路。因为其结构内安装有电磁脱扣(跳闸)及热脱扣装置,能在短路故障时通过电磁脱扣自动切断短路电流,还能在负荷电流过大、时间稍长时通过热脱扣自动切断过负荷(过负载)电流,使电路中的导线及电气设备不会因为电流过大(温升过高)而损坏。

小型(微型)断路器因为体积小(100 mm×30 mm),安装方便(导轨式安装),跳闸后不用更换器件等优点,在民用建筑中,已经取代了传统的闸刀开关加熔断器,广泛的应用在用户终端配电箱中。较大型的断路器可以安装有断电自动跳闸,信号操纵其电动合闸和拉闸。并带有通信接口等功能。广泛应用在需要集中管理的供配电系统中。

低压断路器示意图如 4.6 所示。常用的低压断路器有塑料外壳式 DZ 系列、框架式（万能式)DW 系列、小型的有 C45、C45N 系列、ME 系列、AH 系列等。

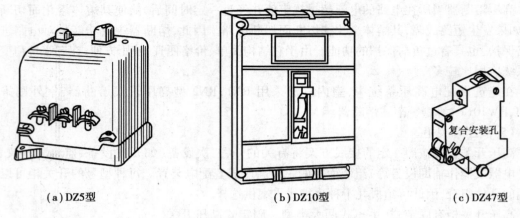

(a)DZ5型　　　　　　　　(b)DZ10型　　　　　　　　(c)DZ47型

图 4.6　低压断路器示意图

(2)低压隔离开关

低压隔离开关(刀开关)由于外面没有任何防护,主要用在配电柜(屏)或配电箱中起隔离作用。安装在配电箱内的隔离开关可以直接用手柄操作,安装在配电柜内的隔离开关要在柜外用操作手柄通过杠杆操作,隔离开关示意图如图 4.7 所示。常用型号有 HD(单投)、HS(双投)、HR(熔断器式刀开关)。

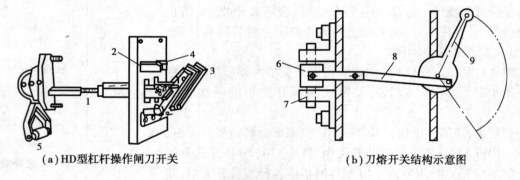

(a)HD型杠杆操作闸刀开关　　　　　　　(b)刀熔开关结构示意图

图 4.7　隔离开关示意图

1—连杆;2—静触头;3—速断刀;4—主触头;5—手柄;
6—RT0 型熔断器;7—静触头;8—连杆;9—操作手柄

(3)低压负荷开关

低压负荷开关有开启式(胶盖闸刀开关)和封闭式(铁壳开关)两种,内部可以安装保险丝或熔断器,具有带灭弧罩刀开关和熔断器的双重功能,既可带负荷操作,又能进行短路保护,胶盖闸刀开关目前常用于临时线路的电源开关。

封闭式铁壳开关的开关外部是一个坚固的铁外壳,动触头为双刀触头,还装有速断弹簧,可以加快触头分断速度,减小电弧的伤害。为了安全,开关手柄与箱盖有连锁机构,开关合闸后,铁壳盖不能打开。负荷开关示意图如图 4.8 所示。常用型号有 HK(开启式)、HH(铁壳开关)。

(4)低压熔断器

低压熔断器是低压配电系统中主要用于短路保护的电气设备,当电流超过规定值并一定时间后,能以它本身产生的热量,使熔体(保险丝)熔化而断开电路。常用的低压熔断器有RC,RL,RT0,RM,RZ 型等。

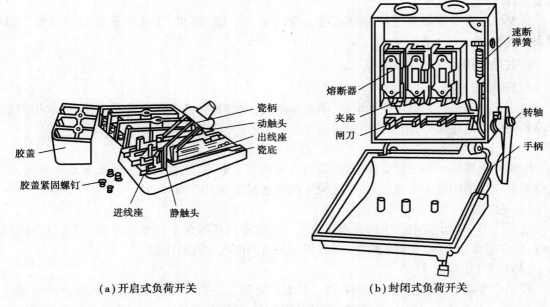

（a）开启式负荷开关　　　　　　　　（b）封闭式负荷开关

图 4.8　负荷开关示意图

（5）低压配电柜

低压配电柜(低压配电屏、低压开关柜)是按照一定的接线方案将有关的一、二次设备(如开关设备、监察测量仪表、保护电器及操作辅助设备)组装而成的一种低压成套配电装置。主要用于低压电力系统中,作动力及照明配电之用。

按断路器是否可以抽出,可以分为固定式、抽出式两种类型。每种型号的开关柜,都可组成几十种主接线方案以供选择。由于低压元件体积小,所以一台开关柜中可以装设多个回路。

固定式配电柜,有 PGL 型、GGL 型和 GGD 型等。其中 GGD 型为我国近年由能源部组织联合设计的一种新产品,其柜架用 8MF 冷弯型钢局部焊接组装而成,封闭式结构,电器元件选用新产品,如低压断路器采用 ME 系列、DW15 系列、DZ20 系列等,断流能力大,保护性能好。

抽出式配电柜有的可将整个回路的所有元件一起抽出(抽屉式),有的只将断路器部分抽出。抽屉式的是各回路电器元件分别安放在各个抽屉中,若某一回路发生故障,可将该回路的抽屉抽出,并将备用的抽屉插入,能迅速恢复供电。常见的型号有 BFC、GCL、GCK、MNS、DOMINO 等。适用于低压配电系统作为负荷中心(PC)或控制中心(MPC)的配电或控制装置。

组合式低压配电柜,其电器元件的安装方式为混合安装式,有固定式结构和抽屉式结构。固定式结构按隔板高度分为若干间隔小室,各小室可按需要组合在同一屏内。抽屉装设的小室也可按要求任意组合。常见的组合式低压配电柜型号有 GHL、科必克(CUBIC)、多米诺(DOMINO)等。

3)电力变压器

电力变压器是变配电系统中最重要的设备,它是利用电磁原理工作的,用于将电力系统中的电压升高或降低,以利于电能的合理输送、分配和使用。

变压器正常工作时会有一定的温度,按冷却方式不同可以分为油浸式变压器、干式变压器和充气式变压器。油浸式变压器常用在独立建筑的变配电所或户外安装,干式变压器常用在高层建筑内的变配电所。

常见的电力变压器有三相油浸式电力变压器 SL7 型、S9 型,干式变压器有 SC9 型、SCL型、SG 型等。

4)其他常用电气元件及功能

(1)电压互感器

电压互感器是一种电压变换电器,隔离高电压,通常是将高电压变成低电压,以取得测量和保护用的低电压信号,副边绕组额定电压是固定的,为 100 V。

(2)电流互感器

电流互感器是一种电流变换电器,隔离高电压和大电流,通常是将大电流变成小电流,以取得测量和保护用的小电流信号,副边绕组额定电流是固定的,为 5 A。

(3)避雷器

避雷器用于防止雷电产生的过电压侵入。避雷器设于被保护设备的前端,当有过电压侵入时,可将避雷器击穿,并对地放电,以起到保护后面电气设备的作用。

(4)移相电容器

移相电容器可以用作无功功率补偿。供配电系统大多数都是感性负荷,从系统汲取感性无功,致使系统中感性无功成分增加,功率因数下降;安装电容器后,电容器向系统汲取容性无功,使系统容性无功成分增加,以抵消部分感性无功,提高功率因数。根据功率因数的高或低,选择能实现自动控制的接触器控制电容器的投入组数。

(5)接触器

接触器是电磁式电器,其结构由线圈、铁芯、衔铁、主触头、灭弧装置等组成,工作原理是,线圈通电流时,产生电磁力,使可动的衔铁吸合,带动触头动作(相当于开关合闸)而接通被控制电路;当线圈断开电流时,可动的衔铁释放,主触头断开而切断被控制的电路;常见的型号有CJ12B、CJ20、3TF、LC1 等。

接触器可以通过线圈的小电流去控制主触头的大电流,并可以通过按钮远距离控制,广泛应用于需要实现自动控制的电气设备电路,与热继电器、熔断器等配合可以实现过负荷、短路等保护。例如,电动机的启动、停止、正转、反转等控制。在电容器柜中应用它,是为了自动控制电容器组的投入数量,自动调节供电系统的功率因数。

(6)热继电器

热继电器是一种与接触器配合用于过负荷保护的保护电器,它是利用热效应原理制成的,其结构由热元件、双金属片,传动装置、触头等组成。热元件串接在被保护的主电路中,当主电路的电流过大时,热元件发热使双金属片弯曲,通过传动装置使触头动作,切断接触器的线圈电流,接触器释放而断开被保护的主电路。常见的型号有 JR16、JR20、3UA、LR2、3RB 等。

(7)多功能电器

KB0 系列控制与保护开关电器是我国温州中凯电器有限公司自主研发的智能型多功能电器。其特征是在单一的结构形式的产品上实现集成化的、内部协调配合的控制与保护功能,相当于断路器(熔断器)、接触器、热继电器及其他辅助电器的组合。具有远距离自动控制和就地直接控制功能、面板指示及信号报警功能,还具有反时限、定时限和瞬间三段保护特性。

KB0 含意为控制、保护、初始设计(填补国内空白)。

根据需要选配功能模块或附件,即可实现对一般电动机负载、配电电路负载的控制与保护。产品有基本型(KB0)、电动机可逆型控制器(KB0N)、双电源自动转换开关(KB0S)、电动机 Y-△减压启动器(KB0J)、动力终端箱(KB0X)等类型。

目前又研发出了 KB0—T 智能型系列,KB0—T 的智能化控制与保护功能是通过 ST550 控制器实现的。ST550 基于高性能微处理器、嵌入式软件和总线通讯技术,使 KB0—T 具有体积小,模块化设计;保护功能全,精度准确;智能化程度高,可用信息量大且使用方便;组网通讯灵活,可提供多种协议接口和数据传输功能等优点,可为不同需求的用户提供完整的智能化解决方案。扩展出的 KB0N—T、KB0S—T、KB0J—T 等系列,已经在高层建筑的供配电系统及电动机控制中得到广泛的应用。

5)高、低压开关柜的安装

开关柜一般都安装在槽钢或角钢制成的基础型钢底座上,采用螺栓固定,紧固件应是镀锌制品,如采用焊接,焊点要进行防锈处理。型钢的规格大小是根据开关柜的尺寸和重量而定的,一般型钢可以选择 8 号~10 号槽钢或 50×5 角钢制作,制作时先将有弯的型钢矫正平直,再按图纸要求预制加工基础型钢,并按柜底脚固定孔的位置尺寸,在型钢上钻好安装孔或预埋底脚螺栓固定孔。在定孔位时,应注意两槽钢是相对开口的,要进行防锈处理。基础型钢安装方式如图 4.9 所示。

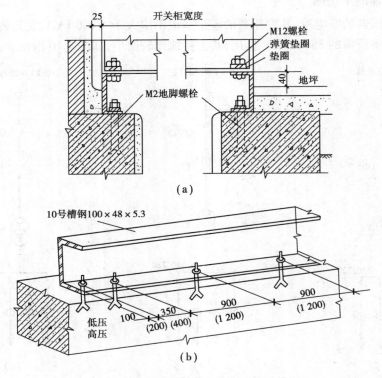

图 4.9　基础型钢安装

基础型钢制作好后,再配合土建工程进行预埋,埋设方法一般有下列两种:
①随土建施工时在基础上根据型钢固定尺寸,先预埋好地脚螺栓,待基础强度符合要求后

再安放型钢,也可在基础施工时留置方洞,基础型钢与地脚螺栓同时配合土建施工进行安装。

②在土建施工时预先埋设固定基础型钢的底板,待安装基础型钢时与底板进行焊接。

基础型钢要找正、找平,应完全符合规范要求。其顶部宜高出室内抹平地面 10 mm,手车式成套柜应按产品技术要求执行,一般应与抹平地面相平。

在浇注基础型钢的混凝土凝固之后,即可将开关柜就位。就位时应根据图纸及现场条件确定就位顺序,一般情况是以不妨碍其他柜(屏)就位为原则,先内后外,先靠墙处后入口处,依次将开关柜放在安装位置上。

开关柜就位后,应先调到大致的水平位置,然后再进行精调。当柜较少时,先精确地调整第一台柜,再以第一台柜为标准逐个调整其余柜,使其柜面一致、排列整齐、间隙均匀。当柜较多时,宜先安装中间一台柜,再调整安装两侧的开关柜。

· 4.2.2　变配电系统的主接线 ·

主接线可分为有母线接线和无母线接线两大类。有母线接线又可分为单母线接线和双母线接线;无母线接线可分为单元式接线、桥式接线和多角形接线。

母线,实质上是主接线电路中接受和分配电能的一个电气联结点,形式上它将一个电气联结点延展成了一条线,以便于多个进出线回路的联结。在低压供配电系统中,通常使用矩形截面的铜导体(铜排)来作为母线。

1)一台变压器的主接线

只有一台变压器的变电所,其变压器的容量一般不应大于 1 250 kVA,它是将 6~10 kV 的高压降为用电设备所需的 380/220 V 低压,其主接线比较简单,如图 4.10 所示。

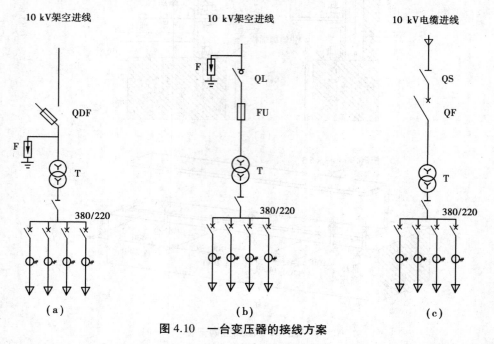

图 4.10　一台变压器的接线方案

图 4.10(a)中,高压侧装有跌落式熔断器(熔断器式开关,多为户外式)。跌落式熔断器具有隔离开关和熔断器的双重功能,隔离开关用于变压器检修时,切断变压器与高压电源的联

系,熔断器能在变压器发生过负荷或短路故障时,熔体熔断而切断电源(自动跌落)。低压侧装有低压断路器。因跌落式熔断器仅能切断 315 kVA 及以下变压器的空载电流,故此类变电所的变压器容量不应大于 315 kVA。

图 4.10(b)高压侧选用高压负荷开关和高压熔断器。负荷开关作为正常运行时操作电源之用,熔断器作为短路时保护变压器之用。低压侧装低压断路器,此类变电所的变压器容量可达 500~1 000 kVA。

图 4.10(c)高压侧选用隔离开关和高压断路器。断路器作为正常运行时接通或断开变压器之用,故障时切除变压器。隔离开关在变压器或高压断路器检修时作为隔离电源之用,所以装在高压断路器之前。

上述几种接线方式比较简单,高压侧无母线,也可以不用高压开关柜,投资少,运行操作方便,但供电可靠性差,当高压侧和低压侧进线上的某一元件发生故障,或电源进线停电时,整个变电所都要停电,故只能用于三级负荷。

2)两台变压器的变电所主接线

对供电可靠性要求较高,用电量较大的一、二级负荷的电力用户,可采用双回路供电和两台变压器的主接线方案,如图 4.11 所示。高压侧无母线,当任一变压器停电检修或发生故障时,变电所可通过闭合低压母线联络开关,迅速恢复对整个变电所的供电。对于一级负荷的供电,电源进线应是来自两个区域变电站的电源。

主接线可以有很多种组合,可参考其他书籍。

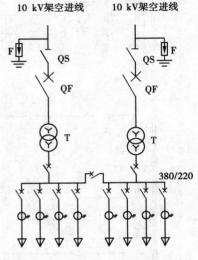

图 4.11 两台变压器的接线方案

4.3 变配电工程图读图练习

这里,我们用某高层建筑(写字楼)的变配电工程作为实例来了解现代建筑的变配电工程概况,同时也可以了解高层建筑电气工程的基本概况。由于篇幅所限,只能进行局部介绍,施工图如图 4.12~图 4.36 所示。该工程图的图形符号和文字符号标注应用的是 1990 年以前的旧 GB 系列,与现在的新 GB/T 略有区别,例如,RC 是水煤气钢管,SC 为焊接钢管,而新 GB/T 统一用 SC 进行标注,请注意区分。

• *4.3.1 施工图简介* •

1)工程概况

该施工图摘自《建筑工程设计编制深度实例范本:建筑电气》(孙成群主编),工程属于一类建筑,地上 22 层,地下 3 层,建筑面积为 103 685 m² 的综合办公楼。地下 3 层地坪为-12.7 m;地下 2 层为-8.8 m;地下 1 层为-5.1 m 地上 2 层地坪为 5.1 m;地上 3 层地坪为 9.6 m;其余为标准层,层高 3.6 m。采用两路独立的 10 kV 电源双回路供电。

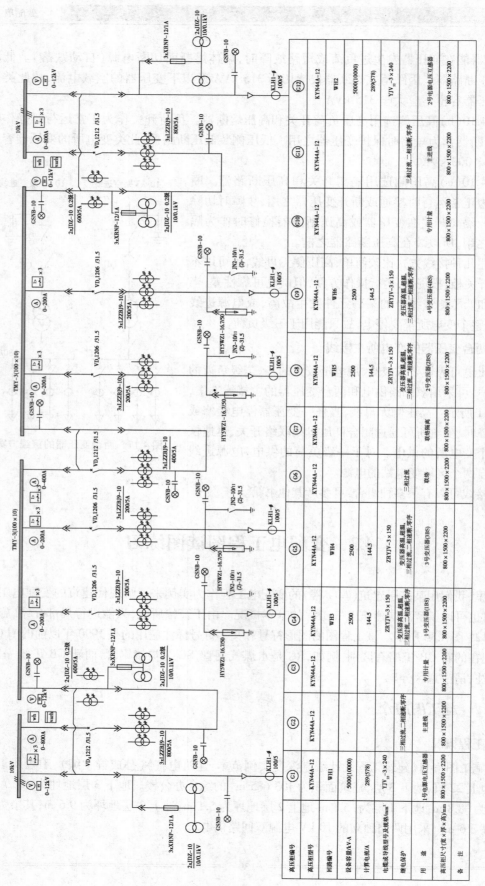

图4.12 高压供电系统图

高压柜编号	G1	G2	G3	G4	G5	G6	G7	G8	G9	G10	G11	G12
高压柜型号	KYN44A-12	KYN44A-12	KYN44A-12	KYN44A-12	KYN44A-12	KYN44A-12	KYN44A-12	KYN44A-12	KYN44A-12	KYN44A-12	KYN44A-12	KYN44A-12
回路编号	WH1			WH3	WH4			WH5	WH6			WH2
设备容量/kV·A	5000(10000)			2500	2500			2500	2500			5000(10000)
计算电流/A	289(578)			144.5	144.5			144.5	144.5			289(578)
电缆或导线型号及规格/mm²	YJV₂₂-3×240			ZRYJV-3×150	ZRYJV-3×150			ZRYJV-3×150	ZRYJV-3×150			YJV₂₂-3×240
继电保护	三相过流,二相速断,零序			变压器高温、超温, 三相过流,二相速断,零序	变压器高温、超温, 三相过流,二相速断,零序	三相过流		变压器高温、超温, 三相过流,二相速断,零序	变压器高温、超温, 三相过流,二相速断,零序		三相过流,二相速断,零序	
用 途	1号电源电压互感器	主进线	专用计量	1号变压器(1BS)	3号变压器(3BS)	联络	联络隔离	2号变压器(2BS)	4号变压器(4BS)	专用计量	主进线	2号电源电压互感器
高压柜尺寸(宽×厚×高)/mm	800×1500×2200	800×1500×2200	800×1500×2200	800×1500×2200	800×1500×2200	800×1500×2200	800×1500×2200	800×1500×2200	800×1500×2200	800×1500×2200	800×1500×2200	800×1500×2200
备 注												

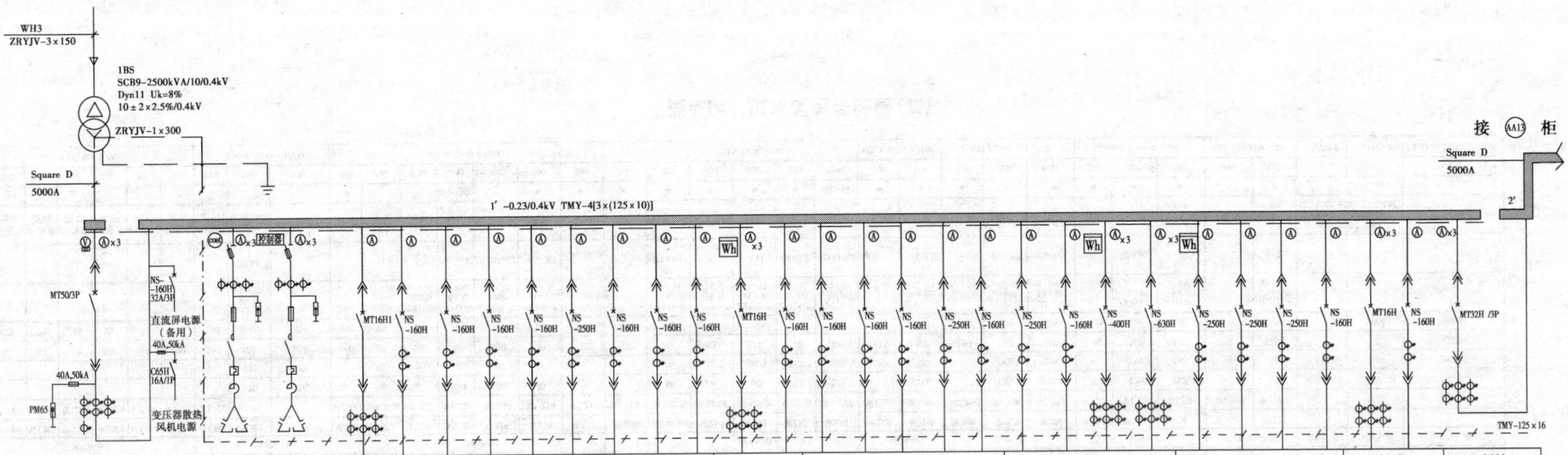

图 4.13 低压配电系统图（一）

接 (AA13) 柜
Square D 5000A

主要图面标注：
- W113 ZRYJV-3×150
- 1BS SCB9-2500kVA/10/0.44kV，Dyn11，Uk=8%，10+2×2.5%/0.44kV
- ZRYJV-1×300
- Square D 5000A
- MT50/3P，PM65，40L50kA
- TMT-4/3×(125×10)，1'-0.23/0.44kV
- MT53/1/3P
- TMT-125×16

开关柜编号	AA1	AA2	AA3	AA4				AA5				AA6				AA7				AA8				AA9				AA10		AA11
开关柜型号	MNS-B	MNS-B	MNS-B	MNS-B				MNS-B				MNS-B				MNS-B				MNS-B				MNS-B				MNS-B		MNS-B
回路编号				W101	W102	W103	W104	W105	W106	W107	W108	W109	W110	W111	W112	W113	W114	W115	W116	W117	W120	W121	W123	W124	W125	W126	W127	W128	W129	
电缆编号		360kVAR	360kVAR	W1.101	W1.102	W1.103	W1.104	W1.111	W1.106	W1.107	W1.108	W1.109	W1.110	W1.115	W1.112	W1.113	W1.114	W1.115	W1.116	W1.114	W1.123	W1.116	W1.117	W1.120	W1.121	W1.123	W1.124	W1.105	W1.126	
设备容量kW(kV·A)	3979	545	545	621			19.5	20.6	91.1		60		1120		26.4	53.2	100			100		255	322.5	100	143	160	30	621	941	2500
计算电流/A	2479	1500			125	100	36.9	172.5			80		1131		40	81	189			189		202	366	143			43	941		3000
整定电流/A	4100			1200	125	100	80	63	200	100	100	100	1200	100	80	100	200	160	100	200	100	300	630	200	200	200	63	1200	1500	
电流互感器变比(5)	5000			1500	150	100	80	75	200	100	100	100	1500	100	80	100	200	160	100	200	100	300	750	200	200		75	1500		
电缆型号、规格 ZRYJV-1000V				4ZRYJV-T -3×185 +2×95			ZRYJV-T -3×25 +2×16	ZRYJV-T -3×25 +2×16	ZRYJV-T -3×95 +2×50		ZRYJV-T -3×35 +2×16	ZRYJV-T -3×35 +2×16	4ZRYJV-T 4×185 +1×95		ZRYJV-T -3×25 +2×16	ZRYJV-T -3×35 +2×16	ZRYJV-T -4×95 +1×50			ZRYJV-T -4×95 +1×50		ZRYJV-T -3×185 +2×95	3ZRYJV-T -3×185 +2×95	NHYJV-T -4×95 +1×30	NHYJV-T -4×95 +1×30		4ZRYJV-T -4×25 +1×16	4ZRYJV-T -4×185 +2×95		
供电范围		电容器成套设备 FCJ×5.50×XK1100.88	10×(KCJJ×100+XK1100.44)	L-1			21AP2	21AC1	B2AP2		B1APE3	B1APE3	8-14A1L2		10AC1	B1AC1	1A13			1A13		B3APE3		I9-2ME2	I9-2ME2		4ALE	L-3		
用途	进线			冷冻机	备用	备用	屋顶风机新风机组电热水器	新风机组电热水器	电热水器	备用	机械停车	备用	照明	备用	新风机组新风机组	断风机组	喷淋水泵	备用	备用	喷淋水泵	备用	热力站	冷冻机房水泵	应急照明	应急照明消防泵	备用	应急照明	冷冻机	备用	联络
备注				•			•	•	•		•	•	•		•	•	•			•		•	•				•	•		
小室高度				200	200	200	200	200	200	200	200	200	800	200	200	200	200	200	200	200	200	200	600	200	200	200	200	800	200	200
柜体尺寸宽×深×厚/mm	1000×2400×1000	1000×2400×1000	1000×2400×1000	800×2400×1000				600×2400×1000				600×2400×1000				600×2400×1000				600×2400×1000				600×2400×1000				600×2400×1000		800×2400×1000

说明：1. 两个进线柜和联络柜内的 MT 开关应有电气联锁,以免误操作。

2. 全部功率因数补偿柜为自动补偿,补偿电容器应为干式不燃型。

3. 备注栏中 • 表示空气断路器具有分励脱扣器。

4. 低压配电柜中的电流表可根据该回路电流互感器进行配置。

5. 空气断路器短延时脱扣整定电流可按长延时脱扣整定电流 5 倍选取。

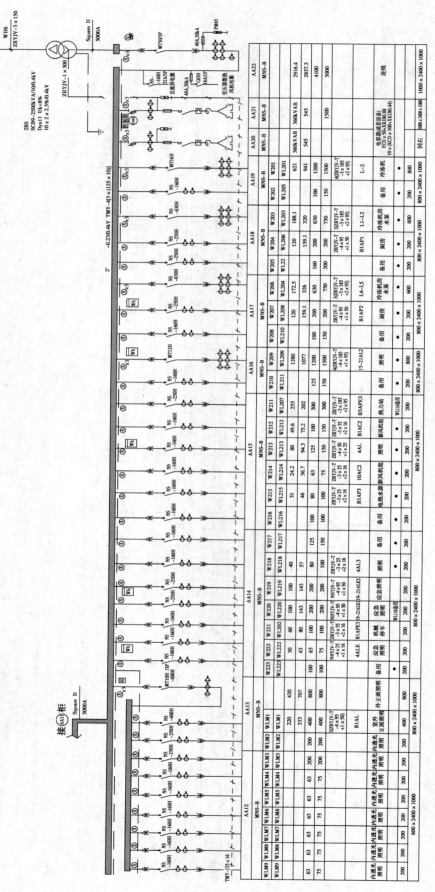

图4.14 低压配电系统图（二）

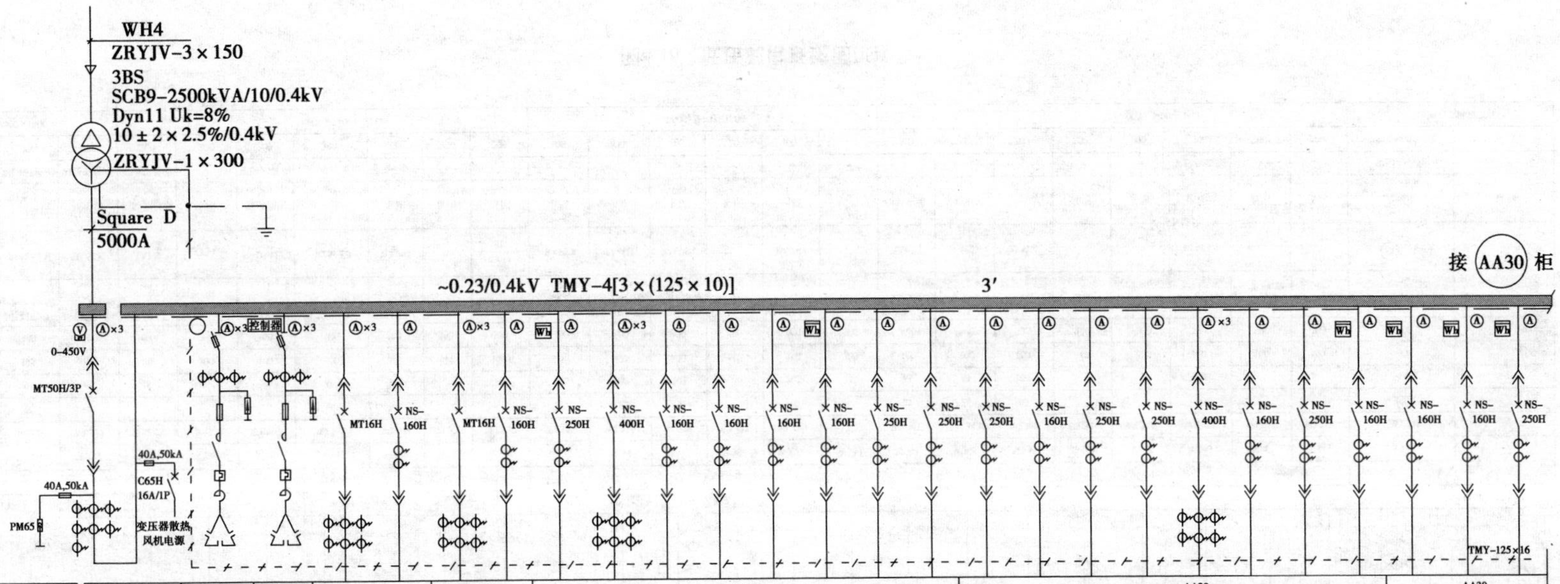

WH4
ZRYJV-3×150
3BS
SCB9-2500kVA/10/0.4kV
Dyn11 Uk=8%
10±2×2.5%/0.4kV
ZRYJV-1×300
Square D
5000A

0~450V
MT50H/3P
40A·50kA
PM65
C65H
16A/1P
40A·50kA
变压器接地
风机电源

~0.23/0.4kV TMY-4[3×(125×10)]

3′

接 (AA30) 柜

TMY-125×16

NS-250H / NS-160H / NS-400H / MT16H

开关柜编号	AA23	AA24	AA25	AA26	AA27	AA28	AA29	AA30
开关柜型号	MNS—B	MNS—B	MNS—B	MNS—B	MNS—B	MNS—B	MNS—B	MNS—B

回路数据

开关柜	回路序号	回路编号	设备容量(kV·A)	计算电流/A	整定电流/A	电流互感器变比/1	电缆型号、规格 ZRYJV-T-1000V	供电电缆图	用途	备注	柜体尺寸(宽×高×厚)/mm
AA23			3783.5	3136.9	4100	5000	进线		进线		1000×2400×1000
AA24			330KVAR	500		1500	电容器(成套设备) FCDX50×XKBH0.88 10×(KCD×100×XKBH0.44)	同左			1000×2400×1000
AA25			330KVAR	500		1500		同左			1000×2400×1000
AA26	W301	WL301	1280	1077	1200	1500	4ZRYJV-T-(4×185)(+1×95)	15-22AL1	照明		600×2400×1000
AA26	W302	WL303			125	150			备用	800	
AA27	W303	WL305	1120	942.8	1200	1500	4ZRYJV-(4×185)(+1×95)	1-7AL2	照明	800	600×2400×1000
AA27	W304	WL304			100			备用	备用	200	
AA27	W305	WL302	90	106	125	150	ZRYJV-T-(4×50)(+1×25)	B3-B1AL1	照明		
AA27	W306	WL306	123.1	209	250	300	NHYJV-T-3×150+(2×70)	B1-B3APS1	消防风机	WL430备用 400	
AA28	W307	WL307		150	125	150	NHYJV-T-4×35(+1×16)	B1-B3AL1	备用	200	600×2400×1000
AA28	W308	WL308	45	68	100	100	NHYJV-T-4×95(+1×50)	6-9ALE1	应急照明	200	
AA28	W309	WL309	100	143	150	150			应急照明	200	
AA28	W310	WL310	60	91	150	150	NHYJV-T-4×25(+1×16)	B3ALE21/22	人防照明	200	
AA28	W311	WL311			200	200			备用	200	
AA28	W312	WL312			200	200			备用	200	
AA29	W313	WL313	125	179	200	200	NHYJV-T-4×95(+1×50)	14-18ALE1	应急照明	200	600×2400×1000
AA29	W314	WL314	100	143	160	150	NHYJV-T-4×95(+1×50)	10-13ALE1	应急照明	200	
AA29	W315	WL315	115	164	200	200	NHYJV-T-4×95(+1×50)	1-5ALE1	应急照明	200	
AA29	W316	WL316			160	200			备用	200	
AA29	W317	WL317	177.25	302	350	400	NHYJV-T-3×240+2×120	B1-B3APS2	消防风机	WL429备用 400	
AA29	W318	WL318	15.4	23	63	75	NHYJV-T-3×25+2×16	B3AC20/B3AC19	消防风机	WL429备用	
AA29	W319	WL319			200	200			备用	200	
AA30	W320	WL320	100	143	160	150	NHYJV-T-4×95(+1×50)	6-9ALE2	应急照明	WL414备用 200	600×2400×1000
AA30	W321	WL321	100	143	160	150	NHYJV-T-4×95(+1×50)	10-13ALE2	应急照明	WL415备用 200	
AA30	W322	WL322	120	172	200	200	NHYJV-T-4×95(+1×50)	14-18ALE2	应急照明	WL417备用 200	
AA30	W323	WL323	115	164	200	200	NHYJV-T-4×95(+1×50)	1-5ALE2	应急照明	WL419备用 200	

图4.15 低压配电系统图(三)

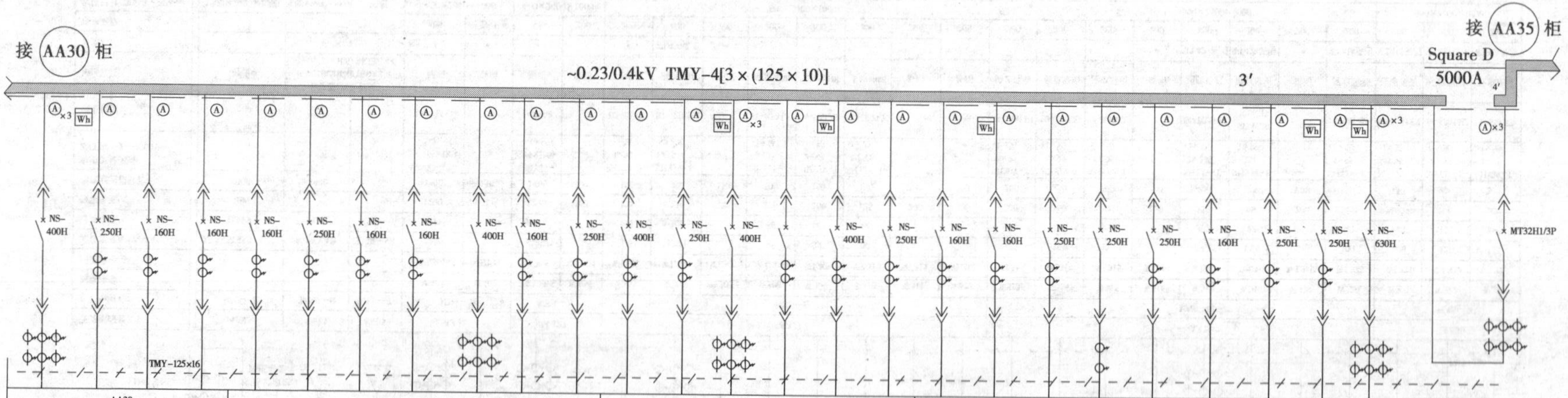

图4.16 低压配电系统图(四)

接 AA35 柜

Square D
5000A

接 AA30 柜

~0.23/0.4kV TMY-4[3×(125×10)]

MT32H1/3P

接 D

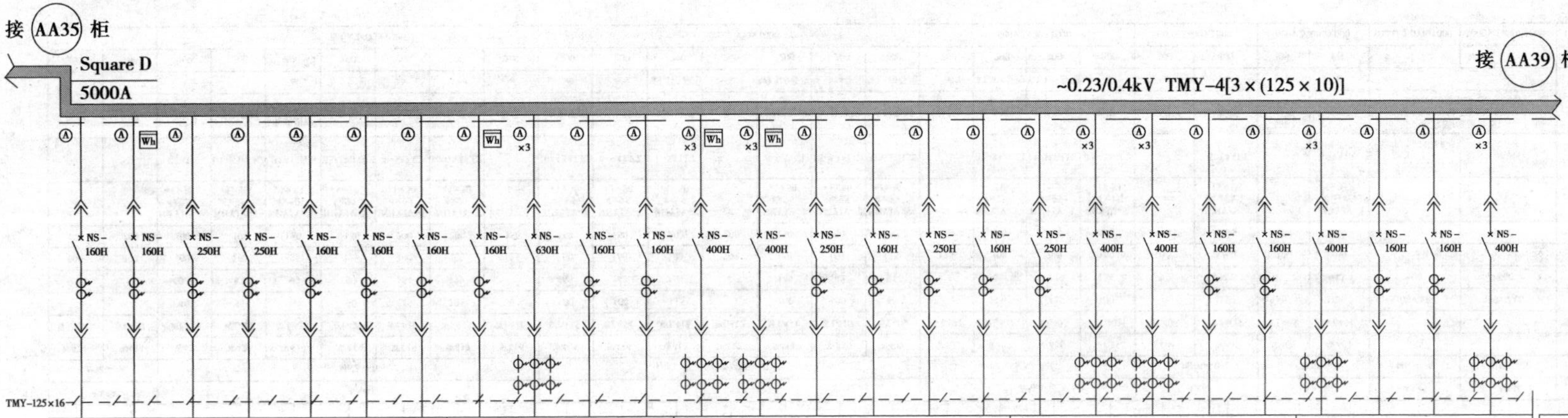

接 (AA35) 柜 Square D 5000A
接 (AA39) 柜

~0.23/0.4kV TMY—4[3×(125×10)]
TMY—125×16

开关柜编号	回路序号	回路编号	设备容量/kW(kV·A)	计算电流/A	整定电流/A	电流互感器变化/A"	电缆型号·规格 ZRYJV-T-1000V	供电范围	用途	备注	柜体尺寸(宽×高×厚)/mm
AA39 MNS—B	W425	WL429	177.25	302	350	400	NHYJV-T-3×240 +2×120	B1-B3APS2	消防风机		400
	W426	WL426	40	68.2	100	100	ZRYJV-T-4×35 +1×16	B2APE3	中水	WL332备用	200
	W427	WL427	30	45.5	80	100	NHYJV-T-4×25+ 1×16	1ALE	消防控制室		200
	W428	WL430	123.1	209	250	300	NHYJV-T-3×150+ 2×70	B1-B3APS1	消防风机		400
AA38 MNS—B	W429	WL428	15.4	23	63	75	NHYJV-T-3×25+ 2×16	B3AC20 B3AC19	消防风机		200
	W430	WL425		125	150			备用			200
	W431	WL434	100	202	250	300	NHYJV-T-3×150+ 2×70	RAPE1	电梯		400
	W432	WL435	100	202	250	300	NHYJV-T-3×150+ 2×70	RAPE3	电梯	WL335备用 WL334备用	400
AA37 MNS—B	W433	WL433	63	109	160	200	NHYJV-T-3×70+ 2×35	22AC4	消防风机	WL340备用 WL334备用	200
	W434	WL431		100		100			备用		200
	W435	WL432		200		200			备用		200
	W436	WL436	100	100					备用		200
	W437	WL437	115.5	200	225	300	NHYJV-T-3×120+ 2×50	22AC3	消防风机	WL336备用	400
	W438	WL438	100	202	250	300	NHYJV-T-3×150+ 2×70	22APE2	电梯	WL338备用	400
AA36 MNS—B	W439	WL439	100	202	250	300	NHYJV-T-3×150+ 2×70	RAPE2	电梯	WL339备用	400
	W440	WL440		100		100			备用		200
	W441	WL441		100		100			备用		200
	W442	WL442	259.4	442	600	600	NHYJV-T-3×185+ 2×95 / 2NHYJV-T-3×185+2×95		水泵房		800
	W443	WL443	25	63	100	100	NHYJV-T-3×35+ 2×16	RAPE4	消防电梯	WL342备用	200
AA35 MNS—B	W444	WL444	25	63	100	100	NHYJV-T-3×35+ 2×16	RAPE5	消防电梯	WL341备用 WL342备用	200
	W441	WL441		100		100			备用		200
	W446	WL446		100		100			备用		200
	W447	WL447	160	200					备用		200
	W448	WL448	160	200					备用		200
	W449	WL449	100	100					备用		200
	W450	WL450	40	68	100	100	NHYJV-T-4×35+ 1×16	B1APE4	楼梯站		200

柜体尺寸（各柜）：600×2400×1000

图4.17 低压配电系统图(五)

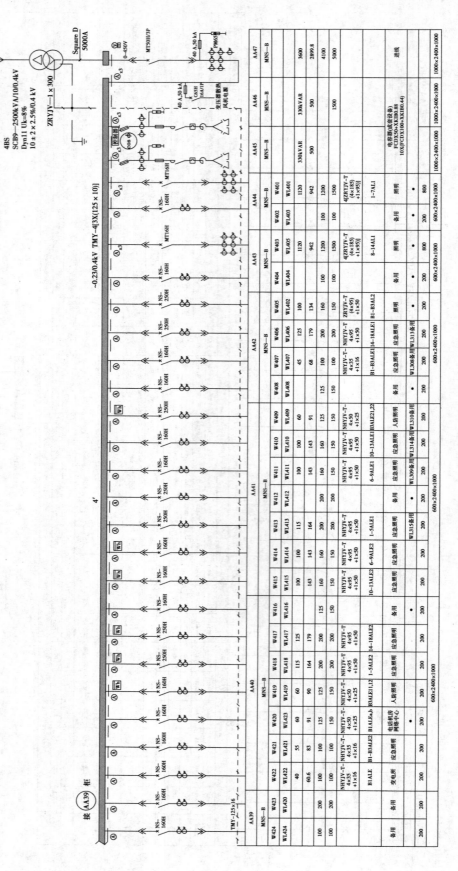

图 4.18 低压配电系统图（六）

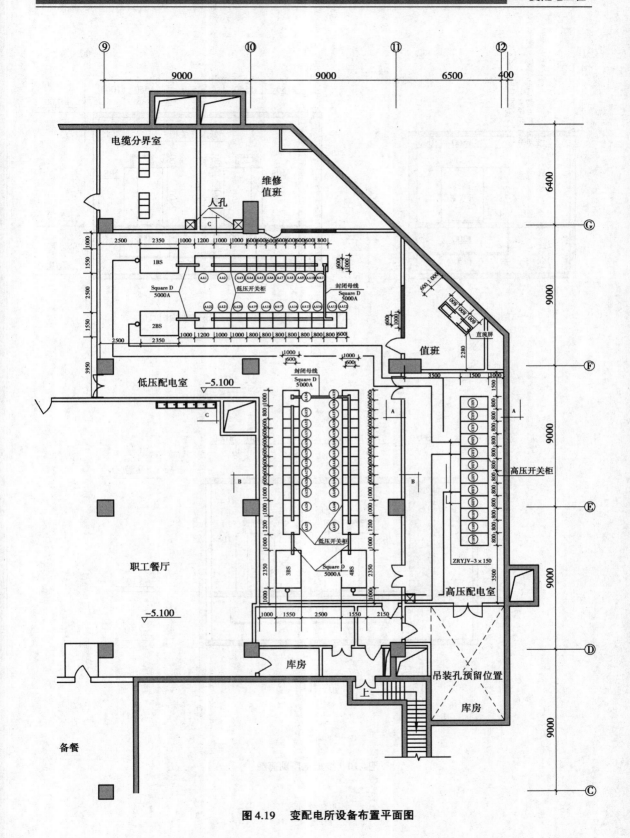

图 4.19　变配电所设备布置平面图

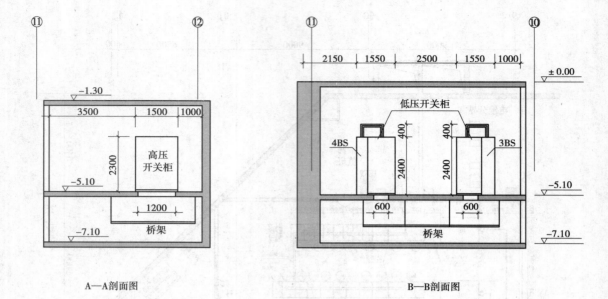

A—A剖面图

B—B剖面图

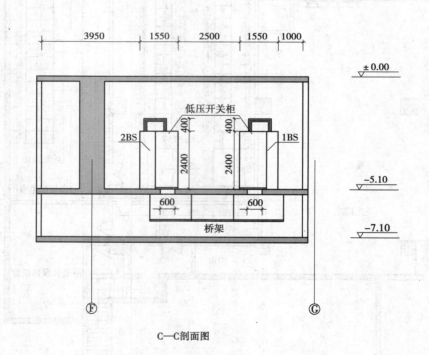

C—C剖面图

图4.20 变配电所剖面图

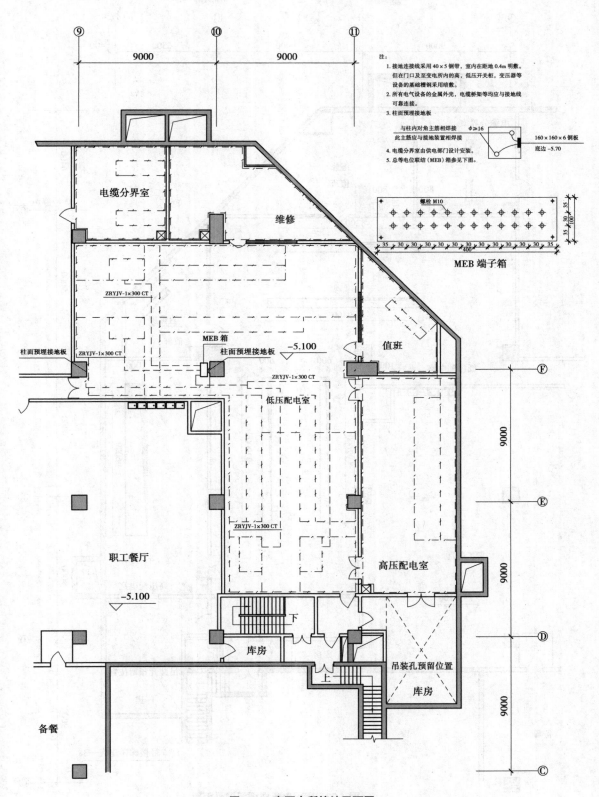

图 4.21 变配电所接地平面图

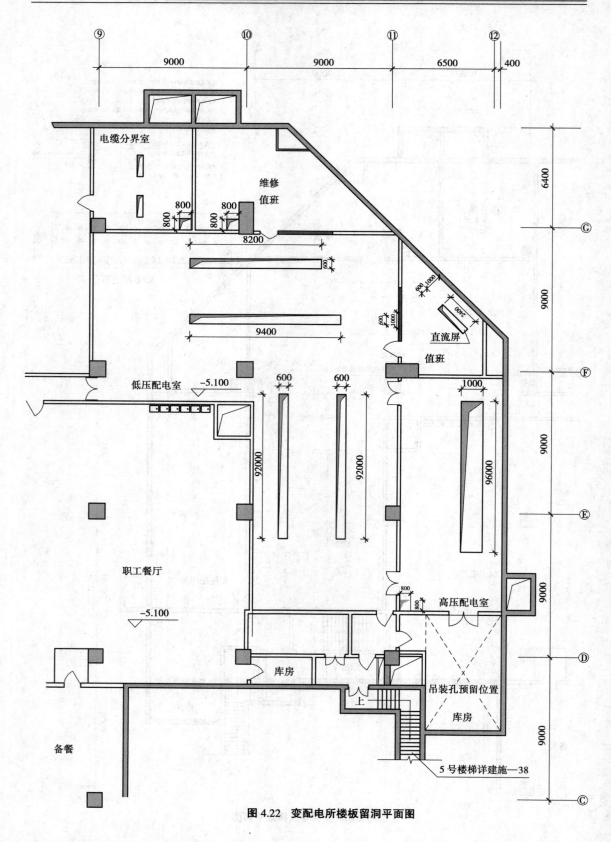

图4.22 变配电所楼板留洞平面图

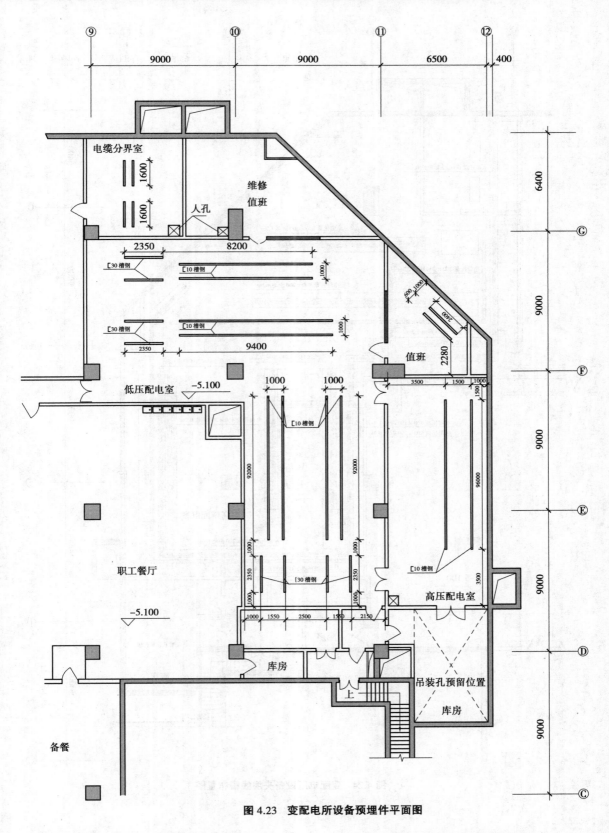

图 4.23 变配电所设备预埋件平面图

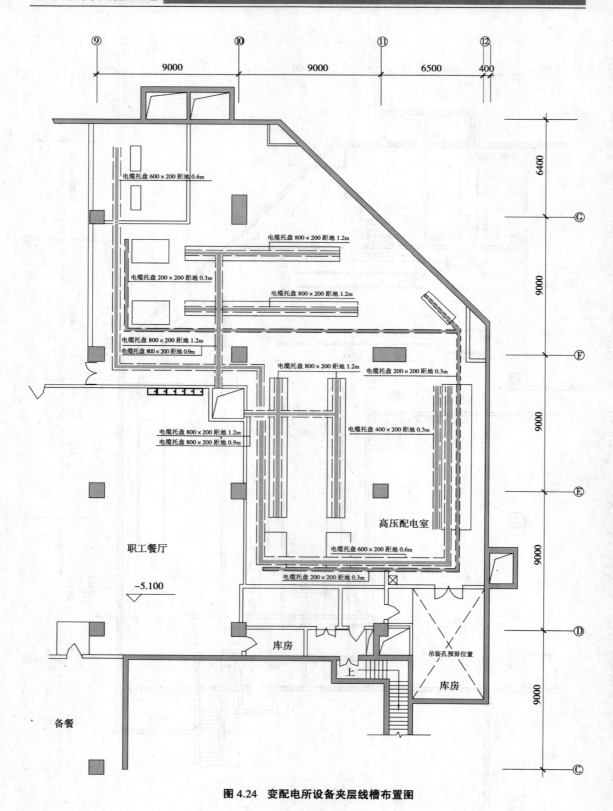

图 4.24　变配电所设备夹层线槽布置图

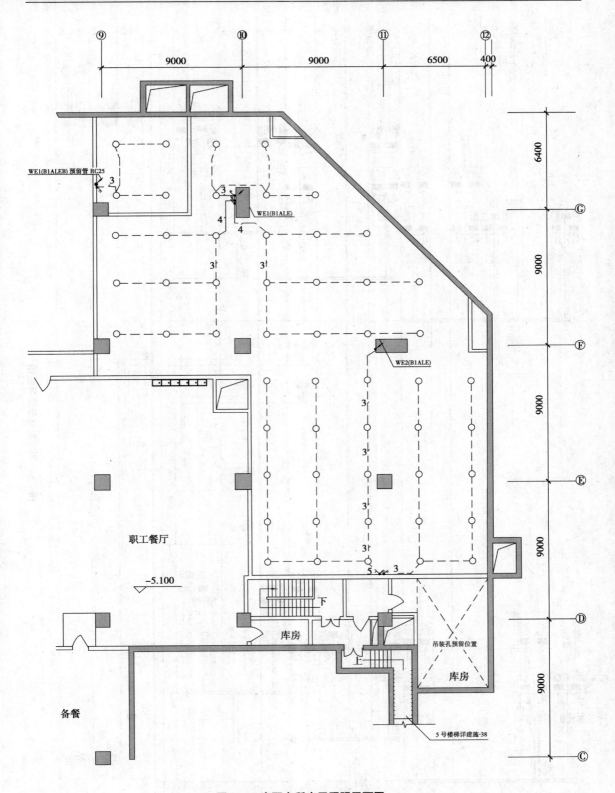

图 4.25 变配电所夹层照明平面图

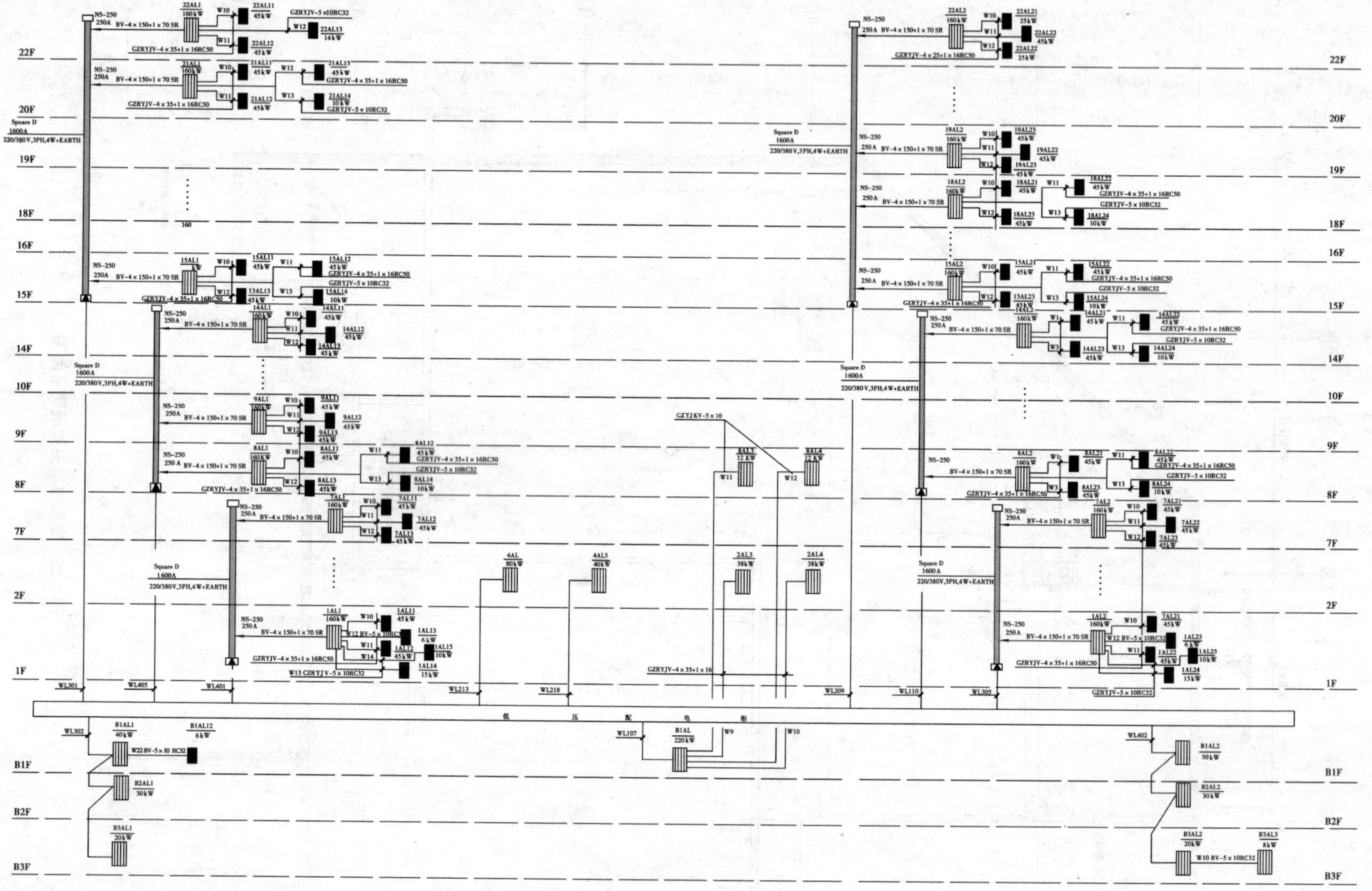

图4.26 照明配电干线系统图

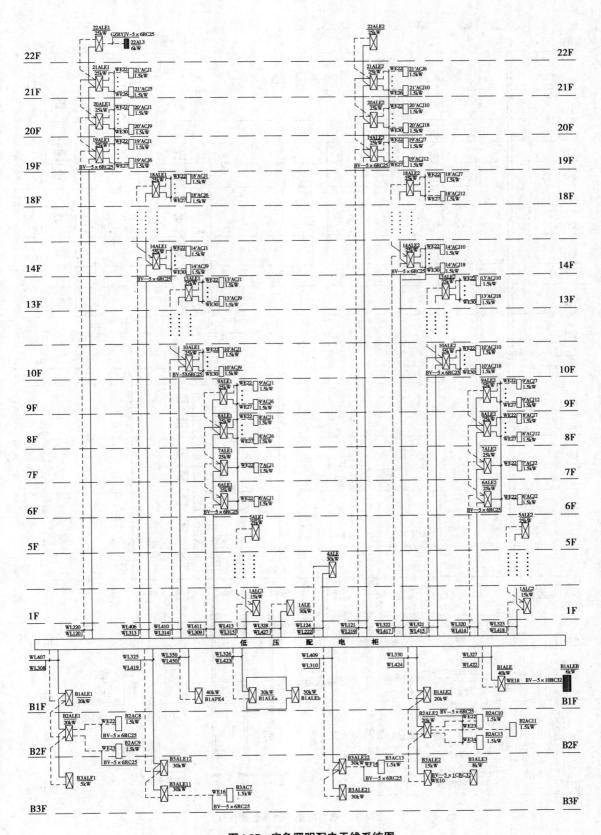

图4.27 应急照明配电干线系统图

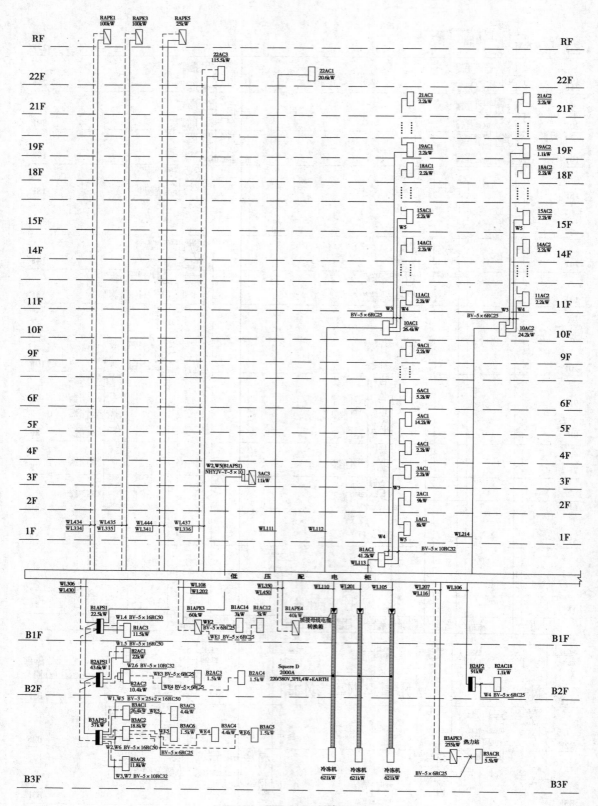

图4.28 电力配电干线系统图(一)

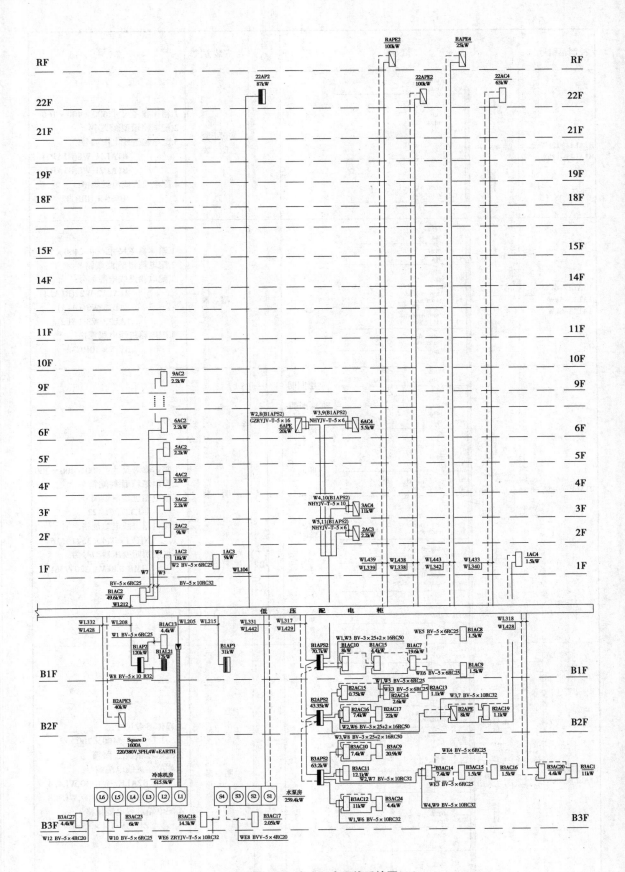

图4.29 电力配电干线系统图(二)

控制箱编号	系统图	控制要求	安装方式	备　注
B1AL11–12kW B1AL21–12kW	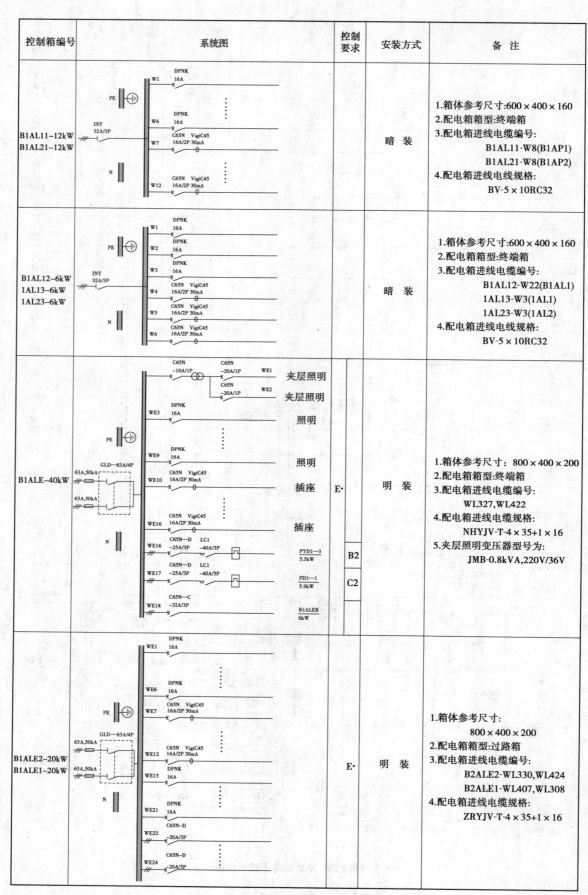		暗　装	1.箱体参考尺寸:600×400×160 2.配电箱箱型:终端箱 3.配电箱进线电缆编号: 　　　B1AL11-W8(B1AP1) 　　　B1AL21-W8(B1AP2) 4.配电箱进线电线规格: 　　　BV-5×10RC32
B1AL12–6kW 1AL13–6kW 1AL23–6kW			暗　装	1.箱体参考尺寸:600×400×160 2.配电箱箱型:终端箱 3.配电箱进线电缆编号: 　　　B1AL12-W22(B1AL1) 　　　1AL13-W3(1AL1) 　　　1AL23-W3(1AL2) 4.配电箱进线电线规格: 　　　BV-5×10RC32
B1ALE–40kW		E· B2 C2	明　装	1.箱体参考尺寸：800×400×200 2.配电箱箱型:终端箱 3.配电箱进线电缆编号: 　　　WL327,WL422 4.配电箱进线电缆规格: 　　　NHYJV-T-4×35+1×16 5.夹层照明变压器型号为: 　　　JMB-0.8kVA,220V/36V
B1ALE2–20kW B1ALE1–20kW		E·	明　装	1.箱体参考尺寸: 　　　800×400×200 2.配电箱箱型:过路箱 3.配电箱进线电缆编号: 　　　B2ALE2-WL330,WL424 　　　B2ALE1-WL407,WL308 4.配电箱进线电缆规格: 　　　ZRYJV-T-4×35+1×16

图 4.30　照明配电箱系统图

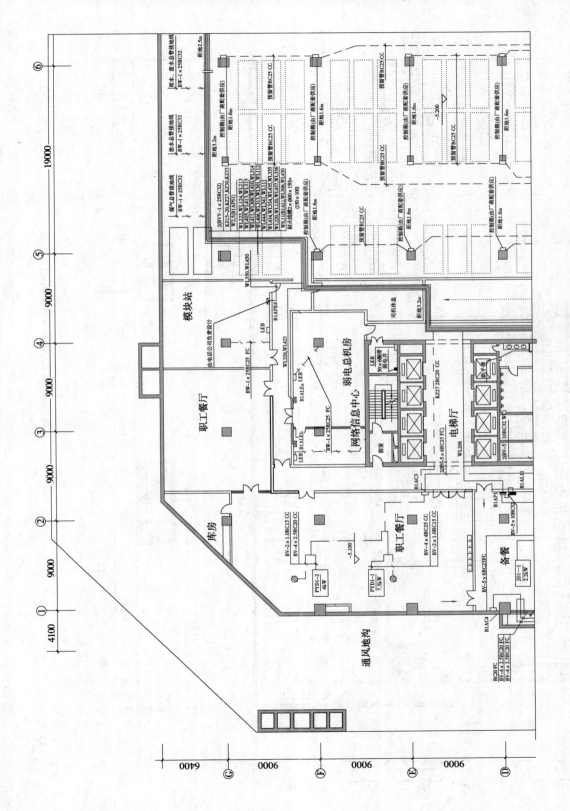

图 4.31　地下一层电力平面图（一）

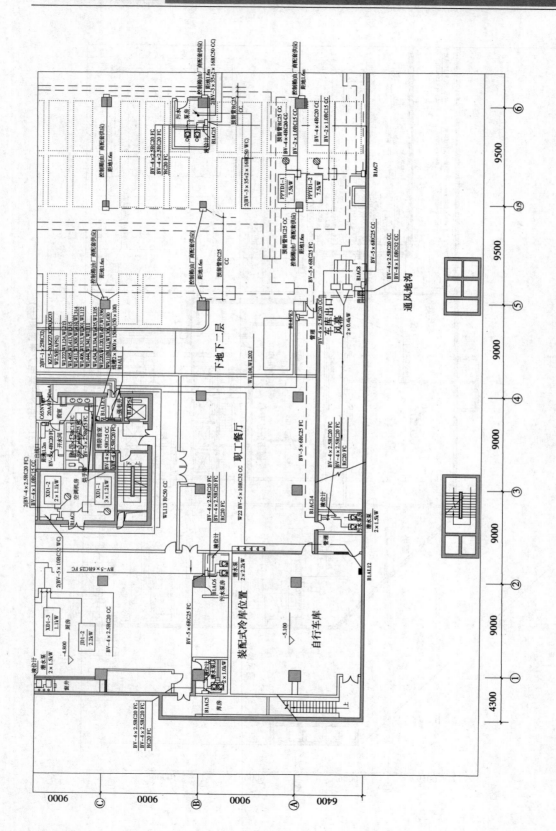

图4.32 地下一层电力平面图(二)

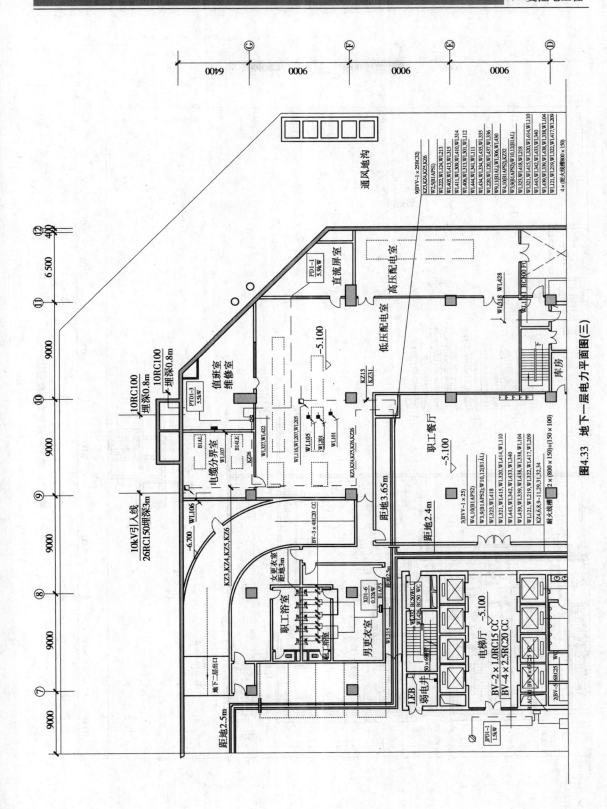

图4.33 地下一层电力平面图(三)

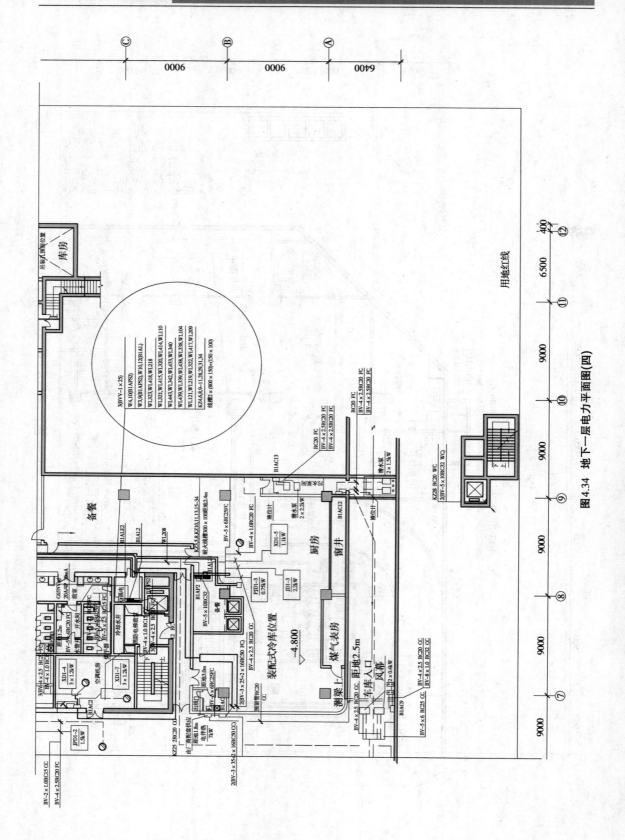

图4.34 地下一层电力平面图(四)

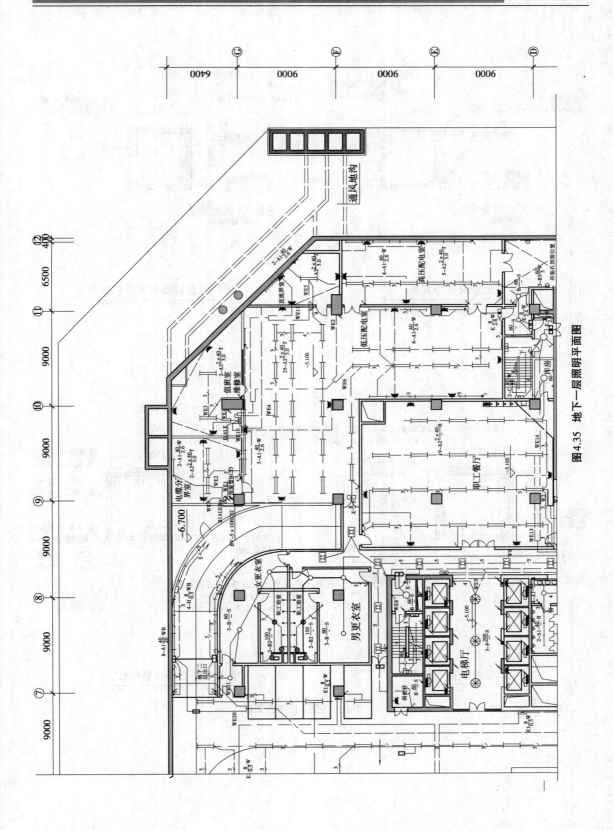

图 4.35 地下一层照明平面图

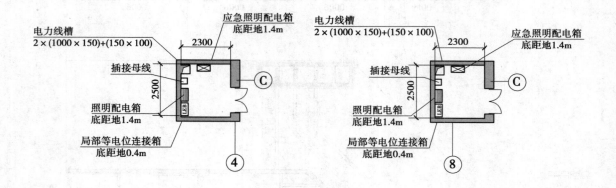

电气竖井设备布置图(一)　　　　**电气竖井设备布置图(二)**

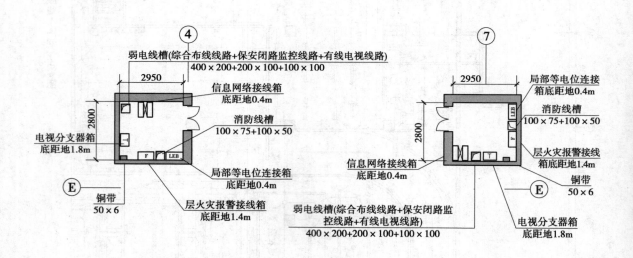

电讯竖井设备布置图(一)　　　　**电讯竖井设备布置图(二)**

图4.36　竖井设备布置图

原施工图的图号编到电施219,此处主要摘录变配电工程部分,如图4.12至图4.36所示。如果需要进一步的了解,可查阅原著。

2)变配电所设备布置概况

从变配电所设备布置平面图及高压供电、低压配电系统图中可以了解到,共安装有4台变压器,型号为SCB9—2 500 kVA/10/0.4 kV。12台高压开关柜,型号为KYN,其中2台进线柜、2台电压互感器柜、2台专用计量柜、4台出线柜和2台联络与隔离柜。

39台低压开关柜,型号为MLS。其中4台进线柜、2台联络柜、33台出线柜,总共编号有157个回路(无W118、W119、W122),留作备用的回路有53个,尚未确定连接导线的回路(WLM2~WLM9)有9个,确定连接导线的回路有95个,其中需要双回路供电的有34个,占用68(2×34)个回路,单回路供电的有27个。

另外,还有8台低压电容补偿柜,型号为MLS,用于供电系统功率因数自动补偿。4台直流及信号屏,型号为ZKA,直流屏由直流电源(整流装置和铅酸蓄电池组)部分和控制部分组成,主要作为高压断路器的跳闸、合闸、继电保护控制及信号回路用直流电源。信号屏用于10 kV供电系统所有断路器和0.4 kV进线柜断路器及母线联络柜断路器的位置指示,全部开关柜的事故及预告信号,并分设各自的音响及光字显示。

·*4.3.2　建筑电气施工图设计说明（摘录）*·

1)工程设计概况

本工程属于一类建筑,地上22层,地下3层,建筑面积为103 685 m²。工程性质为办公及配套项目,包括金融营业、商业、餐饮、停车及后勤用房等。

2)设计依据

①上级部门批准的文件及甲方设计任务书。

②国家现行有关设计规程、规范及标准。

3)设计范围

变、配电系统;电力、照明系统;防雷接地系统;综合布线系统;有线电视系统;楼宇自动控制系统;保安闭路监视系统;停车场管理系统;电气消防系统及集成管理。

4)变、配电系统

(1)负荷等级及供电电源

①负荷等级:本工程中安防信号电源、消防系统设施电源、通信电源、人防应急照明及计算机系统电源为一级负荷;生活水泵、普通客梯等为二级负荷;其他为三级负荷。

②供电电源:采用两路独立的10 kV电源,两路10 kV电源采用电缆埋地引入本建筑,并送至本工程地下一层的电缆分界室。

(2)负荷估算

总设备容量:9 618 kW,总计算容量:6 012 kW。其中一级负荷设备容量为1 690 kW;二级负荷设备容量为650 kW;三级负荷设备容量为7 278 kW。

(3)高压配电系统

10 kV高压配电系统均为单母线分段,正常运行时,两路电源同时供电,当任一电源故障或停电时,人工闭合联络断路器,每路电源均能承担全部负荷。进线柜与计量柜、进线隔离柜;联络柜与联络隔离柜加电气与机械联锁。高压断路器采用真空断路器,直流操作系统。

(4)低压配电系统

低压配电系统接地形式采用 TN—S 系统。工作零线(N)和接地保护线(PE)从变、配电所低压开关柜开始分开,不再相连。

1 号、2 号变压器之间及 3 号、4 号变压器之间的低压母线设联络断路器,低压为母线分段运行,联络断路器设自投自复、自投不自复、手动转换开关。自投时应自动断开非保证负荷,以保证变压器正常工作。主进断路器与联络断路器设电气联锁,任何情况下只能合其中的一个断路器。

低压配电系统采用放射式与树干式相结合的方式。对于单台容量较大的负荷或重要负荷采用放射式供电;对于照明及一般负荷采用放射式与树干式相结合的供电方式。

(5)功率因数补偿

本工程采用低压集中自动补偿方式,每台变压器低压母线上装设干式补偿电容器,对系统进行无功功率自动补偿,使补偿后的功率因数大于 0.9。本工程要求荧光灯就地补偿,补偿后的功率因数大于 0.9。

(6)其他

变、配电所设在地下一层;计量方式为高压集中计量,在每路 10 kV 进线设置总计量装置;在变、配电所设置计算机管理电源监测系统,利用电力监控软件与通讯设备有机结合起来,对建筑物内的供电系统进行监视及实施节能控制。

5)电力系统

①冷冻机组、冷冻水泵、冷却水泵、生活水泵、消防水泵、电梯等采用放射式供电。新风机等设备采用树干式供电。

②为保证重要负荷的供电,对重要设备,例如,消防用电设备(消防水泵、消防电梯、排烟风机、加压风机等)、信息网络设备、保安用电、消防控制室、中央控制室等均采用双回路专用电缆供电,在最末一级配电箱处设双电源自投,自投方式采用双电源自投自复。

③主要配电干线由变、配电所沿电缆桥架(线槽)引至各电气竖井,支线穿钢管敷设。配电线路采用封闭母线、阻燃铜芯电缆或导线。消防设备配电干线采用防火电缆,支线采用耐火型铜芯电缆或导线。配电线路在电气竖井、设备层及设备机房内为明设,在公共部位均为暗敷设。暗敷于混凝土中的管路穿焊接钢管,吊顶内穿金属线槽或镀锌钢管敷设。所有明敷设配电线路均应作防火处理。

④自动控制:生活水泵、污水泵采用水位自控;消防加压水泵用压力控制。消防水泵、喷淋水泵、排烟风机及正压风机等平时就地检测控制,火灾时通过火灾报警联动控制系统或通过消防控制室实现自动控制;其他略。

6)照明系统

①照明系统的配电方式:对用电量较大的照明配电系统,利用在强电井内的全封闭式插接铜母线或铜芯电缆配电给各层照明配电箱。

应急照明配电均以双电源树干式配电给各应急照明箱,并且在最末一级配电箱实现双电源自动切换。

②应急照明:消防控制室、变配电所、楼梯间、水泵房、保安用房及重要机房等的应急照明按正常照度的 100% 考虑;门厅、走道按 30% 考虑;其他场所按 10% 考虑。各层走道、拐角及出入口均设置疏散指示灯,蓄电池采用集中免维护电池进行供电,停电时自动切换为直流供电。

③照明:插座分别由不同的支路供电,照明分支导线采用 BV—2×2.5 mm²,插座分支导线采用 BV—3×2.5 mm²,所有的插座回路(空调插座除外)均设置剩余电流保护器保护。

④变、配电所地下夹层照明采用交流 36 V 电源供电。

7)主要设备选型与安装

主要设备选型:(略)。

主要设备安装:

①变压器,高、低压开关柜及直流屏等应与预留槽钢牢固焊接,柜前、柜后均用 1 200 mm×10 mm(宽×厚)的绝缘满铺。

②各层照明配电箱,除竖井内明装外,其他均为暗装,安装高度均为底边距地 1.4 m。动力箱、控制箱均为竖井、机房、车库内明装,其他暗装,箱体高度 600 mm 以下,底边距地 1.4 m。

③照明开关均选用 ~250 V、10 A 跷板开关,均为暗装,底边距地 1.4 m,距门框 0.2 m,应急照明开关应带指示灯。

④插座除注明者外,均选用 ~250 V、10 A,单相两孔加三孔安全型插座(单相五孔插座);均为暗装。卫生间插座底边距地 1.2 m;烘手器安装高度为 1.4 m;电热水器插座底边距地 2 m;其他插座均为底边距地 0.3 m。

⑤出口指示灯和疏散诱导指示灯采用集中免维护蓄电池进行供电,停电时自动切换为直流供电。出口指示灯在门上方安装时,底边距门框 0.2 m;若门上方无法安装时,在门旁墙上安装,顶边距吊顶 50 mm;出口指示灯明装;疏散诱导指示灯暗装,底边距地 0.3 m。

⑥电缆、导线的敷设:

a.高压电缆选用 ZRYJV—10 kV 交联聚氯乙烯绝缘,聚氯乙烯护套铜芯电力电缆。

b.低压出线电缆选用交联聚氯乙烯绝缘,聚氯乙烯护套铜芯(阻燃)电力电缆,工作温度 90 ℃;电缆敷设在桥架上,若不敷设在桥架上,应穿焊接钢管敷设。

c.应急照明支线应穿镀锌钢管暗敷在楼板或墙内,由顶板接线盒至吊顶灯具一段线路穿钢质(耐火)波纹管或普利卡管;普通照明支线穿镀锌钢管暗敷在楼板或吊顶内;机房内管线在不影响使用及安全的前提下,可采用穿镀锌钢管、金属线槽或电缆桥架明敷。

d.电缆线槽水平敷设时,线槽间的连接头应尽量设置在跨距的 1/4 左右处。水平走向的电缆每隔 2 m 左右固定一次,垂直走向的电缆每隔 1.5 m 左右固定一次。电缆线槽装置应有可靠的接地,如用电缆线槽作为接地干线,应将电缆线槽的端部用 16 mm² 软铜线连接起来,并应与总接地干线相连接,长距离的电缆线槽每隔 30 m 与总接地干线连接一次。

8)防雷接地及安全措施

防雷接地:

①本建筑物按二类防雷考虑,屋顶易受雷击的部位设置避雷带作为接闪器,在整个屋面组成 10 m×10 m 的网格。

②避雷带安装在屋顶的外沿和建筑物的突出部位。

③利用建筑物结构柱内 2 根主钢筋(φ≥16 mm)作为引下线,间距不大于 18 m。引下线

下端与基础底梁及基础底板轴线上的上下两层钢筋内的 2 根主钢筋可靠焊接。引下线在距地 0.5 m 设测试卡子,并配有与墙面同颜色的盖板。

④为防止侧向雷击,将 10 层以上,每 3 层利用圈梁内 2 根主钢筋作为均压环,即将该层外墙上的金属窗、构件、玻璃幕墙的预埋件及楼板内的钢筋接成一体后与引下线焊接。

⑤本工程强、弱电接地系统统一设置,即采用同一接地体。利用建筑物结构基础作为接地装置,要求总接地电阻 $R \leqslant 1\ \Omega$。在结构完成后,必须通过测试点测试接地电阻,若达不到设计要求,则应加装人工接地体。

安全措施:

a.在地下一层适当柱子处预留 160 mm×160 mm×6 mm 铜板,并与沿建筑物内墙全长敷设一根主接地线连接的 50 mm×6 mm 铜带可靠连接,作为专用接地保护线(PE),同时将建筑物内设备金属总管、建筑物金属构件等部位进行总等电位连接。

b.在变、配电室作局部等电位连接。在室内适当柱子处预留 160 mm×160 mm×6 mm 铜板,并与沿变、配电室全长敷设一根接地线 40 mm×5 mm 铜带可靠连接,作为专用接地保护线(PE)。

c.为防止发生人身触电的危险,本工程设置专用接地保护线(PE),即 TN—S 系统配线,凡正常不带电,绝缘破坏时可能带电的电气设备的金属外壳、穿线钢管、电缆外皮、支架等均应可靠与接地系统连接。

d.变压器的中性点与接地装置线连接时,应采用单独的接地线。

· 4.3.3 施工图系统分析 ·

1)电缆配线走向

通过图 4.24 变、配电所设备夹层线槽布置图我们可以了解到,高压电缆进线由电缆分界室经夹层中的电缆托盘(桥架)配到高压开关柜;出线由高压开关柜经夹层中的电缆托盘(桥架)配到各台变压器。从图 4.20 变配电所剖面图可知:夹层高度为 2 m。

低压配电是由各台变压器用封闭母线配到各自的低压开关进线柜;各排的低压开关柜是用铜排(TMY—125×10 mm)连接的。两排低压开关柜之间的联络线是用封闭母线连接的。

从地下一层电力平面图可知,低压配电出线是在夹层中,用电缆托盘(桥架)配到⑩轴线与 F 轴、E 轴相汇处,该处有一个出线口(井),再由出线口用 4 条耐火线槽(800 mm×150 mm)配到⑧轴与 F 轴、E 轴相汇处进行分支。分支 1 到⑧轴、C 轴处的电气竖井,耐火线槽规格为 2×(800 mm×150 mm)+(150 mm×100 mm);分支 2 到④轴、C 轴处的电气竖井,耐火线槽规格为 2×(800 mm×150 mm)+(150 mm×100 mm)。

2)电气竖井配线分析

由低压配电系统图,可以了解到电缆及导线的规格、供电范围(配到何处)、用途等;由配电干线系统图,可以清晰地了解到电缆及导线配到哪一层楼;由地下一层电力平面图线槽中的回路标注,可以知道电气竖井的配线情况。下面对⑧轴、C 轴的电气竖井配线情况进行分析。

(1)线槽中的回路标注

按回路标注顺序为 3(BVV—1×2.5);W4、10(B1APS2);W3、9B1APS2;W10、12B1AL;WL323;WL418;WL218 等;KZ4、6、8、9、10、11、28、29、31、34,其数据统计见表 4.2。

（2）回路标注说明

WL×××回路编号为低压开关柜配出的干线,供电范围中的数字为楼层和配电箱号,例如RAPE2;R 为顶层(电梯机房)、AP 为动力配电箱、E 为应急、即配电箱中安装有双回路自动切换开关,2 为该类配电箱的序号。AL 为照明配电箱,AC 为控制配电箱。

BVV—1×25 为连接非电气设备金属管道的专用等电位接地保护线(PE),有 3 处,导线为 25 mm²,其中电气竖井内每层安装有局部等电位连接箱一个,需要一根连接线,另 2 根为两排电梯机房。

W4、W10 来自地下一层(B1)的 APS2 双回路(WL317、WL429、消防风机)动力配电箱,B1APS2 箱安装在电气竖井内,双回路配到 3 层的 3AC4 双回路自动切换控制箱,每个回路电缆型号为 NHYJV—T—5×10 mm²。

注意:因为 B1APS2 箱安装在电气竖井内,从低压配电室到电气竖井的线槽配线回路标注就不应该有 W4、W10、W3、W9 等,应该有 WL317、WL429。

W3、W9 与 W4、W10 起点相同,双回路配到 6 层的 6AC4 双回路自动切换控制箱,每个回路电缆型号为 NHYJV—T—5×6 mm²。另外,在配电干线系统图上 2 层的 W5、11(2AC3)和 6 层的 W2、8(6APE)也应该与它们一起标注在电气竖井配线中。

B1AL 为室外立面照明配电箱,是 AA13 柜干线回路编号 WLM1 的终端箱,B1AL 的安装位置在变配电所的值班室内。该配电箱分为 4 个(W9、W10、W11、W12)回路,W10 配到 2 层的 2AL4 配电箱,设备容量为 38 kW,电缆为 GZRYJV—4×35+1×16;W12 配到 8 层的 8AL4 配电箱,设备容量为 12 kW,电缆为 GZRYJV—5×10;W9、W11 是通过另一个电气竖井配线的。

KZ4、6、8、9、10、11、28、29、31、34 分别为控制电缆,在第 7 章图 7.35 为控制电缆表,在控制电缆表内可以查到电缆的起点和终点及控制电缆规格,可自行分析。

（3）其他说明

线槽为 3 条的原因是双回路的电缆,必须分别放在不同的线槽内,控制电缆与电力电缆分开,单独安放在一个线槽内。

3 个主照明回路分别在电气竖井的 1 层、8 层、15 层改换接成封闭式插接母线,封闭式插接母线比电缆分支方便,封闭式插接母线的型号为 Square D—2000A(外来的型号)。

④轴、C 轴处的电气竖井配线,读者可以参照⑧轴、C 轴的电气竖井配线情况自行分析。

除了两个电气竖井的配线外,其他回路多数是由低压配电室的夹层直接配向地下 2 层和地下 3 层,例如在地下一层电力平面图,低压配电室的 F 轴与 G 轴区间,标注有 WL116、WL207 双回路,是配向地下 3 层热力站。

原图 WL205 为错误标注,因为低压配电系统图上 WL205 为备用,电力配电干线系统标注也相同。应该是 WL203、WL204、WL117,是配向地下 3 层的冷冻机房水泵控制柜的。

WL105、WL201、WL101 是配向地下 3 层的冷冻机控制柜,由控制柜配向冷冻机是用封闭式母线。

WL327、WL422 是双回路,为低压配电室内用电,PYD1—3 为排烟风机控制箱。直流屏室的 PD1—1 是直流屏的整流用交流电源。

表 4.3 ⑧轴、C 轴的电气竖井配线数据统计表

回路编号	设备容量/kW	计算电流/A	整定电流/A	电缆型号及规格（mm²）、ZRYJV—T 或 NHYJV—T	供电范围	用途	备注
WL323	115	164	200	4×95+1×50	1—5ALE2	应急照明	WL418 备用
WL418	115	164	200	4×95+1×50	1—5ALE2	应急照明	
WL218	40	57	80	3×25+2×16	4AL3	照明	
WL321	100	143	160	4×95+1×50	10—13ALE2	应急照明	WL415 备用
WL415	100	143	160	4×95+1×50	10—13ALE2	应急照明	
WL320	100	143	160	4×95+1×50	6—9ALE2	应急照明	WL414 备用
WL414	100	143	160	4×95+1×50	6—9ALE2	应急照明	
WL110	1 120	1 131	1 200	4(3×185+2×95)	8—14AL2	照明	
WL443	25	63	100	3×35+2×16	RAPE4	消防电梯	WL342 备用
WL342	25	63	100	3×35+2×16	RAPE4	消防电梯	
WL433	63	109	160	3×70+2×35	22AC4	消防风机	WL340 备用
WL340	63	109	160	3×70+2×35	22AC4	消防风机	
WL439	100	202	250	3×150+2×70	RAPE2	电梯	WL339 备用
WL339	100	202	250	3×150+2×70	RAPE2	电梯	
WL438	100	202	250	3×150+2×70	22APE2	电梯	WL338 备用
WL338	100	202	250	3×150+2×70	22APE2	电梯	
WL104	19.5	36.9	80	3×25+2×16	21AP2	屋顶风机	
WL121	100	143	200	4×95+1×50	19—21ALE2	应急照明	WL219 备用
WL219	100	143	200	4×95+1×50	19—21ALE2	应急照明	
WL322	125	179	200	4×95+1×50	14—18ALE2	应急照明	WL417 备用
WL417	125	179	200	4×95+1×50	14—18ALE2	应急照明	
WL209	1 280	1 027	1 200	4(3×185+2×95)	15—21AL2	照明	
WL305	1 280	1 027	1 200	4(3×185+2×95)	1—7AL2	照明	补充（原图无）
WL317	177.3	302	350	3×240+2×120	B1—B3APS2	消防风机	WL429 备用
WL429	177.3	302	350	3×240+2×120	B1—B3APS2	消防风机	补充（原图无）
WLM1	220	333	400	2(4×95+1×50)	B1AL	室外照明	补充（原图无）

在电缆分界室⑨轴、H 轴的引下线孔应标注 WL331、WL442 是双回路,配向地下 3 层水泵房的控制柜。WL106 是配向地下 2 层的电热水器站。其他可自行分析。

其他图由于篇幅所限,不能进行详细介绍,读者可以参照施工图设计说明进行阅读。

复习思考题 4

1.填空题或选择填空题

(1)低压配电系统配电方式有(   )、(   )和(   )3种。

(2)只有一台变压器的变电所,其变压器的容量一般不应大于(   )kVA。(A.800, B.1 000,C.1 250,D.1 500)

(3)高压负荷开关的文字符号应标注为(   )。(A.QM,B.QS,C.QF,D.QL)

(4)低压断路器的文字符号应标注为(   )。(A.QM,B.QS,C.QF,D.QC)

(5)固定式配电柜的型号有(   )型、(   )型和(   )型等。

(6)抽出式配电柜常见的型号有(   )型、(   )型和(   )型等。

(7)开关柜一般都安装在槽钢或角钢制成的基础型钢底座上,应采用螺栓固定,一般型钢可以选择(   )槽钢或(   )角钢制作。

(8)基础型钢安装后,其顶部宜高出室内抹平地面(   )mm。(A.5,B,10,C.15,D.20)

(9)常见的干式变压器有(   )型、(   )型和(   )型等。

(10)KB0 系列控制与保护开关电器的产品型号有基本型(KB0)、电动机可逆型控制器(   )、双电源自动转换开关(   )、电动机 Y-△减压启动器(   )、动力终端箱(   )等。

2.简答题

(1)电力负荷分为几级? 一级负荷对供电有什么要求? 二级负荷对供电有什么要求?

(2)高压隔离开关的作用是什么? 画出高压隔离开关的图形符号及标注文字符号。

(3)高压断路器的作用是什么? 画出高压断路器的图形符号及标注文字符号。

(4)高、低压开关柜的安装有什么要求?

(5)读图练习中的工程图钢管的标注为 RC 代表什么管? 新标准 GB/T 应怎样标注?

(6)按表 4.2 统计出另一个电气竖井的配线回路。

(7)统计出读图练习中的变、配电所高、低压开关柜安装用槽钢的数量。

(8)变、配电工程图读图练习中的高压电缆选用的是什么型号?

(9)统计出变、配电工程图读图练习中的变、配电所夹层照明的工程量。

(10)变、配电工程图读图练习中用的单相五孔插座含义是什么?

5　建筑防雷接地工程

〖本章导读〗

●**基本要求**　了解建筑物防雷等级划分、建筑物防雷措施；熟悉防雷装置的组成、接闪器的安装、引下线的安装、接地装置的安装；掌握建筑物防雷接地工程图的分析方法。

●**重点**　接闪器的安装、引下线的安装、接地装置的安装。

●**难点**　建筑物防雷接地工程图分析。

雷电是一种常见的自然现象，它能产生强烈的闪光、霹雳，有时落到地面上，击毁房屋、杀伤人畜，给人类带来极大危害。特别是随着我国建筑行业的迅猛发展，高层建筑日益增多，如何防止雷电的危害，保证建筑物及设备、人身的安全，就显得更为重要了。

在原规范中，接闪器称为避雷器，接闪杆称为避雷针，接闪带称为避雷带，接闪线称为避雷线，接闪网称为避雷网。

5.1　建筑物防雷

· 5.1.1　雷电的形成及其危害 ·

1）雷电的形成

雷电是由"雷云"（带电的云层）之间或"雷云"对地面建筑物（包括大地）之间产生急剧放电的一种自然现象。其放电的电流即雷电流，可达几十万安，电压可达几百万伏，温度可达2万摄氏度，在几微秒时间内，使周围的空气通道烧成白热而猛烈膨胀，并出现耀眼的光亮和巨响，这就是通常所说的"闪电"和"打雷"。

2）雷电的危害

（1）直击雷

雷云与大地之间直接通过建（构）筑物、电气设备或树木等放电称为直击雷。强大的雷电流通过被击物时产生大量的热量，而在短时间内又不易散发出来，所以，凡雷电流流过的物体，金属被熔化，树木被烧焦，建筑物被炸裂。尤其是雷电流流过易燃易爆物体时，会引起火灾或爆炸，造成建筑物倒塌、设备毁坏及人身伤害等重大事故。直击雷的破坏最为严重。

（2）感应雷

感应雷击是由静电感应与电磁感应引起的。前者是当建筑物或电气设备上空有雷云时，这些物体上就会感应出与雷云等量而异性的束缚电荷。当雷云放电后,放电通道中的电荷迅速中和,而残留的电荷就会形成很高的对地电位,这就是静电感应引起的过电压。而后者是发生雷击后,雷电流在周围空间迅速形成强大而变化的电磁场,处在这电磁场中的物体,就会感应出较大的电动势和感应电流,这就是电磁感应引起的过电压。不论静电感应还是电磁感应所引起的过电压,都可能引起火花放电,造成火灾或爆炸,并危及人身安全。

(3)雷电波侵入

当雷云出现在架空线路上方时,在线路上就会因静电感应而聚集大量异性等量的束缚电荷,当雷云向其他地方放电后,线路上的束缚电荷被释放便成为自由电荷向线路两端行进,形成很高的过电压,在高压线路,可高达几十万伏,在低压线路也可达几万伏。这个高电压沿着架空线路、金属管道引入室内,这种现象称为雷电波侵入。

雷电波侵入可由线路上遭受直击雷或发生感应雷所引起。据调查统计,供电系统中由于雷电波侵入而造成的雷害事故,在整个雷害事故中占 50%~70%,因此对雷电波侵入的防护应予足够的重视。

· 5.1.2 建筑物防雷等级划分 ·

按《建筑物防雷设计规范》(GB 50057—2010)的规定,建筑物根据其重要性、使用性质、发生雷电事故的可能性和后果,按防雷要求分为三类。

1)第一类防雷建筑物

①凡制造、使用或储存炸药、火药、起爆药、火工品等大量爆炸物质的建筑物,因电火花而引起爆炸,会造成巨大破坏和人身伤亡者。

②具有 0 区或 10 区爆炸危险环境的建筑物。

③具有 1 区爆炸危险环境的建筑物,因电火花而引起爆炸,会造成巨大破坏和人身伤亡者。

2)第二类防雷建筑物

①国家级重点文物保护的建筑物。

②国家级的会堂、办公建筑物、大型展览和博览建筑物、大型火车站、国宾馆、国家级档案馆、大型城市的重要给水水泵房等特别重要的建筑物。

③国家级计算中心、国际通信枢纽等对国民经济有重要意义且装有大量电子设备的建筑物。

④制造、使用或储存爆炸物质的建筑物,且电火花不易引起爆炸或不致造成巨大破坏和人身伤亡者。

⑤具有 1 区爆炸危险环境的建筑物,且电火花不易引起爆炸或不致造成巨大破坏和人身伤亡者。

⑥具有 2 区或 11 区爆炸危险环境的建筑物。

⑦工业企业内有爆炸危险的露天钢质封闭气罐。

⑧预计雷击次数大于 0.06 次/a 的部、省级办公建筑物及其它重要或人员密集的公共建筑物。

⑨预计雷击次数大于 0.3 次/a 的住宅、办公楼等一般性民用建筑物。

3)第三类防雷建筑物

①省级重点文物保护的建筑物及省级档案馆。

②预计雷击次数大于或等于 0.012 次/a,且小于或等于 0.3。

③预计雷击次数大于或等于 0.06 次/a,且小于或等于 0.3 次/a 的住宅、办公楼等一般性民用建筑物。

④预计雷击次数大于或等于 0.06 次/a 的一般性工业建筑物。

⑤根据雷击后对工业生产的影响及产生的后果,并结合当地气象、地形、地质及周围环境等因素,确定需要防雷的 21 区、22 区、23 区火灾危险环境。

⑥在平均雷暴日大于 15d/a 的地区,高度在 15 m 及以上的烟囱、水塔等孤立的高耸建筑物;在平均雷暴日小于或等于 15d/a 的地区,高度在 20 m 及以上的烟囱、水塔等孤立的高耸建筑物。

由上述分类可见,该规范基本上是按有爆炸危险的建筑、国家级的重点建筑、省级的重点建筑来划分的。而按行业标准《民用建筑电气设计规范》JGJ/T 16—2008 的规定,将建筑物防雷等级分为 3 级。其一级防雷建筑物是国家级的重点文物保护的建筑及高度超过 100 m 的建筑物;二级防雷是省级的重点文物保护的建筑及 19 层及以上的住宅建筑和高度超过 50 m 的建筑物;三级防雷建筑是通过调查确认需要防雷的建筑物。两个标准可参照执行。

· 5.1.3   建筑物易受雷击部位 ·

建筑物的性质、结构以及建筑物所处位置等都对落雷有着很大影响。特别是建筑物屋顶坡度与雷击部位关系较大。建筑物易受雷击部位,如图5.1所示。

①平屋顶或坡度不大于 1/10 的屋顶——檐角、女儿墙、屋檐[图 5.1 中(a)和(b)]。

②坡度大于 1/10 且小于 1/2 的屋顶——屋角、屋脊、檐角、屋檐[图 5.1 中(c)]。

③坡度不小于 1/2 的屋顶——屋角、屋脊、檐角[图 5.1 中(d)]。

知道了建筑物易受雷击的部位,设计时就可对这些部位进行重点保护。

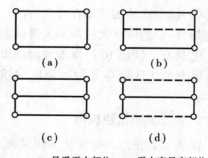

(a)　　　　(b)

(c)　　　　(d)

——— 易受雷击部位;　○ 雷击率最高部位;
- - - - 不易受雷击的屋脊或屋檐

图 5.1　建筑物易受雷击的部位

· 5.1.4   建筑物防雷措施 ·

由于雷电有不同的危害形式,所以相应采取不同的防雷措施来保护建筑物。防雷措施的类型有:

1)防直击雷的措施

防直击雷采取的措施是引导雷云对避雷装置放电,使雷电流迅速流入大地,从而保护建(构)筑物免受雷击。

①第一类防雷建筑物防直击雷的措施主要有:装设独立接闪杆或架空接闪网(线),使被保护的建筑物及风帽、放散管等突出屋面的物体均处于接闪器的保护范围内。架空接闪网的

网格尺寸不应大于 5 m×5 m 或 6 m×4 m。

引下线不应少于 2 根,并应沿建筑物四周均匀或对称布置,其间距不应大于 12 m。每根引下线的冲击电阻不应大于 10 Ω。

②第二类防雷建筑物防直击雷的措施主要有:宜采用装设在建筑物上的接闪网(带)或接闪杆或由其混合组成的接闪器。接闪网(带)应沿图 5.1 所示的屋角、屋脊、檐角和屋檐等易受雷击的部位敷设,并应在整个屋面组成不大于 10 m×10 m 或 12 m×8 m 的网格。所有的接闪杆应采用接闪带相互连接。

引下线不应少于 2 根,并应沿建筑物四周均匀或对称布置,其间距不应大于 18 m。当仅利用建筑物四周的钢柱或柱子钢筋作为引下线时,可按跨度设引下线,但引下线的平均间距不应大于 18 m。钢筋或圆钢仅 1 根时,其直径不应小于 10 mm。每根引下线的冲击电阻不应大于 10 Ω。

③第三类防雷建筑物防直击雷的措施主要有:宜采用装设在建筑物上的接闪网(带)或接闪杆或由其混合组成的接闪器。接闪网(带)应沿图 5.1 所示的屋角、屋脊、檐角和屋檐等易受雷击的部位敷设,并应在整个屋面组成不大于 20 m×20 m 或 24 m×16 m 的网格。平屋面的建筑物,当其宽度不大于 20 m 时,可仅沿周边敷设一圈接闪带。

引下线不应少于 2 根,但周长不超过 25 m 且高度不超过 40 m 的建筑物可只设一根引下线。引下线应沿建筑物四周均匀或对称布置,其间距不应大于 25 m。当仅利用建筑物四周的钢柱或柱子钢筋作为引下线时,可按跨度设引下线,但引下线的平均间距不应大于 25 m。每根引下线的冲击电阻不宜大于 30 Ω,特殊的不宜大于 10 Ω。

建筑防直击雷措施和各部件最小尺寸见表 5.1 及表 5.2。

表 5.1　建筑物防直击雷的措施

防雷建筑物类别	接闪网格	引下线间距/m	接地电阻/Ω
第一类防雷建筑物	≤5 m×5 m 或≤6 m×4 m	≤12	≤10
第二类防雷建筑物	≤10 m×10 m 或≤12 m×8 m	≤18	≤10
第三类防雷建筑物	≤20 m×20 m 或≤24 m×16 m	≤25	≤30

表 5.2　防雷装置各部件的最小尺寸

防雷装置的部件	圆钢直径/mm	钢管直径或厚度	扁钢截面	角钢厚度
接闪杆(长 1 m 以下)	12	直径 20 mm		
接闪杆(长 1~2 m)	16	直径 25 mm	48 mm² 厚 4 mm	
接闪带和接闪网	8		48 mm² 厚 4 mm	
引下线	8		48 mm² 厚 4 mm	
垂直接地体	10	厚 3.5 mm		厚 4 mm
水平接地体	10		100 mm² 厚 4 mm	

另外,当建筑物高度超过 30 m,应采取防侧击雷措施。30 m 以下,从首层起,每隔 3 层沿建筑物四周,利用圈梁钢筋敷设一圈水平均压环。30 m 以上,每隔 3 层沿建筑物四周敷设一圈水平接闪带,并与其交汇的接地引下线连接。同时该高度以上的金属栏杆、金属门窗也要与

接地装置连接。3 层内上下两层的金属门、窗与均压环连接。

2）防雷电感应的措施

防止由于雷电感应在建筑物上聚集电荷的方法是在建筑物上设置收集并泄放电荷的装置（如接闪带、网）。防止建筑物内金属物上雷电感应的方法是将金属设备、管道等金属物，通过接地装置与大地做可靠的连接，以便将雷电感应电荷迅即引入大地，避免雷害。

3）防雷电波侵入的措施

防止雷电波沿供电线路侵入建筑物，行之有效的方法是安装接闪器将雷电波引入大地，以免危及电气设备。但对于有易燃易爆危险的建筑物，当接闪器放电时线路上仍有较高的残压要进入建筑物，还是不安全。对这种建筑物可采用地下电缆供电方式，这就从根本上避免了过电压雷电波侵入的可能性，但这种供电方式费用较高。对于部分建筑物可以采用一段金属铠装电缆进线的保护方式，这种方式不能完全避免雷电波的侵入，但通过一段电缆后可以将雷电波的过电压限制在安全范围之内。

4）防止雷电反击的措施

所谓反击，就是当防雷装置接受雷击时，在接闪器、引下线和接地体上都产生很高的电位，如果防雷装置与建筑物内外的电气设备、电线或其他金属管线之间的绝缘距离不够，它们之间就会发生放电，这种现象称为反击。反击也会造成电气设备绝缘破坏，金属管道烧穿，甚至引起火灾和爆炸。

防止反击的措施有 2 种：一种是将建筑物的金属物体（含钢筋）与防雷装置的接闪器、引下线分隔开，并且保持一定的距离；另一种是，当防雷装置不易与建筑物内的钢筋、金属管道分隔开时，则将建筑物内的金属管道系统，在其主干管道处与靠近的防雷装置相连接，有条件时，宜将建筑物每层的钢筋与所有的防雷引下线连接。

· 5.1.5　防雷装置的组成 ·

建筑物的防雷装置一般由接闪器、引下线和接地装置 3 部分组成。其作用原理是：将雷电引向自身并安全导入地内，从而使被保护的建筑物免遭雷击。

1）接闪器

接闪器由拦截闪击的接闪杆、接闪带、接闪线、接闪网以及金属屋面、金属构件等组成，是专门用来接受雷击的金属导体。其形式可分为接闪杆、接闪带（网）、接闪线以及兼作接闪的金属屋面和金属构件（如金属烟囱，风管）等。本章主要介绍的防雷装置做法实际上是"引雷"，即将雷电流按预先安排的通道安全地引入大地。因此，所有接闪器都必须经过接地引下线与接地装置相连接。

（1）接闪杆

接闪杆是安装在建筑物突出部位或独立装设的针形导体。它能对雷电场产生一个附加电场（这是由于雷云对接闪杆产生静电感应引起的），使雷电场畸变，因而将雷云的放电通路吸引到接闪杆本身，由它及与它相连的引下线和接地体将雷电流安全导入地中，从而保护了附近的建筑物和设备免受雷击。接闪杆通常采用镀锌圆钢或镀锌钢管制成。当针长 1 m 以下时：圆钢直径 ≥12 mm，钢管直径 ≥20 mm；当针长为 1~2 m 时：圆钢直径 ≥16 mm，钢管直径 ≥25 mm；烟囱顶上的接闪杆：圆钢直径 ≥20 mm，钢管直径 ≥40 mm。当接闪杆较长时，针体则由针尖和不同直径的管段组成。针体的顶端均应加工成尖形,并用镀锌或搪锡等方法防止其锈蚀。它可以安装在电杆(支柱)、构架或建筑物上,下端经引下线与接地装置焊接。

(2)接闪带和接闪网

接闪带就是用小截面圆钢或扁钢装于建筑物易遭雷击的部位,如屋脊、屋檐、屋角、女儿墙和山墙等条形长带。接闪网相当于纵横交错的接闪带叠加在一起,形成多个网孔,它既是接闪器,又是防感应雷的装置,因此是接近全部保护的方法,一般用于重要的建筑物。

接闪带和接闪网可以采用镀锌圆钢或扁钢,圆钢直径不应小于 8 mm;扁钢截面积不应小于 48 mm^2,其厚度不得小于 4 mm;装设在烟囱顶端的接闪环,其圆钢直径不应小于 12 mm;扁钢截面积不得小于 100 mm^2,其厚度不得小于 4 mm。

接闪网也可以做成笼式接闪网,也可简称为避雷笼。避雷笼是用来笼罩整个建筑物的金属笼。根据电学中的 Faraday 笼的原理,对于雷电它起到均压和屏蔽的作用,任凭接闪时笼网上出现多高的电压,笼内空间的电场强度为零,笼内各处电位相等,形成一个等电位体,因此笼内人身和设备都是安全的。

我国高层建筑的防雷设计多采用避雷笼。避雷笼的特点是把整个建筑物的梁、柱、板、基础等主要结构钢筋连成一体,因此是最安全可靠的防雷措施。避雷笼是利用建筑物的结构配筋形成的,配筋的连接点只要按结构要求用钢丝绑扎的,就不必进行焊接。对于预制大板和现浇大板结构建筑,网格较小,是较理想的笼网;而框架结构建筑,则属于大格笼网,虽不如预制大板和现浇大板笼网严密,但一般民用建筑的柱间距离都在 7.5 m 以内,故也是安全的。

(3)接闪线

接闪线一般采用截面不小于 35 mm^2 的镀锌钢绞线,架设在架空线路之上,以保护架空线路免受直接雷击。接闪线的作用原理与接闪杆相同,只是保护范围要小一些。

2)引下线

引下线是连接接闪器和接地装置的金属导体。一般采用圆钢或扁钢,优先采用圆钢。

(1)引下线的选择和设置

采用圆钢时,直径不应小于 8 mm;采用扁钢时,其截面不应小于 48 mm^2,厚度不应小于 4 mm。烟囱上安装的引下线,圆钢直径不应小于 12 mm;扁钢截面不应小于 100 mm^2,厚度不应小于 4 mm。

引下线应沿建筑物外墙明敷,并经最短路径接地;建筑艺术要求较高者可暗敷,但其圆钢直径不应小于 10 mm;扁钢截面不应小于 80 mm^2。明敷的引下线应镀锌,焊接处应涂防腐漆,在腐蚀性较强的场所,还应适当加大截面或采取其他的防腐措施。

建筑物的金属构件(如消防梯等)、金属烟囱、烟囱的金属爬梯、混凝土柱内钢筋、钢柱等都可作为引下线,但其所有部件之间均应连成电气通路。在易受机械损坏和人身接触的地方,地面上 1.7 m 至地面下 0.3 m 的一段引下线应采取暗敷或用镀锌角钢、改性塑料管等保护设施。

(2)断接卡

设置断接卡的目的是为了便于运行、维护和检测接地电阻。采用多根专设引下线时,为了便于测量接地电阻以及检查引下线、接地线的连接状况,宜在各引下线上于距地面 0.3 ~ 1.8 m 设置断接卡。断接卡应有保护措施。

当利用混凝土内钢筋、钢柱等自然引下线并同时采用基础接地体时,可不设断接卡,但利用钢筋作引下线时应在室内外的适当地点设若干连接板,该连接板可供测量、接人工接地体和做等电位连接用。当仅利用钢筋做引下线并采用埋于土壤中的人工接地体时,应在每根引下线上距地面不低于 0.3 m 处设接地体连接板。采用埋于土壤中的人工接地体时应设断接卡,其上端应与连接板焊接。连接板处应有明显标志。

3)接地装置

接地装置是接地体(又称接地极)和接地线的总合。它的作用是把引下线引下的雷电流迅速流散到大地土壤中去。

(1)接地体

它是指埋入土壤中或混凝土基础中作散流用的金属导体。接地体分人工接地体和自然接地体两种。自然接地体即兼作接地用的直接与大地接触的各种金属构件,如建筑物的钢结构、行车钢轨、埋地的金属管道(可燃液体和可燃气体管道除外)等。人工接地体即直接打入地下专作接地用的经加工的各种型钢或钢管等。按其敷设方式可分为垂直接地体和水平接地体。

埋入土壤中的人工垂直接地体宜采用角钢、钢管或圆钢;埋入土壤中的人工水平接地体宜采用扁钢或圆钢。圆钢直径不应小于 10 mm;扁钢截面积不应小于 100 mm²,其厚度不应小于 4 mm。角钢厚度不应小于 4 mm;钢管壁厚不应小于 3.5 mm。

人工垂直接地体的长度宜为 2.5 m。人工垂直接地体间的距离及人工水平接地体间的距离宜为 5 m,当受地方限制可适当减小。人工接地体在土壤中的埋设深度不应小于 0.6 m。

在腐蚀性较强的土壤中,应采取热镀锌等防腐措施或加大截面。

(2)接地线

接地线是从引下线断接卡或换线处至接地体的连接导体,也是接地体与接地体之间的连接导体。接地线应与水平接地体的截面相同。

(3)基础接地体

在高层建筑中,利用柱子和基础内的钢筋作为引下线和接地体,具有经济、美观和有利于雷电流流散以及不必维护和寿命长等优点。将设在建筑物钢筋混凝土桩基和基础内的钢筋作为接地体时,此种接地体常称为基础接地体。利用基础接地体的接地方式称为基础接地,国外称为 UFFER 接地。基础接地体可分为以下两类:

①自然基础接地体。利用钢筋混凝土基础中的钢筋或混凝土基础中的金属结构作为接地体时,这种接地体称为自然基础接地体。

②人工基础接地体。把人工接地体敷设在没有钢筋的混凝土基础内时,这种接地体称为人工基础接地体。有时候,在混凝土基础内虽有钢筋,但由于不能满足利用钢筋作为自然基础接地体的要求(如由于钢筋直径太小或钢筋总截面积太小),也有在这种钢筋混凝土基础内加设人工接地体的情况,这时所加入的人工接地体也称为人工基础接地体。

利用基础接地时,对建筑物地梁的处理是很重要的一个环节。地梁内的主筋要和基础主筋连接起来,并要把各段地梁的钢筋连成一个环路,这样才能将各个基础连成一个接地体,而且地梁的钢筋形成一个很好的水平接地环,综合组成一个完整的接地系统。

· *5.1.6 接闪器* ·

接闪器是用来防护雷电产生的过电压波,沿线路侵入变电所或其他建(构)筑物内,以免危及被保护设备的绝缘。接闪器与被保护设备并联,装在被保护设备的电源侧。当线路上出现危及设备绝缘的过电压时,它就对大地放电。

接闪器的类型有阀式,管形和金属氧化物接闪器。常用的是阀式接闪器。

阀式接闪器应垂直安装,每一个元件的中心线与接闪器安装点中心线的垂直偏差不应大于该元件高度的1.5%。如有歪斜可在法兰间加金属片校正,但应保证其导电良好,并将其缝隙用腻子抹平后涂以油漆。图5.2为阀式接闪器在墙上安装示意图。接闪器各连接处的金属接触平面,应除去氧化膜及油漆,并涂一层凡士林或复合脂。室外接闪器可用镀锌螺栓将上部端子接到高压母线上,下部端子接至接地线后接地。但引线的连接,不应使接闪器结构内部产生超过允许的外加应力。接地线应尽可能短而直,以减小电阻;其截面应根据接地装置的规定选择。

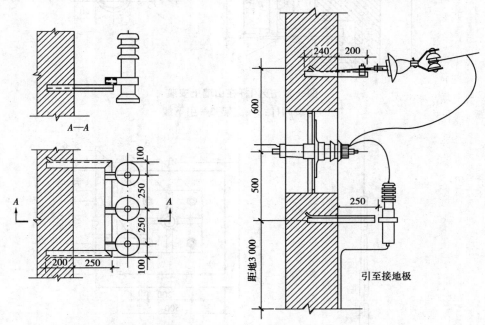

图5.2 阀式接闪器在墙上安装及接线

接闪器在安装前除应进行必要的外观检查外,还应进行绝缘电阻测定、直流泄漏电流测量、工频放电电压测量和检查放电记录器动作情况及其基座绝缘。

5.2 防雷与接地装置安装

· 5.2.1 接闪器的安装 ·

接闪器的安装主要包括接闪杆的安装和接闪带(网)的安装。

1)接闪杆的安装

接闪杆的安装可参照全国通用电气装置标准图集执行(D 562,D 565)。图5.3和图5.4分别为接闪杆在山墙上安装和接闪杆在屋面上安装。其安装注意事项如下:

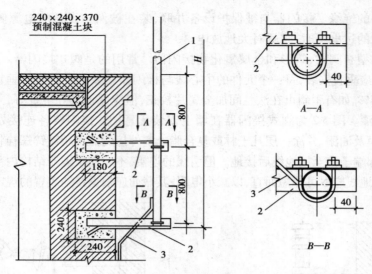

图 5.3　接闪杆在山墙上安装
1—接闪杆;2—支架;3—引下线

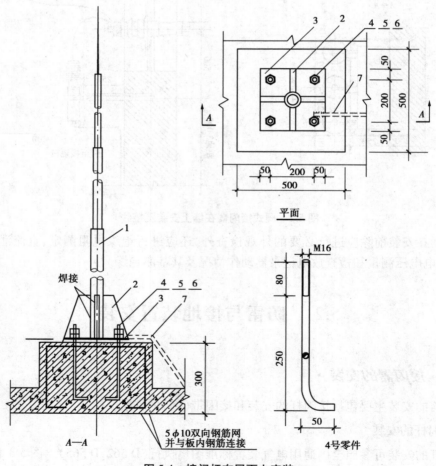

图 5.4　接闪杆在屋面上安装
1—接闪杆;2—肋板;3—底板;4—底脚螺栓;5—螺母;6—垫圈;7—引下线

①建筑物上的接闪杆和建筑物顶部的其他金属物体应连接成一个整体。

②为了防止雷击接闪杆时,雷电波沿电线传入室内,危及人身安全,所以不得在接闪杆构架上架设低压线路或通讯线路。装有接闪杆的构架上的照明灯电源线,必须采用直埋于地下的带金属护层的电缆或穿入金属管的导线。电缆护层或金属管必须接地,埋地长度应在10 m以上,方可与配电装置的接地网相连或与电源线、低压配电装置相连。

③接闪杆及其接地装置,应采取自下而上的施工程序。首先安装集中接地装置,然后安装引下线,最后安装接闪器。

2)接闪带和接闪网的安装

(1)明装接闪带(网)安装

接闪带适于安装在建筑物的屋脊、屋檐(坡屋顶)或屋顶边缘及女儿墙(平屋顶)等处,对建筑物易受雷击部位进行重点保护。当接闪带之间的间距较小,成一定的网格时,则称之为接闪网。明装接闪网是在屋顶上部以较疏的明装金属网格作为接闪器,沿外墙敷设引下线,接到接地装置上。

①接闪带在屋面混凝土支座上的安装。接闪带(网)的支座可以在建筑物屋面面层施工过程中现场浇制,也可以预制再砌牢或与屋面防水层进行固定。混凝土支座设置如图5.5所示。屋面上支座的安装位置是由接闪带(网)的安装位置决定的。接闪带(网)距屋面的边缘距离不应大于500 mm。在接闪带(网)转角中心严禁设置接闪带(网)支座。

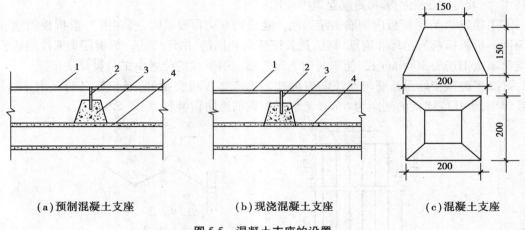

(a)预制混凝土支座   (b)现浇混凝土支座   (c)混凝土支座

图5.5　混凝土支座的设置

1—接闪带;2—支架;3—混凝土支座;4—屋面板

在屋面上制作或安装支座时,应在直线段两端点(即弯曲处的起点)拉通线,确定好中间支座位置,中间支座的间距为1~1.5 m,相互间距离应均匀分布,在转弯处支座的间距为0.5 m。

②接闪带在女儿墙或天沟支架上的安装。接闪带(网)沿女儿墙安装时,应使用支架固定,并应尽量随结构施工预埋支架,当条件受限制时,应在墙体施工时预留不小于100 mm×100 mm×100 mm的孔洞,洞口的大小应里外一致。首先埋设直线段两端的支架,然后拉通线埋设中间支架,其转弯处支架应距转弯中点0.25~0.5 m,直线段支架水平间距为1~1.5 m,垂直间距为1.5~2 m,且支架间距应平均分布。

女儿墙上设置的支架应与墙顶面垂直。在预留孔洞内埋设支架前,应先用素水泥浆湿润,放置好支架时,用水泥砂浆浇注牢靠,支架的支起高度不应小于 150 mm,待达到强度后再敷设接闪带(网),如图 5.6 所示。接闪带(网)在建筑物天沟上安装使用支架固定时,应随土建施工先设置好预埋件,支架与预埋件进行焊接固定,如图 5.7 所示。

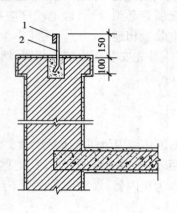

图 5.6　接闪带在女儿墙上安装
1—接闪带;2—支架

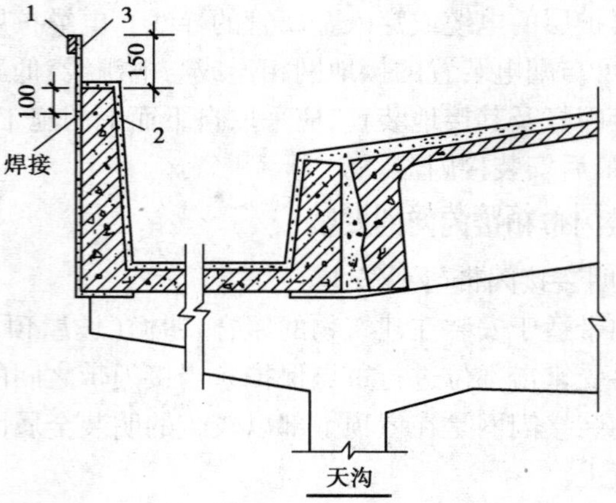

图 5.7　接闪带在天沟上安装
1—接闪带;2—预埋件;3—支架

(2)暗装接闪带(网)的安装

暗装接闪网是利用建筑物内的钢筋做接闪网,暗装接闪网较明装接闪网美观,越来越被广泛利用,尤其是在工业厂房和高层建筑中应用较多。

①用建筑物 V 形折板内钢筋做接闪网。建筑物有防雷要求时,可利用 V 形折板内钢筋做接闪网。折板插筋与吊环和网筋绑扎,通长钢筋应和插筋、吊环绑扎。折板接头部位的通长筋在端部预留钢筋头 100 mm 长,便于与引下线连接。引下线的位置由工程设计决定。

等高多跨搭接处通长筋与通长筋应绑扎。不等高多跨交接处,通长筋之间应用 ϕ8 圆钢连接焊牢,绑扎或连接的间距为 6 m。V 形折板钢筋做防雷装置,如图 5.8 所示。

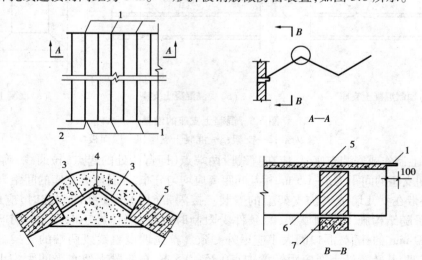

图 5.8　V 形折板钢筋作防雷装置示意图
1—通长筋预留钢筋头;2—引下线;3—吊环(插筋);4—附加通长 ϕ6 筋;
5—折板;6—三角架或三角墙;7—支托构件

②用女儿墙压顶钢筋做暗装接闪带。女儿墙上压顶为现浇混凝土时,可利用压顶板内的通长钢筋作为建筑物的暗装接闪带;当女儿墙上压顶为预制混凝土板时,就在顶板上预埋支架设接闪带。用女儿墙现浇混凝土压顶钢筋做暗装接闪带时,防雷引下线可采用不小于 $\phi 10$ 的圆钢。

在女儿墙预制混凝土板上预埋支架设接闪带时,或在女儿墙上有铁栏杆时,防雷引下线就由板缝引出顶板与接闪带连接。引下线在压顶处与女儿墙设计通长钢筋之间应用 $\phi 10$ 圆钢做连接线进行连接。

③高层建筑暗装接闪网的安装。暗装接闪网是利用建筑物屋面板内钢筋作为接闪装置。而将接闪网、引下线和接地装置 3 部分组成一个钢铁大网笼,也称为笼式接闪网。

由于土建施工做法和构件不同,屋面板上的网格大小也不一样,现浇混凝土屋面板其网格均不大于 30 cm×30 cm,而且整个现浇屋面板的钢筋都是连成一体的。预制屋面板系由定型板块拼成的,如作为暗装接闪装置,就要将板与板间的甩头钢筋做成可靠的连接或焊接。如果采用明装接闪带和暗装接闪网相结合的方法,是最好的防雷措施,即屋顶上部如有女儿墙时,为使女儿墙不受损伤,在女儿墙上部安装接闪带,再与暗装接闪网连接在一起,如图 5.9 所示。

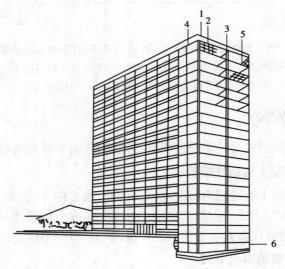

图 5.9 框架结构笼式接闪网示意图

1—女儿墙接闪带;2—屋面钢筋;3—柱内钢筋;
4—外墙板钢筋;5—楼板钢筋;6—基础钢筋

当建筑物高于 30 m 时,应采取下列防侧击雷的措施:应从 30 m 起每隔不大于 6 m 沿建筑物四周设水平压环一周,并应与引下线相连。当建筑物全部为钢筋混凝土结构时,即可将结构圈梁钢筋与柱内充当引下线的钢筋进行连接(绑扎或焊接)作为均压环。当建筑物为砖混结构但有钢筋混凝土组合柱和圈梁时,均压环做法同钢筋混凝土结构。

建筑物高度超过 30 m 时,30 m 及以上部分应将外墙上的金属栏杆及金属门窗等较大的金属物体与防雷装置连接,每樘金属门、窗至少有两点与防雷装置连接。为了使金属门窗与均压环连接方便,均压环的设置一般为两层设置一圈,如图 5.10 所示。

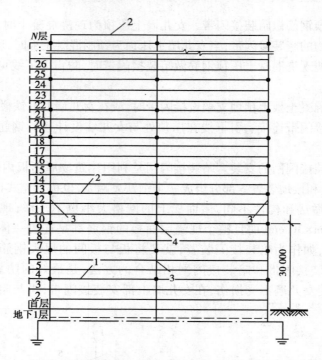

图 5.10 高层建筑物接闪带(网或均压环)引下线连接示意图
1—接闪带(网或均压环);2—接闪带(网);3—防雷引下线;
4—防雷引下线与接闪带(网或均压环)的连接处

· *5.2.2 引下线的安装* ·

防雷引下线是将接闪器接受的雷电流引到接地装置,引下线常见的为暗敷设。

1)引下线沿墙或混凝土构造柱暗敷设

引下线沿砖墙或混凝土构造柱内暗敷设,应配合土建主体外墙(或构造柱)施工。将钢筋调直后先与接地体(或断接卡子)连接好,由下至上展放(或一段段连接)钢筋,敷设路径尽量短而直,可直接通过挑檐板或女儿墙与接闪带焊接,如图 5.11 所示。

2)利用建筑物钢筋做防雷引下线

防直击雷装置的引下线应优先利用建筑物钢筋混凝土中的钢筋,不仅可节约钢材,更重要的是比较安全。

由于利用建筑物钢筋做引下线,是从上而下连接一体,因此不能设置断接卡子测试接地电阻值,需在柱(或剪力墙)内作为引下线的钢筋上,另焊一根圆钢引至柱(或墙)外侧的墙体上,在距护坡 1.8 m 处,设置接地电阻测试箱。在建筑结构完成后,必须通过测试点测试接地电阻,若达不到设计要求,可在柱(或墙)外距地 0.8~1 m 预留导体处加接外附人工接地体。

3)断接卡子制作安装

断接卡子有明装和暗装 2 种,断接卡子可利用 25×4 的镀锌扁钢制作,断接卡子应用 2 根镀锌螺栓拧紧,见图 5.12 和图 5.13。

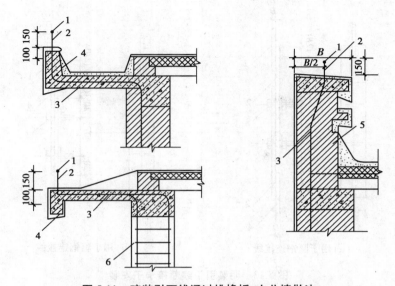

图 5.11 暗装引下线通过挑檐板、女儿墙做法

1—接闪带；2—支架；3—引下线；4—挑檐板；5—女儿墙；6—柱主筋

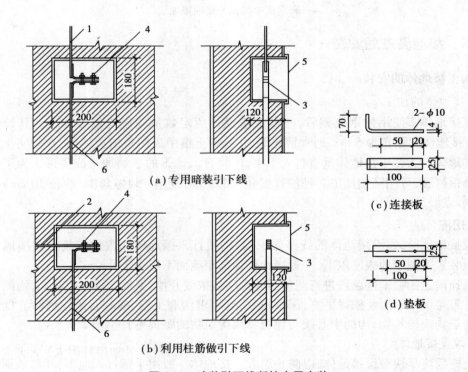

（a）专用暗装引下线

（b）利用柱筋做引下线

（c）连接板

（d）垫板

图 5.12 暗装引下线断接卡子安装

1—专用引下线；2—至柱筋引下线；3—断接卡子；4—M10×30 镀锌螺栓；

5—断接卡子箱；6—接地线

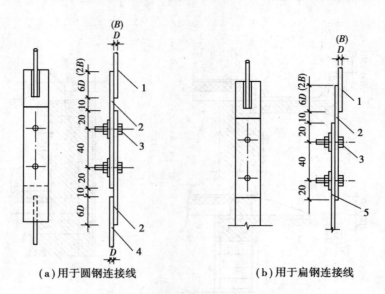

（a）用于圆钢连接线　　　　　（b）用于扁钢连接线

图 5.13　明装引下线断接卡子安装

D—圆钢直径；B—扁钢宽度

1—圆钢引下线；2—−25×4，L=90×6D 连接板；3—M8×30 镀锌螺栓；
4—圆钢接地线；5—扁钢接地线

· *5.2.3　接地装置的安装* ·

1）人工接地体的安装

（1）接地体的加工

垂直接地体多使用角钢或钢管，一般应按设计所定数量和规格进行加工。其长度宜为 2.5 m，两接地体间距宜为 5 m。通常情况下，在一般土壤中采用角钢接地体，在坚实土壤中采用钢管接地体。为便于接地体垂直打入土中，应将打入地下的一端加工成尖形。为了防止将钢管或角钢打裂，可用圆钢加工一种护管帽套入钢管端，或用一块短角钢（约长 10 cm）焊在接地角钢的一端。

（2）挖沟

装设接地体前，需沿接地体的线路先挖沟，以便打入接地体和敷设连接这些接地体的扁钢。接地装置需埋于地表层以下，一般接地体顶部距地面不应小于 0.6 m。

按设计规定的接地网路线进行测量、划线，然后依线开挖，一般沟深 0.8~1 m，沟的上部宽 0.6 m，底部宽 0.4 m，沟要挖得平直，深浅一致，且要求沟底平整，如有石子应清除。挖沟时如附近有建筑物或构筑物，沟的中心线与建筑物或构筑物的距离不宜小于 2 m。

（3）敷设接地体

沟挖好后应尽快敷设接地体，以防止塌方。接地体一般用手锤打入地下，并与地面保持垂直，防止与土壤产生间隙，增加接地电阻，影响散流效果。

2）接地线敷设

接地线分人工接地线和自然接地线。在一般情况下，人工接地线均应采用扁钢或圆钢，并应敷设在易于检查的地方，且应有防止机械损伤及化学腐蚀的保护措施。从接地干线敷设到用电设备的接地支线的距离越短越好。当接地线与电缆或其他电线交叉时,其间距至少要维持 25 mm。在接地线与管道、公路、铁路等交叉处及其他可能使接地线遭受机械损伤的地方,均应套钢管或角钢保护。当接地线跨越有震动的地方时,如铁路轨道,接地线应略加弯曲,以便震动时有伸缩的余地,避免断裂,如图5.14所示。

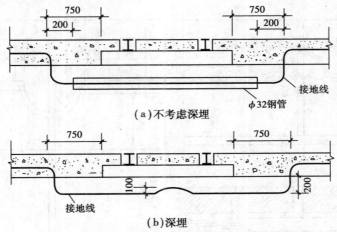

图 5.14　接地线跨越轨道敷设

(1)接地体间的连接

垂直接地体之间多用扁钢连接。当接地体打入地下后,即可将扁钢放置于沟内,扁钢与接地体用焊接的方法连接。扁钢应侧放,这样既便于焊接,又可减小其散流电阻。焊接方法如图5.15所示。

接地体与连接扁钢焊好之后,经过检查确认接地体埋设深度、焊接质量、接地电阻等均符合要求后,即可将沟填平。

(2)接地干线与接地支线的敷设

接地干线与接地支线的敷设分为室外和室内两种。室外的接地干线和支线是供室外电气设备接地使用的,室内的则是供室内的电气设备使用的。

室外接地干线与接地支线一般敷设在沟内,敷设前应按设计要求挖沟,然后埋入扁钢。由于接地干线与接地支线不起接地散流作用,所以埋设时不一定要立放。接地干线与接地体及接地支线均采用焊接连接。接地

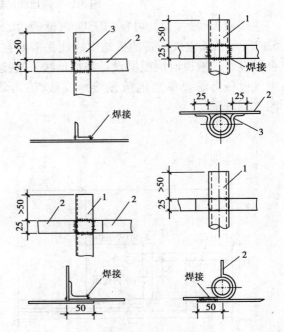

图 5.15　接地体与连接扁钢的焊接
1—接地体;2—扁钢;3—卡箍

干线与接地支线末端应露出地面 0.5 m,以便接引地线。敷设完后即回填土夯实。室内的接地线一般多为明敷,但有时因设备接地需要也可埋地敷设或埋设在混凝土层中。明敷的接地线一般敷设在墙上、母线架上或电缆的桥架上。

（3）敷设接地线

当固定沟或支持托板埋设牢固后，即可将调直的扁钢或圆钢放在固定钩或支持托板内进行固定。在直线段上不应有高低起伏及弯曲等现象。当接地线跨越建筑物伸缩缝、沉降缝时，应加设补偿器或将接地线本身弯成弧状，如图 5.16 所示。

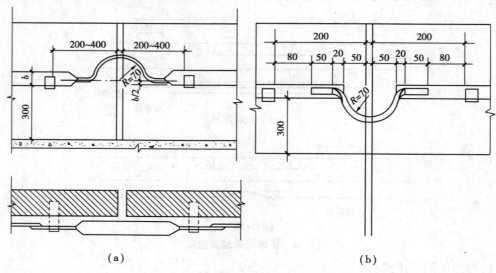

图 5.16 接地线跨越建筑物伸缩缝做法

接地干线过门时，可在门上明敷设通过，也可在门下室内地面暗敷设通过，其安装如图 5.17 所示。接电气设备的接地支线往往需要在混凝土地面中暗敷设，在土建施工时应及时配合敷设好。敷设时应根据设计将接地线一端接电气设备，一端接距离最近的接地干线。所有电气设备都需要单独地敷设接地支线，不可将电气设备串联接地。室内接地支线做法，如图 5.18 所示。

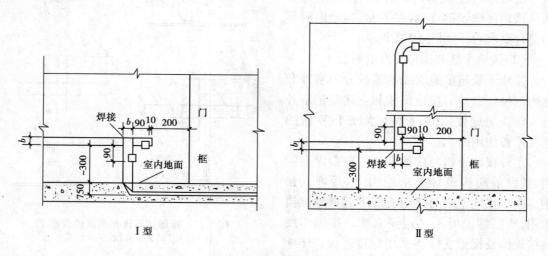

图 5.17 接地线过门安装

室外接地线引入室内的做法如图 5.19 所示。为了便于测量接地电阻，当接地线引入室内后，必须用螺栓与室内接地线连接。

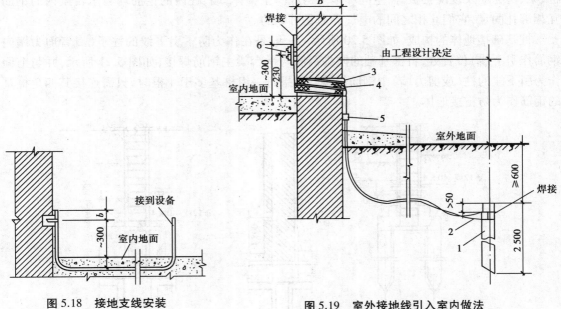

图 5.18　接地支线安装

图 5.19　室外接地线引入室内做法
1—接地体;2—接地线;3—套管;
4—沥青麻丝;5—固定钩;6—断接卡子

3)接地体(线)的连接

接地体(线)的连接一般采用搭接焊,焊接处必须牢固无虚焊。有色金属接地线不能采用焊接时,可采用螺栓连接。接地线与电气设备的连接也采用螺栓连接。

接地体(线)连接时的搭接长度为:扁钢与扁钢连接为其宽度的 2 倍,当宽度不同时,以窄的为准,且至少 3 个棱边焊接;圆钢与圆钢连接为其直径的 6 倍;圆钢与扁钢连接为圆钢直径的 6 倍;扁钢与钢管(角钢)焊接时,为了连接可靠,除应在其接触部位两侧进行焊接外,还应焊上由扁钢弯成的弧形(或直角形)卡子,或直接将接地扁钢本身弯成弧形(或直角形)与钢管(或角钢)焊接。

4)建筑物基础接地装置安装

高层建筑的接地装置大多以建筑物的深基础作为接地装置。当利用钢筋混凝土基础内的钢筋作为接地装置时,敷设在钢筋混凝土中的单根钢筋或圆钢,其直径应不小于10 mm。被利用作为防雷装置的混凝土构件内用于箍筋连接的钢筋,其截面积总和应不小于 1 根直径为 10 mm钢筋的截面积。

利用建筑物基础内的钢筋作为接地装置时,应在与防雷引下线相对应的室外埋深 0.8~1 m处,由被用作引下线的钢筋上焊出一根 φ12 mm 圆钢或 40 mm×4 mm 镀锌扁钢,此导体伸向室外,距外墙皮的距离不宜小于 1 m。此圆钢或扁钢能起到摇测接地电阻和当整个建筑物的接地电阻值达不到规定要求时,给补打人工接地体创造条件。

(1)钢筋混凝土桩基础接地体的安装

高层建筑的基础桩基,不论是挖孔桩、钻孔桩,还是冲击桩,都是将钢筋混凝土桩子伸入地中,桩基顶端设承台,承台用承台梁连接起来,形成一座大型框架地梁。承台顶端设置混凝土桩、梁、剪力墙及现浇楼板等,空间和地下构成一个整体,墙、柱内的钢筋均与承台梁内的钢筋互相绑扎固定,它们互相之间的电气导通是可靠的。

桩基础接地体的构成,如图5.20所示。一般是在作为防雷引下线的柱子(或者剪力墙内钢筋作引下线)位置处,将桩基础的抛头钢筋与承台梁主钢筋焊接,如图5.21所示,并与上面作为引下线的柱(或剪力墙)中钢筋焊接。如果每一组桩基多于4根时,只需连接其四角桩基的钢筋作为防雷接地体。

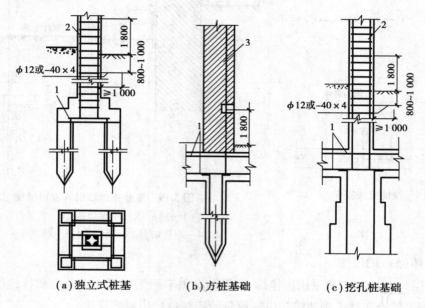

（a）独立式桩基　　　　（b）方桩基础　　　　（c）挖孔桩基础

图5.20　钢筋混凝土桩基础接地体安装

1—承台梁钢筋;2—柱主筋;3—独立引下线

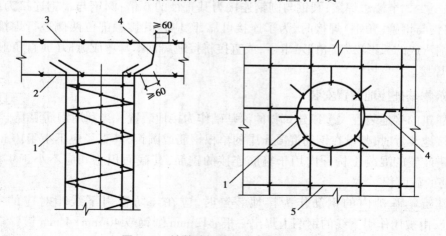

图5.21　桩基础钢筋与承台钢筋的连接

1—桩基钢筋;2—承台下层钢筋;3—承台上层钢筋;4—连接导体;5—承台钢筋

（2）独立柱基础、箱形基础接地体的安装

钢筋混凝土独立柱基础接地体,如图5.22所示。钢筋混凝土箱形基础接地体,如图5.23所示。

钢筋混凝土独立柱基础及钢筋混凝土箱形基础作为接地体时,应将用作防雷引下线的现浇钢筋混凝土柱内的符合要求的主筋,与基础底层钢筋网进行焊接连接。

钢筋混凝土独立柱基础如有防水油毡及沥青包裹时,应通过预埋件和引下线,跨越防水油毡及沥青层,将柱内的引下线钢筋、垫层内的钢筋与接地柱相焊接。利用垫层钢筋和接地桩柱作接地装置。

(3)钢筋混凝土板式基础接地体的安装

利用无防水层底板的钢筋混凝土板式基础作接地体,应将用作防雷引下线的符合规定的柱主筋与底板的钢筋进行焊接连接,如图5.24所示。

在进行钢筋混凝土板式基础接地体安装时,当板式基础有防水层时,应将符合规格和数量的、可以用来做防雷引下线的柱内主筋,在室外自然地面以下的适当位置处,利用预埋连接板与外引的 $\phi12$ 或 -40×4 的镀锌圆钢或扁钢相焊接做连接线,同有防水层的钢筋混凝土板式基础的接地装置连接,如图5.25所示。

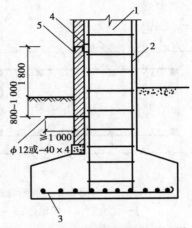

图5.22 独立柱基础接地体的安装
1—现浇混凝土柱;2—柱主筋;
3—基础底层钢筋网;
4—预埋连接板;5—引出连接板

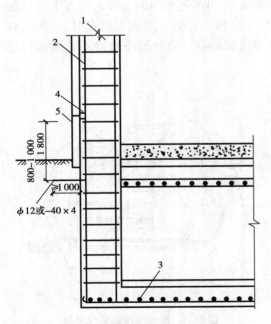

图5.23 箱形基础接地体的安装
1—现浇混凝土柱;2—柱主筋;
3—基础底层钢筋网;
4—预埋连接板;5—引出连接板

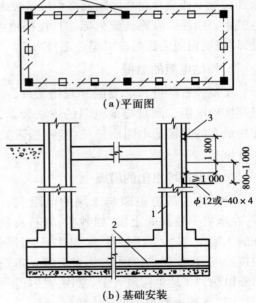

(a)平面图

(b)基础安装

图5.24 钢筋混凝土板式基础
1—柱主筋;2—底板钢筋;3—预埋连接板

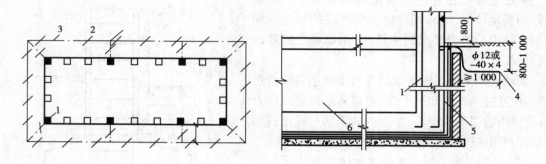

图 5.25　钢筋混凝土板式(有防水层)基础接地体安装图

1—柱主筋;2—接地体;3—连接线;4—引至接地体;5—防水层;6—基础底板

· *5.2.4　接地装置的检验、接地电阻的测量和常用降阻措施* ·

1)接地装置的检验和涂色

对于新安装的接地装置,为了确定其是否符合设计和规范,在工程完工以后,必须按施工规范进行检验,合格后才能投入正式运行。

检验除要求整个接地网的连接完整牢固外,还应按照规定进行涂色,标志记号应鲜明齐全。明敷接地线表面应涂以 15~100 mm 宽度相等的绿色和黄色相间的条纹。在每个导体的全部长度上或只在每个区间或每个可接触到的部位上应做出标志。当使用胶带时,应使用双色胶带。中性线宜涂淡蓝色标志。在接地线引向建筑物内的入口处和在检修用临时接地点处,均应刷白色底漆后标以黑色记号"±"。

2)接地电阻的测量

接地装置除进行必要的外观检验外,还应测量其接地电阻。测量接地电阻的方法较多,目前使用最多的是接地电阻测量仪(接地摇表),如图 5.26 所示。

3)降低接地电阻的措施

接地体的散流电阻与土壤的电阻有直接关系,在电阻率较高的土壤,如砂质、岩石及长期冰冻的土壤中,装设人工接地体,要达到设计所要求的接地电阻,往往是很困难的,此时需采取适当的措施以达到接地电阻设计值,常用方法如下:

(1)置换电阻率较低的土壤

图 5.26　接地电阻测量仪外形

当在接地体附近有电阻率较低的土壤时常采用此法。用粘土、黑土或砂质粘土等电阻率较低的土壤,代替原有电阻率较高的土壤,置换范围是在接地体周围 0.5 m 以内和接地体上部的1/3处。

(2)接地体深埋

如地层深处土壤电阻率较低时,则可采用此方法。用人工深埋接地体往往非常困难,必须采用振动器等机械方法才能达到深埋的目的。因此,在确定采用深埋接地体方法时,除应先实测深层土壤的电阻率是否符合要求外,还要考虑有无机械设备,能否适宜采用机械化施工,否则无法进行深埋工作。

(3)使用化学降阻剂

在其他方法不好采用或达不到必要的效果时,可在接地体周围土壤中加入低电阻系数的降阻剂,以降低土壤电阻率,从而降低接地电阻。

(4)外引式接地

如接地体附近有导电良好的土壤及不冰冻的湖泊、河流时,也可采用外引式接地。

5.3   建筑防雷接地工程图阅读

· 5.3.1   某住宅建筑防雷接地工程图 ·

建筑物防雷接地工程图一般包括防雷工程图和接地工程图 2 部分。图 5.27 为某住宅建筑防雷平面图和立面图,图 5.28 为该住宅建筑的接地平面图,图纸附施工说明。

施工说明:

①接闪杆、引下线均采用 25×4 的扁钢,镀锌或做防腐处理。

②引下线在地面上 1.7 m 至地面下 0.3 m 一段,用 50 mm 硬塑料管保护。

③本工程采用 25×4 扁钢做水平接地体,绕建筑物一周埋设,其接地电阻不大于 10 Ω。施工后达不到要求时,可增设接地极。

④施工采用国家标准图集 D562,D563,并应与土建密切配合。

1)工程概况

由图 5.27 知,该住宅建筑接闪带沿屋面四周女儿墙敷设,支持卡子间距为 1 m。在西面和东面墙上分别敷设 2 根引下线(25×4 扁钢),与埋于地下的接地体连接,引下线在距地面1.8 m处设置引下线断接卡子。固定引下线支架间距 1.5 m。由图 5.28 知,接地体沿建筑物基础四周埋设,埋设深度在地平面以下 1.65 m,在-0.68 m 开始向外,距基础中心距离为 0.65 m。

2)接闪带及引下线的敷设

首先在女儿墙上埋设支架,间距 1 m,转角处为 0.5 m,然后将接闪带与扁钢支架焊为一体,如图 5.6 所示。引下线在墙上明敷设与接闪带敷设基本相同,也是在墙上埋好扁钢支架之后再与引下线焊接在一起。

接闪带及引下线的连接均用搭接焊接,搭接长度为扁钢宽度的 2 倍。引下线断接卡子的安装如图 5.13(b)所示。

3)接地装置安装

该住宅建筑接地体为水平接地体,一定要注意配合土建施工,在土建基础工程完工后,未进行回填土之前,将扁钢接地体敷设好,并在与引下线连接处,引出一根扁钢,做好与引下线连接的准备工作。扁钢连接应焊接牢固,形成一个环形闭合的电气通路,实测接地电阻达到设计要求后,再进行回填土。

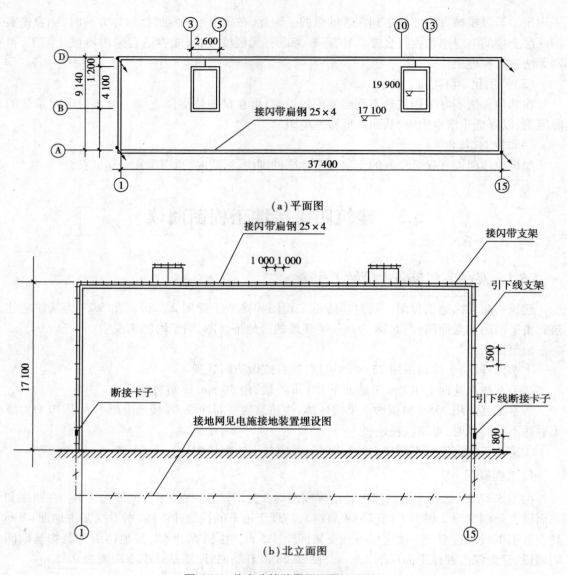

(a)平面图

(b)北立面图

图 5.27 住宅建筑防雷平面图、立面图

4)接闪带、引下线和接地装置的计算

接闪带、引下线和接地装置都是采用 25×4 的扁钢制成,它们所消耗的扁钢长度计算如下:

(1)接闪带

接闪带由女儿墙上的接闪带和楼梯间屋面阁楼上的接闪带组成,女儿墙上的接闪带的长度为:(37.4 m+9.14 m)×2=93.08 m。

楼梯间阁楼屋面上的接闪带沿其顶面敷设一周,并用 25×4 的扁钢与屋面接闪带连接。因楼梯间阁楼屋面尺寸没有标注全,实际尺寸为宽 4.1 m、长 2.6 m、高 2.8 m。屋面上的接闪带的长度为:(4.1 m+2.6 m)×2=13.4 m,共两个楼梯间阁楼,13.4 m×2=26.8 m。

因女儿墙的高度为 1 m,阁楼上的接闪带要与女儿墙上的接闪带连接,阁楼距女儿墙最近

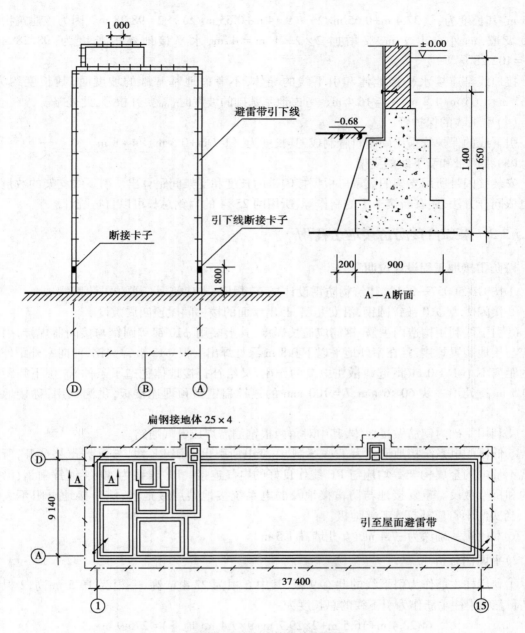

图 5.28 住宅建筑接地平面图

的距离为 1.2 m。连接线长度为:1 m+1.2 m+2.8 m=5 m,两条连接线共 10 m。

因此,屋面上的接闪带总长度为:93.08 m+26.8 m+10 m=129.88 m。

(2)引下线

引下线共 4 根,分别沿建筑物四周敷设,在地平面以上 1.8 m 处用断接卡子与接地装置连接,考虑女儿墙后,引下线的长度为:(17.1 m+1 m−1.8 m)×4=65.2 m。

(3)接地装置

接地装置由水平接地体和接地线组成,水平接地体沿建筑物一周埋设,距基础中心线为

0.65 m,其长度为：[（37.4 m+0.65 m×2）+（9.14 m+0.65 m×2）]×2＝98.28 m。因为该建筑物建有垃圾道，向外突出 1 m，又增加 2×2×1 m＝4 m，水平接地体的长度为：98.28 m+4 m＝102.28 m。

接地线是连接水平接地体和引下线的导体，不考虑地基基础的坡度时，其长度约为：（0.65 m+1.65 m+1.8 m）×4＝16.4 m。考虑地基基础的坡度时，需要开根号，此处略。

（4）引下线的保护管

引下线的保护管采用硬塑料管制成，其长度为：（1.7 m+0.3 m）×4＝8 m。

（5）接闪带和引下线的支架

安装接闪带所用支架的数量可根据接闪带的长度和支架间距算出。引下线支架的数量计算也依同样方法，还有断接卡子的制作等，所用的 25×4 的扁钢总长可以自行统计。

· 5.3.2 某综合楼防雷接地工程图 ·

1）防雷接地工程设计说明

①按 GB 50057—2010《建筑物防雷设计规范》规定，本建筑属三类防雷建筑物。

②接闪带为 ϕ10 镀锌圆钢，沿女儿墙、凸出屋面的楼梯间屋顶四周敷设。

③引下线利用构造内主筋，钢筋应通长焊接，其上端用 ϕ10 镀锌圆钢与接闪器焊接，引下线应与接地装置焊接，且在室外地平以下 0.8 m 深处焊出一根 ϕ12 镀锌圆钢，伸向室外距外墙边的距离不小于 1.0 m（既起疏散雷电流的作用，又给补打接地体创造了条件）。引下线距室外 0.5 m 高处用一块 60×6 mm、L＝100 mm 的镀锌扁钢做预埋连接板，供测试用，称接地测试板。

④利用基础内钢筋做接地体，其中对角两根钢筋需焊成电气通路。

⑤低压配电系统接地形式为 TN—S 制，由变电所引出专用 PE 线，与 N 线严格分开，所有正常不带电的金属构架等均应与 PE 线作良好的电气连接。PE 干线为 40×4 镀锌扁钢，沿电缆沟和桥架敷设。重复接地与防雷接地及弱电系统接地共用接地极，综合接地电阻不大于 1 Ω，当实测不符应补打人工接地极。

⑥本建筑基础深为−7.4 m，女儿墙高 1.5 m。

2）平面图分析

①利用柱主筋作为引下线的共有 9 根，其中 6 根为 22.4 m 高，一根为 16.5 m 高，2 根为 29.7 m。利用柱主筋作为引下线的总长度为：

6×22.4 m+16.5 m+2×29.7 m+9×7.4 m（地下）＝276.9 m

②有女儿墙的引下线的共有 6 根，长度为：6×1.5 m＝9 m。

③室外地面下 0.8 m 处焊出一根 ϕ12 镀锌圆钢的外引线长度为：9×1.2 m（取 1.2 m）。

④ϕ10 镀锌圆钢沿女儿墙敷设的接闪带总长度为：

（11×3.9 m+0.85）+（9×3.9 m−2×1.5 m）+2×（2×4.5 m+3×2.4 m+0.625）＝109.5 m

注：楼梯阁楼段无墙，取两边各 1.5 m，楼梯阁楼段长为 2×3.9 m+2×1.5 m。

⑤ϕ10 镀锌圆钢在不同高度处的接闪带无墙敷设的长度为：

a.29.7 m 高度长度为：2×（2×3.9 m）+ 2×（3.6 m+4.5 m+2.4 m）＝36.6 m。

b.28.5 m 高度长度为：2×（2×3.9 m+2×1.5 m）+2×（3.6 m+4.5 m+2.4 m+0.5×2）＝44.6 m。

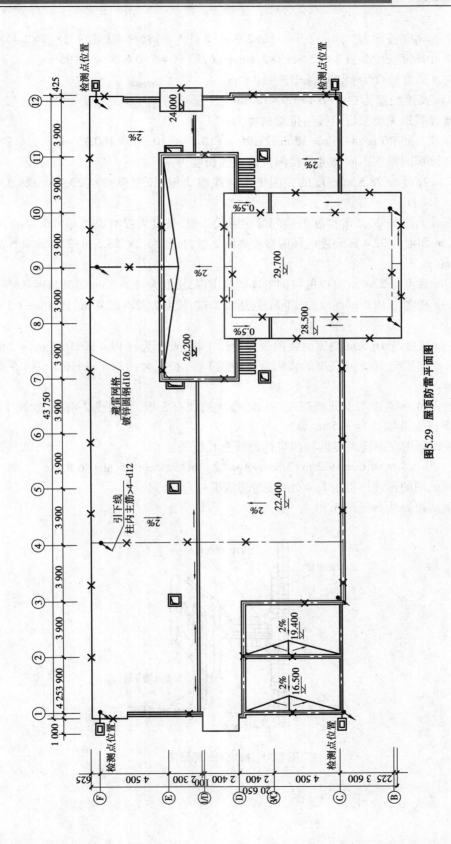

图5.29 屋顶防雷平面图

c.26.2 m 高度长度为：2×4×3.9 m −(2×3.9 m+2×1.5 m)楼梯阁楼段+ 2×(2×2.4)= 36 m。

d.22.4 m 高度长度为：(2×4.5 m+3×2.4 m+0.625)+(4.5+0.625)= 21.95 m。

e.19.4 m 高度长度为：4.5+2.4+3.9 = 10.8 m。

f.16.5 m 高度长度为：4.5+2.4+3.9 = 10.8 m。

ϕ10 镀锌圆钢无墙敷设的接闪带总长度为：

$$36.6 \text{ m}+44.6 \text{ m}+36 \text{ m}+21.95 \text{ m}+10.8 \text{ m}+10.8 \text{ m}= 160.75 \text{ m}。$$

⑥ϕ10 镀锌圆钢在不同高度的接闪带连通线长度为：

a.29.7 m 高度与 28.5 m 高度的接闪带连通线取 2 根，长度为：2×(29.7 m−28.5 m 垂直+1.5 平行)= 5.4 m。

b.28.5 m 高度与 26.2 m 高度的接闪带连通线 2 根，长度为：2×(28.5 m−26.2 m)= 4.6 m。

c.28.5 m 高度与 22.4 m 高度的接闪带连通线 2 根，长度为：2×(28.5 m−22.4 m−1.5 m 女儿墙高)= 9.2 m。

d.26.2 m 高度与 22.4 m 高度的接闪带连通线 1 根，长度为：(26.2 m−22.4 m)= 3.8 m。

e.22.4 m 高度与 19.4 m 高度的接闪带连通线 2 根，长度为：2×(22.4 m−19.4 m+1.5 m 女儿墙高)= 9 m。

f.19.4 m 高度与 16.5 m 高度的接闪带连通线 1 根，长度为：(19.4 m−16.5 m)= 2.9 m。

g.22.4 m 高度与 16.5 m 高度的接闪带连通线 1 根，长度为：(22.4 m−16.5 m+1.5 m 女儿墙高)= 7.4 m。

h.屋顶 22.4 m 高度与女儿墙高度的接闪带连通线有 3 根，④轴线 2 根，⑨轴线 1 根，长度为：(3×1.5 m 女儿墙高)= 4.5 m。

ϕ10 镀锌圆钢在不同高度的接闪带连通线总长度为：

$$5.4 \text{ m}+4.6 \text{ m}+9.2 \text{ m}+3.8 \text{ m}+9 \text{ m}+2.9 \text{ m}+7.4 \text{ m}+4.5 \text{ m}= 46.8 \text{ m}。$$

⑦供测试用的预埋连接板有 4 处（接地测试板）。

接地测试板做法参见图 5.30。

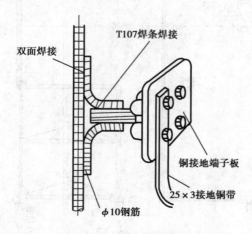

图 5.30　接地测试板做法

复习思考题 5

1.填空或选择填空题

(1)雷电波侵入可由线路上遭受(　　　　　)或发生(　　　　　　)所引起的。

(2)雷云与大地之间直接通过建(构)筑物、电气设备或树木等放电称为(　　　　　)。

(3)第一类防雷建筑物防直击雷的措施有装设独立接闪杆或架空接闪杆(线),架空接闪网的网格尺寸不应大于(　　　　　)。

(4)引下线是连接接闪器和接地装置的金属导体。一般采用圆钢或扁钢,采用圆钢时,直径不应小于(　　　　　)mm。采用扁钢时,其截面不应小于(　　　　　)mm²。

(5)二类防雷建筑物的引下线不应少于两根,其间距不应大于(　　　　　)(A.10 m,B.12 m,C.16 m,D.18 m)

(6)人工垂直接地体的长度宜为(　　　　　)。(A.1.5 m,B.1.8 m,C.2.2 m,D.2.5 m)

(7)人工接地体在土壤中的埋没深度不应小于(　　　　　)。(A.0.6 m,B.0.8 m,C.1.0 m,D.1.2 m)

(8)接闪带在女儿墙或天沟支架上安装时,应使用支架固定。支架的支起高度不应小于(　　　　　)。(A.80 mm,B.100 mm,C.120 mm,D.150 mm)

(9)接地线扁钢的焊接应采用搭接焊,其搭接长度为其宽度的(　　　　　),且至少三个棱边焊接。(A. 2 倍,B. 3 倍,C. 5 倍,D. 6 倍)

(10)省级的重点建筑及高度超过(　　　　　)的建筑物属于二类防雷建筑物。(A.24 m,B.30 m,C.40 m,D.50 m)

2.简答题

(1)简述雷电的形成过程。

(2)雷电的危害形式有哪几种?

(3)各类防雷建筑物防直击雷的措施有哪些?

(4)为什么要在引下线上设断接卡子?

(5)建筑用防雷装置由哪几部分组成?一般应用哪些材料?

(6)简述阀式接闪器的工作原理,安装方法和安装要求。

(7)接地装置由哪几部分组成?接地装置的安装或敷设有哪些要求?

(8)明敷接地引下线的安装应符合哪些要求?

(9)人工垂直接地体应用的材料有哪些?规格是多少?长度一般为多少?

(10)降低接地电阻的措施有哪些?各类防雷建筑物对接地电阻的要求一般是多少欧姆?

6 火灾报警与消防联动

〖本章导读〗

● **基本要求** 了解建筑物防火等级划分、火灾探测器种类、火灾探测器的布置；消防联动设备的种类和控制要求；熟悉火灾报警与消防联动系统组成特点。掌握火灾报警与消防联动工程图分析方法。

● **重点** 火灾报警与消防联动工程图分析。

● **难点** 火灾报警与消防联动工程图分析。

火灾自动报警与消防联动是现代消防工程的主要内容，其功能是自动监测区域内火灾发生时的热、光和烟雾，从而发出声光报警并联动其他设备的输出接点，控制自动灭火系统、紧急广播、事故照明、电梯、消防给水和排烟系统等，实现监测、报警和灭火的自动化。

6.1 火灾自动报警分级与探测器种类

· 6.1.1 建筑物防火等级的分类 ·

各类民用建筑的保护等级，应根据建筑物防火等级的分类，按表 6.1 的原则确定。

表 6.1 建筑物火灾自动报警系统保护对象分级

保护对象分级	建筑物分类	建筑物名称
特级	建筑高度超过 100 m 的超高层建筑	各类建筑物
一级	高层民用建筑	"高规"一类所列建筑
一级	建筑高度不超过24 m 的多层民用建筑及超过 24 m 的单层公共建筑	1.200 个以上床位的病房楼或每层建筑面积 1 000 m² 以上的门诊楼 2.每层建筑面积超过 3 000 m²的百货楼、商场、展览楼、高级旅馆、财贸金融楼、电信楼、高级办公楼 3.藏书超过 100 万册的图书馆、书库 4.超过 3 000 个座位的体育馆 5.重要的科研楼、资料档案楼 6.省级（含计划单列市）的邮政楼、广播电视楼、电力调度楼、防灾指挥调度楼 7.重点文物保护场所 8.超过 1 500 个座位的影剧院、会堂、礼堂

保护对象分级	建筑物分类	建筑物名称
一级	地下民用建筑	1.地下铁道、车站 2.地下电影院、礼堂 3.使用面积超过 1 000 m² 的地下商场、医院、旅馆、展览厅及其他商业或公共活动场所 4.重要的实验室、图书资料档案库存场所
二级	高层民用建筑	"高规"二类所列建筑物
二级	建筑高度不超过 24 m 的民用建筑	1.设有空气调节系统的或每层建筑面积超过 2 000 m² 但不超过 3 000 m² 的商业楼、财贸金融楼、电信楼、展览楼、旅馆、办公楼、车站、海河客运站、航空港等公共建筑及其他商业或公共活动场所 2.市、县级的邮政楼、广播电视楼、电力调度楼、防灾指挥调度楼 3.不超过 1 500 个座位的影剧院 4.库存容在 26 辆以上的停车库 5.高级住宅 6.图书馆、书库、档案楼 7.舞厅、卡拉 OK 厅(房)、夜总会等商业娱乐场所
二级	地下民用建筑	1.库容在 26 辆以上的地下停车库 2.长度超过 500 m 的城市隧道 3.使用面积不超过 1 000 m² 的地下商场、医院、旅馆、展览厅及其他商业或公共活动场所

* 舞厅、卡拉 OK 厅(房)、夜总会等商业娱乐场所不论规模大小做同等建筑对待。

• *6.1.2* **火灾探测器种类** •

火灾探测器的种类与性能见表 6.2。

表 6.2 探测器的种类与性能

火灾探测器种类名称			探测器性能
感烟式探测器	定点型	离子感烟式	及时探测火灾初期烟雾,报警功能较好。可探测微小颗粒(油漆味、烤焦味及大分子量气体分子,均能反应并引起探测器动作;当风速大于 10 m 时不稳定,甚至引起误动作)
		光电感烟式	对光电敏感。宜用于特定场所。附近有过强红外光源时会导致探测器不稳定;其寿命较前者短

续表

火灾探测器种类名称			探测器性能
感温式探测器	缆式线形感温电缆		不以明火或温升速率报警,而是以被测物体温度升高到某定值时报警
	定温式	双金属定温	火灾早、中期产生一定温度时报警,且较稳定。不宜采用感烟探测器,非爆炸性场所,允许一定损失的场所选用
		热敏电阻	它只以固定限度的温度值发出火警信号,允许环境温度有较大变化而工作比较稳定,但火灾引起的损失较大
		半导体定温	
		易熔合金定温	
	差温式	双金属差温式	适用于早期报警,它以环境温度升高率为动作报警参数,当环境温度达到一定要求时发出报警信号
		热敏电阻差温式	
		半导体差温式	
	差定温式	膜盒差定温式	具有感温探测器的一切优点而又比较稳定
		热敏电阻差定温式	
		半导体差定温式	
感光式探测器	紫外线火焰式		监测微小火焰发生,灵敏度高,对火焰反应快,抗干扰能力强
	红外线火焰式		能在常温下工作。对任何一种含碳物质燃烧时产生的火焰都能反应。对恒定的红外辐射和一般光源(如:灯泡、太阳光和一般的热辐射,X 射线和 γ 射线)都不起反应
可燃气体探测器			探测空气中可燃气体含量、浓度,超过一定数值时报警
复合型探测器			是全方位火灾探测器,综合各种优点,适用于各种场合,能实现早期火情的全范围报警

6.2 火灾探测器的选择与布置

· 6.2.1 探测器的选择 ·

1)选择火灾探测器的原则

火灾一般受下列因素的影响:可燃物质的类型、着火性质、可燃物质的分布情况,物质存放场所的条件、空气流动及环境温度等。火灾的形式与发展可分为以下几个阶段:

前期:火灾尚未形成,只是出现一定的烟雾,基本上未造成物质损失。

早期:火灾刚开始形成,烟量大增并出现火光,造成了较小的物质损失。

中期:火灾已经形成,火势上升很快,造成了一定的物质损失。

晚期:火灾已经扩散,造成了较大损失。

①火灾初期为阴燃阶段,产生大量的烟雾和少量的热,很少或没有火焰辐射,应选用感烟探测器。

②火灾发展迅速,产生大量的热、烟和火焰辐射,可选用感温探测器、感烟探测器、火焰探测器或其组合。

③火灾发展迅速,有强烈的火焰辐射和少量的烟、热,应选用火焰探测器。

④根据火焰形成的特点进行模拟试验,根据试验结果选择探测器。

⑤对使用、生产或聚集可燃气体蒸气的场所或部位,应选用可燃气体探测器。

2)探测器的选择

高层建筑及其有关部位探测器类型的选择见表6.3。

表6.3　高层民用建筑及其有关部位火灾探测器类型的选择

项目	设置场所	火灾探测器类型											
		差温式			差定温式			定温式			感烟式		
		Ⅰ级	Ⅱ级	Ⅲ级	Ⅰ级	Ⅱ级	Ⅲ级	Ⅰ级	Ⅱ级	Ⅲ级	Ⅰ级	Ⅱ级	Ⅲ级
1	剧场、电影院、礼堂、会场、百货公司、商场、旅馆、饭店、集体宿舍、公寓、住宅、医院、图书馆、博物馆等	△	○	○	○	○	○	○	△	△	×	○	○
2	厨房、锅炉房、开水间、消毒室等	×	×	×	×	×	×	△	○	○	×	×	×
3	进行干燥、烘干的场所	×	×	×	×	×	×	△	○	○	×	×	×
4	有可能产生大量蒸气的场所	×	×	×	×	×	×	△	○	○	×	×	×
5	发电机市场、立体停车场、飞机库等	×	○	○	○	○	○	○	○	×	×	△	○
6	电视演播室、电影放映室	×	×	△	×	×	△	○	○	○	×	○	○
7	在项目1中差温式及差定温式有可能不预报的场所	×	×	×	×	×	×	○	○	○	○	○	○
8	发生火灾时温度变化缓慢的小房间	×	×	×	○	○	○	○	○	○	○	○	○
9	楼梯及倾斜路	×	×	×	×	×	×	×	×	×	△	○	○
10	走廊及通道	×	×	×	×	×	×	×	×	×	△	○	○
11	电梯竖井、管道井	×	×	×	×	×	×	×	×	×	△	○	○
12	电子计算机房、通信机房	△	×	×	△	×	×	△	×	×	△	○	○
13	书库、地下仓库	△	○	○	△	○	○	○	○	○	△	○	○
14	吸烟室、小会议室等	×	×	○	○	○	○	○	×	×	×	○	○

注:1.○表示适于使用;
　　2.△表示根据安装场所等状况,限于能够有效地探测火灾发生的场所使用;
　　3.×表示不适于使用。

· 6.2.2 探测报警区域的划分 ·

1)防火和防烟分区

①高层建筑内应采用防火墙、防火卷帘等划分防火分区,每个防火区允许最大建筑面积不应超过表6.4的规定。

表6.4 防火分区允许最大建筑面积

建筑类别	每个防火分区建筑面积/m²
一类建筑	1 000
二类建筑	1 500
地下室	500

注:设有自动喷水灭火系统的防火分区,其允许最大建筑面积可按本表增加1倍;

当局部设置灭火系统时,增加面积可按局部面积的1倍计算。

②对于高层建筑内的商业营业厅、展览厅等,当设有火灾报警系统和自动灭火系统,且采用不燃烧材料或难燃烧材料装修时,地上部分防火分区允许最大建筑面积为4 000 m²,地下部分防火分区允许最大建筑面积为2 000 m²。

③当高层建筑与其裙房之间设有防火墙等防火分割措施时,其裙房的防火分区允许最大建筑面积不应大于2 500 m²;当设有自动喷水灭火系统时,防火分区最大建筑面积可增加1倍。

④当高层建筑内设有上下层相连通的走廊、敞开楼梯、自动扶梯、传送带等开口部位时,应将上下连通层作为一个防火分区,其允许最大建筑面积之和不应超过表4.6的规定。当上下开口部位设有耐火极限大于3.0 h的防火卷帘或水幕等分割时,其面积可不叠加计算。

⑤高层建筑中的防火分区面积应按上下层连通的面积叠加计算,当超过一个防火分区面积时,应符合下列规定:

a.房间与中厅回廊相通的门、窗,应设自行关闭的一级防火门、窗。

b.与中厅相通的过厅、通道等,应设一级防火门或耐火极限大于3.0 h的防火卷帘分割。

c.中厅每层回廊应设有自动灭火系统。

d.中厅每层回廊应设火灾报警系统。

e.设排烟设施的走道,净高不超过6.0 m的房间,应采用挡烟垂壁、隔墙或从顶棚下突出不小于0.5 m的梁划分防烟分区。

f.每个防烟分区的建筑面积不应超过500 m²,且防烟分区不应跨越防火分区。

2)报警区域划分

报警区域是指将火灾报警系统所监视的范围按防火分区或楼层布局划分的单元。一个报警区域一般是由一个或相邻几个防火分区组成的。对于高层建筑来说,一个报警监视区域一般不宜超出一个楼层。视具体情况和建筑物的特点,可按防火分区或按楼层划分报警区域。一般保护对象的主楼以楼层划分比较合理,而裙房一般按防火分区划分为宜。有时将独立于主楼的建筑物单独划分报警区域。

对于总线制或智能型报警控制系统,一个报警区域一般可设置一台区域显示器。

3)探测区域划分

探测区域是指将报警区域按部位划分的单元。一个报警区域通常面积比较大,为了快速、准确、可靠地探测出被探测范围的哪个部位发生火灾,有必要将被探测范围划分成若干区域,这就是探测区域。探测区域也是火灾探测器探测部位编号的基本单元。探测区域可以是由一只或多只探测器组成的保护区域。

①通常探测区域是按独立房(套)间划分的,一个探测区域的面积不宜超过 500 m²。在一个面积比较大的房间内,如果从主要入口能看清其内部,且面积不超过 1 000 m²,也可划分为一个探测区域。

②符合下列条件之一的非重点保护建筑,可将整个房间划分成一个探测区域。

a.相邻房间不超过 5 间,总面积不超过 400 m²,并在每个门口设有灯光显示装置。

b.相邻房间不超过 10 间,总面积不超过 1 000 m²,在每个房间门口均能看清其内部,并在门口设有灯光显示装置。

③下列场所应分别单独划分探测区域:

a.敞开和封闭楼梯间。

b.防烟楼梯间前室、消防电梯间前室、消防电梯与防烟楼梯间合用的前室。

c.走道、坡道、管道井、电缆隧道。

d.建筑物闷顶、夹层。

④较好地显示火灾自动报警部位,一般以探测区域作为报警单元,但对非重点建筑当采用非总线制时,也可考虑以分路作为报警显示单元。

合理、正确地划分报警区域和探测区域,常能在火灾发生时,有效可靠地发挥防火系统报警装置的作用,在着火初期快速发现火情部位,及早采取消防灭火措施。

· 6.2.3 探测器的设置 ·

1)一般规定

①探测区域内的每个房间至少应设置一只火灾探测器。

②感烟、感温探测器的保护面积和保护半径应按表 6.5 确定。

表 6.5 感温探测器的保护面积和保护半径表

火灾探测器的种类	地面面积 S/m^2	房间高度 h/m	探测器的保护面积 A 和保护半径 R					
			屋顶坡度 θ					
			$\theta \leq 15°$		$15° < \theta \leq 30°$		$\theta > 30°$	
			A/m^2	R/m	A/m^2	R/m	A/m^2	R/m
感烟探测器	≤ 80	≤ 12	80	6.7	80	7.2	80	8.0
	> 80	$6 < h \leq 12$	80	6.7	100	8.0	120	9.9
		≤ 6	60	5.8	80	7.2	100	9.0
感温探测器	≤ 30	≤ 8	30	4.4	30	4.9	30	5.5
	> 30	≤ 8	20	3.6	30	4.9	40	6.3

③在宽度小于 3.0 m 的走廊顶棚上设置探测器时,宜居中布置。感温探测器的安装间距不应超过 10 m,感烟探测器的安装间距不应超过 15 m。探测器至端墙的距离不应大于探测器安装距离的一半。

④探测器至墙壁、梁边的水平距离不应小于 0.5 m。

⑤探测器周围 0.5 m 内不应有遮挡物。

⑥探测器与空调送风口边的水平距离不应小于 1.5 m,并应接近回风口安装。

⑦顶棚较低(小于 2.2 m)且狭小(面积不大于 10 m²)的房间,安装感烟探测器时,宜设置在入口附近。

⑧在楼梯间、走廊等处安装感烟探测器时,应设在不直接受外部风吹的位置。当采用光电感烟探测器时,应避免日光或强光直射探测器。

⑨在与厨房、开水房、浴室等房间连接的走廊安装探测器时,应在距其入口边沿 1.5 m 处安装。

⑩电梯井、未按每层封闭的管道井(竖井)等安装火灾探测器时,应在最上层顶部安装。在下述场所可以不安装火灾探测器:

a.隔断楼板高度在 3 层以下且完全处于水平警戒范围内的管道井(竖井)及其他类似的场所。

b.垃圾井顶部,若要安装火灾探测器则检修困难的平顶。

⑪安装在顶棚上的探测器边缘,与下列设施的边缘水平间距应保持以下距离:

a.与照明灯具的水平距离不应小于 0.2 m。

b.感温探测器距高温光源灯具(卤乌灯、容量大于 100 W 的白炽灯等)的净距不应小于 0.5 m。

c.距电风扇的净距不应小于 1.5 m。

d.距不突出的扬声器的净距离不应小于 0.1 m。

e.与各种自动灭火喷头净距离不应小于 0.3 m。

f.距多孔送风顶棚孔口的净距离不应小于 0.5 m。

g.与防火门、防火卷帘的间距,一般在 1~2 m 的适当位置。

⑫在梁突出顶棚的高度小于 200 mm 的顶棚上设置感烟、感温探测器时,可不考虑探测器保护面积的影响。

当梁突出顶棚的高度超过 600 mm 时,被梁隔断的每个梁间区域应至少设置一个探测器,如图 6.1 所示。

当被梁隔断的区域面积,超过一只探测器的保护范围面积时,应将被隔断的区域视为一个探测区,如图 6.2 所示。

⑬对锯齿形屋顶和屋顶坡度大于 15° 的人字形屋顶,应在屋顶最高处设置一排探测器,探测器距屋顶最高处的距离应符合表 6.6 的规定。

⑭探测器应水平安装,如必须倾斜安装,倾斜角不宜大于 45°。

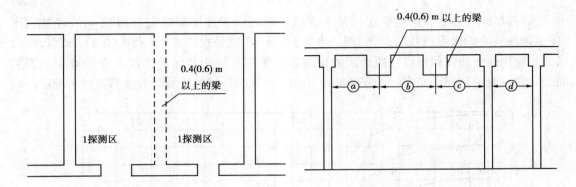

图 6.1 探测器在有梁顶棚的保护范围   图 6.2 探测器在有梁场所的保护范围

表 6.6

探测器的安装高度 h/m	感烟探测器下表面距顶棚的距离 d/mm					
	顶棚坡度 θ					
	θ≤15°		15°<θ≤30°		θ>30°	
	最小	最大	最小	最大	最小	最大
h<6	36	200	200	300	300	500
6<h≤8	70	250	250	400	400	600
8<h≤10	100	300	300	500	500	700
10<h≤12	150	350	350	600	600	800

2）火灾探测器的安装间距及布置

（1）一个探测区域内所需设置的探测器数计算

$$N \geqslant \frac{S}{K \cdot A}(N \text{取整数}) \tag{6.1}$$

式中　S——一个探测区域的面积；

　　　A——一个探测器的保护面积；

　　　K——修正系数，重点建筑取 0.7～0.9，非重点建筑取 1.0。

（2）火灾探测器的安装间距及布置

探测器的安装距离定义为 2 只相邻的火灾探测器中心连线的长度。当探测区域为矩形时，则 a 称为横向安装间距，b 为纵向安装间距。探测器按正方形布置时，才有 $a=b$。

一个探测器的保护面积理论上应是一个同心圆。如果选择时按同心圆面积计算选择，而实际布置时，这个同心圆面积是无法全部利用的。所以，探测器的保护面积 A 给出的是一个矩形或方形有效保护面积。探测器的保护面积 A、保护半径 R 与安装间距 a,b 具有下列近似关系，即：

$$A = a \cdot b \tag{6.2}$$

$$2R = \sqrt{a^2 + b^2} \tag{6.3}$$

$$D_i = 2R \qquad (6.4)$$

工程设计中，为了尽快地确定出某个探测区域内火灾探测器的安装间距 a、b，经常利用"安装间距 a，b 的极限曲线"，见图 6.3。事实上，图 6.3 就是根据表 6.5 和式(6.2)~式(6.4)绘出的。应用这一曲线就可以按照选定的探测器的保护面积 A 和保护半径 R 立即确定出安装间距 a 和 b 取值范围。而实际的安装间距 a 和 b 由探测区域的探测器数量和布置来确定。

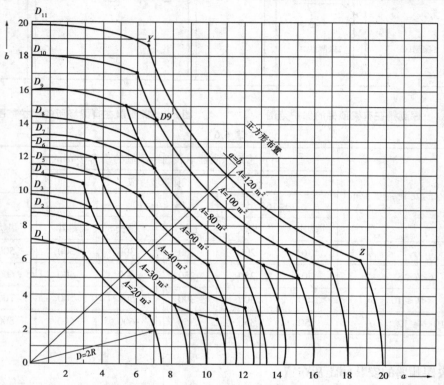

图 6.3　由探测器的保护面积 A 和保护半径 R 确定探测器的安装间距 a，b 的极限曲线

为说明表 6.5 和图 6.3 及式(6.1)~式(6.4)的工程应用，下面给出一个例子。

【例 6.1】　有一个生产车间，地面尺寸为 30 m×40 m，无过梁，屋顶坡度为 15°，房间高度为 8 m，使用感烟探测器监测。试问，应选用多少只探测器和如何布置这些探测器？

解：　①确定感烟探测器的保护面积和保护半径：

探测区域面积 S = 30 m×40 m = 1 200 m² > 80 m²。

房间高度 h = 8 m，即 6 m < h ≤ 12 m。

屋顶坡度 θ = 15°，即 θ ≤ 15°。

由表 6.5 可查得，感烟探测器的保护面积 A = 80 m²，保护半径 R = 6.7 m。

②计算所需探测器配置数 N。

考虑该车间为非重点建筑物，故 K = 1，于是按式(6.1)有：

$$N \geqslant \frac{S}{K \cdot A} = \frac{1\ 200\ \text{m}^2}{1 \times 80\ \text{m}^2} = 15\ \text{只}$$

③确定探测器的安装间距 a、b 和布置。

首先,由保护半径 R 确定 D_i——极限曲线号,$D_i=2R=2×6.7\ m=13.4\ m$,由图 6.3 可确定 $D_i=D_7$,即应当利用 D_7——极限曲线确定 a 和 b。a 的取值可为 $7\sim11.4$,对应的 b 可在 $11.4\sim7$。

其次,根据现场实际(即 $S=30\ m×40\ m$)布置探测器,选 $a=8\ m$,$b=10\ m$,布置如图 6.4 所示。横向布置 5 只,纵向布置 3 只,总计 $N=3×5=15$ 只。

④校核按安装间距 a、b 布置后,探测器到最远水平距离 r 是否在探测保护半径 R 范围内。

参考图 6.4,按式(6.3)可算得:

$$r=\sqrt{\left(\frac{a}{2}\right)^2+\left(\frac{b}{2}\right)^2}=\sqrt{4^2+5^2}\ m=6.4\ m$$

$6.4\ m<R=6.7\ m$,在保护半径之内,说明上述计算及探测器布置是符合要求的。

由上述例子可知,一个探测区域的探测器数量不仅和其探测区域的面积有关;还和探测器的保护面积及实际布置有关,如将上述例子取 $a=10\ m$,$b=8\ m$,横向布置 4 只,纵向也必须布置 4 只,实际的 $N=16$ 只。而纵向的实际间距只有 7.5 m,没有充分利用探测器的保护半径。

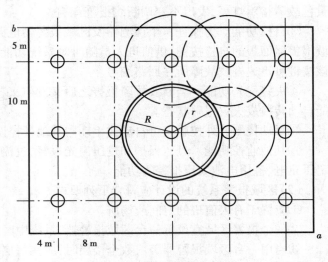

图 6.4　火灾探测器布置图

3)手动火灾报警按钮

手动火灾报警按钮是人工通过报警线路向报警中心,发出信息的一种方式,手动报警按钮的设置要求如下:

①报警区域内每个防火区,应至少设置一只手动报警按钮。从一个防火分区的任何位置到最邻近的一个手动报警按钮的步行距离,不宜大于 30 m。

②手动火灾报警按钮宜在下列部位装设:

a.楼层的楼梯间、电梯前室;

b.大厅、过厅、主要公共活动场所出入口;

c.餐厅、多功能厅等处的主要出入口;

d.主要通道等经常有人通过的地方。

③手动火灾报警按钮应在火灾报警控制器或消防控制室(值班)内监视,报警盘上有专用独立的报警显示部位号,不应与火灾自动报警显示部位号混合布置或排列,并有明显的标志。

④手动火灾报警按钮安装在墙上的高度应为 1.5 m,按钮盒应具有明显的标志和防误动作的保护措施。

· 6.2.4　火灾自动报警器 ·

目前我国大量生产的火灾自动报警器严格讲应算"火灾报警控制器"。它能给火灾探测器供电,并接收、显示和传递火灾报警等信号,对自动消防等装置发出控制信号。

根据建筑物的规模和防火要求,火灾自动报警系统可选用以下 3 种形式:区域报警系统;集中报警系统;控制中心报警系统。

1)区域报警控制器

（1）主要功能

①火灾自动报警功能。当区域报警器收到火灾探测器送来的火灾报警信号后,由原监控状态立即转为报警状态,发出报警信号,总火警红灯闪亮并记忆;发出变调火警音响,房号灯亮指出火情部位,电子钟停走指出首次火警时间,向集中报警器送出火警信号。

②断线故障自动报警功能。当探测器至区域报警器之间连线断路或任何连接处松动时,黄色故障指示灯亮,发出不变调断线报警音响。

③自检功能。为保证每个探测器及区域报警器电路单元始终处于正常工作状态,设在区域报警器面板的自检按键,供值班人员随时对系统功能进行检查,同时在断线故障报警时,用该按键可迅速查找故障所在回路编号。

④火警优先功能。当断线故障报警之后又发生火警信号或二者同时发生时,区域报警器能自动转换成火灾报警状态。

⑤联动控制。外控触点可自动或手动与其他外控设备联动。

⑥其他监控功能。过压保护和过压声光报警、过流保护、交直流自动切换,备用电池自动定压充电、备用电池欠压报警等功能。

（2）区域报警系统的设计应符合下列要求

①应置于有人值班的房间或场所。

②一个报警区域宜设置一台区域报警器,系统中区域报警控制器不应超过 3 台。

③当用一台区域报警器警戒数个楼层时,应在每层各楼梯口明显部位设识别楼层的灯光显示装置。

④区域报警器安装在墙上时,底边距地面的高度不应小于 1.5 m,靠近门轴的侧面距墙不应小于 0.5 m,正面操作距离不应小于 1.2 m。

2)集中报警控制器

集中报警控制器的功能大致和区域报警器相同,其差别是多增加了一个巡回检测电路。巡回检测电路将若干区域报警器连接起来,组成一个系统,巡检各区域报警器有无火灾信号或故障信号,及时指示火灾或故障发生的区域和部位(层号和房号),并发出声光报警信号。

集中报警系统的设计应符合下列要求:

①系统中应设有一台集中报警控制器和两台以上的区域报警控制器。

②集中报警控制器需从后面检修时,后面板距墙不应小于 1 m;当其一侧靠墙安装时,另一侧距墙不应小于 1 m。

③集中报警器的正面操作距离,当设备单列布置时不应小于 1.5 m,双列布置时不应小于 2 m;在值班人员经常工作的一面,控制盘距墙不应小于 3 m。

④集中报警控制器应设置在有人值班的专用房间或消防值班室内。

3)火灾报警控制器安装

区域报警控制器和集中报警控制器分为台式、壁挂式和落地式 3 种,如图 6.5 所示。

火灾报警控制器安装,一般应满足下列要求:

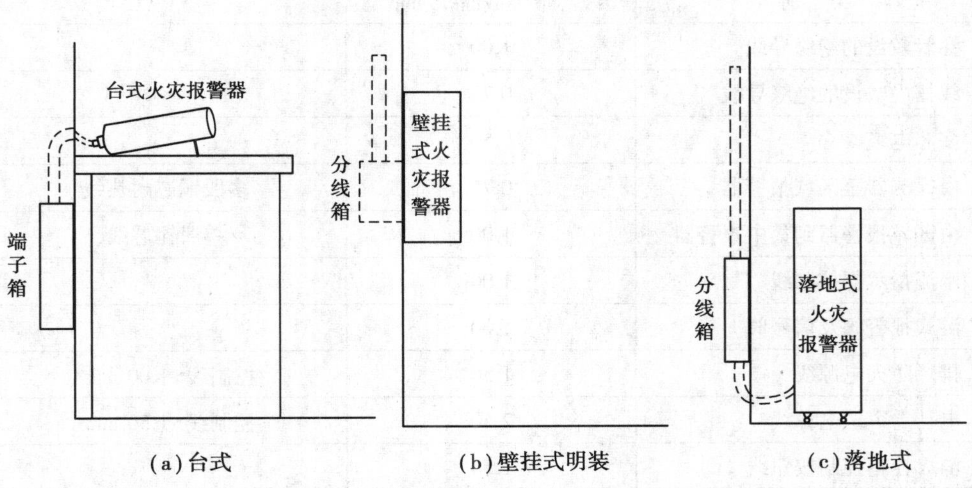

图6.5 火灾报警控制器安装示意图

①火灾报警控制器宜安装在专用房间或楼层值班室,也可设在经常有人值班的房间或场所,如确因建筑面积限制而不可能时,也可在过厅、门厅、走道的墙上安装,但安装位置应能确保设备的安全。

②引入火灾报警控制器的电缆或导线应符合下列要求:配线应整齐,避免交叉,并应固定牢靠;电缆芯线和所配导线的端部,均应标明编号,并与图纸一致,字迹清晰不易褪色;端子板的每个接线端上,接线不得超过2根;电缆芯和导线,应留有不小于20 cm的余量;导线应绑扎成束;导线引入线穿管后,在进线管处应封堵。

· *6.2.5 线路敷设* ·

①消防用电设备必须采用单独回路,电源直接取自配电室的母线,当切断工作电源时,消防电源不受影响,保证扑救工作的正常进行。

②火灾自动报警系统的传输线路,耐压不低于交流250 V。导线采用铜芯绝缘导线或电缆,而并不规定选用耐热导线或耐火导线。之所以这样规定,是因为火灾报警探测器传输线路主要是作早期报警用。在火灾初期阴燃阶段是以烟雾为主,不会出现火焰。探测器一旦早期进行报警就完成了使命。火灾发展到燃烧阶段时,火灾自动报警系统传输线路也就失去了作用。此时若有线路损坏,火灾报警控制器因有火警记忆功能,故也不影响其火警部位显示。因此,火灾报警探测器传输线路符合规定耐压即可。

③重要消防设备(如消防水泵、消防电梯、防烟排烟风机等)的供电回路,有条件时可采用耐火型电缆或采用其他防火措施以达防火配线要求。二类高低层建筑内的消防用电设备,宜采用阻燃型电线和电缆。

④火灾自动报警系统传输线路其芯线截面选择,除满足自动报警装置技术条件要求外,尚应满足机械强度的要求,导线的最小截面积不应小于表6.7的规定。

表 6.7 线芯最小截面

类　别	线芯最小截面积/mm²	备　注
穿管敷设的绝缘导线	1.00	
线槽内敷设的绝缘导线	0.75	
多芯电缆	0.50	
由探测器至区域报警器	0.75	多股铜芯耐热线
由区域报警器到集中报警器	1.00	单股铜芯线
水流指示器控制线	1.00	
湿式报警阀及信号阀	1.00	
排烟防火电源线	1.50	控制线>1.00 mm²
电动卷帘门电源线	2.50	控制线>1.50 mm²
消火栓箱控制按钮线	1.50	

⑤火灾自动报警系统传输线路采用屏蔽电缆时,应采取穿金属管或封闭线槽保护方式布线。消防联动控制、自动灭火控制、通讯、应急照明、紧急广播等线路,应采取金属管保护,并宜暗敷在非燃烧体结构内,其保护层厚度不应小于 30 mm。

⑥横向敷设的报警系统传输线路如采用穿管布线时,不同防火分区的线路不宜穿入同一根管内,如探测器报警线路采用总线制(2 线)时可不受此限。从接线盒、线槽等处引至探测器底座盒,控制设备接线盒、扬声器箱等的线路应加金属软管保护,但其长度不宜超过 1.5 m。建筑物内横向布放暗埋管的管路,管径不宜大于 40 mm。不宜在管路内穿太多的导线,同时还要顾及到结构安全的要求,上述要求主要是为了便于管理和维修。消防联动控制系统的电力线路,考虑到它的重要性和安全性,其导线截面的选择应适当放宽,一般加大一级为宜。

在建筑物各楼层内布线时,由于线路种类和数量较多,并且布线长度在施工时也受限制,若太长,施工及维修都不便,特别是给维护线路故障带来困难。为此,在各楼层宜分别设置火警专用配线箱或接线箱(盒)。箱体宜采用红色标志,箱内采用端子板汇接各种导线,并应按不同用途,不同电压、电流类别等需要分别设置不同端子板。并将交、直流电压的中间继电器,端子板加保护罩进行隔离,以保证人身安全和设备完好,对提高火警线路的可靠性等方面都是必要的。

整个系统线路的敷设施工应严格遵守现行施工及验收规范的有关规定。

6.3 消防联动控制设备与模块

· 6.3.1 消防联动控制设备 ·

1)消防联动控制装置组成

由于建筑物的规模(体量)和功能不同,其消防联动控制设备的种类也不同,常见的消防联动控制设备主要由下列部分或全部控制装置组成:

①火灾报警控制器。

②自动灭火系统的控制装置。

③室内消火栓系统的控制装置。

④防烟、排烟系统及空调通风系统的控制装置。

⑤常开防火门、防火卷帘门的控制装置。

⑥电梯回降控制装置。

⑦火灾应急广播控制装置。

⑧火灾报警控制装置。

⑨消防通信设备。

⑩火灾应急照明与疏散指示标志的控制装置。

2)消防控制室对消防设备的控制要求

现代的大规模建筑都设置有消防控制室(消防控制中心),消防控制室对消防设备的控制一般具有如下要求:

①控制消防设备的启、停,并显示其工作状态。

②除自动控制外,还应能手动直接控制消防水泵,防烟和排烟风机的启、停。

③显示火灾报警、故障报警部位。

④应有显示被保护建筑的重要部位、疏散通道及消防设备所在位置的平面图和模拟图等。

⑤显示系统供电电源的工作状态。

⑥消防控制室应设置火灾警报装置与应急广播的控制装置,其控制程序应符合下列要求:

a.二层及二层以上的楼层发生火灾,应先接通着火层及相邻的上下层;

b.首层发生火灾,应先接通本层、二层及地下各层;

c.地下室发生火灾,应先接通地下各层及首层;

d.含多个防火分区的楼层应先接通着火的防火分区及其相邻的防火分区。

⑦消防控制室的消防通信设备,应符合下列规定:

a.消防控制室与值班室、消防水泵房、变配电室、主要通风和空调机房、排烟机房、电梯机房、消防电梯轿厢以及与消防联动控制设备有关且经常有人值班的机房、灭火系统操作装置处或控制室等处应设置消防专用电话分机;

b.手动报警按钮、消火栓按钮等处宜设置电话塞孔;

c.消防控制室内应设置向当地公安消防部门直接报警的外线电话;

d.特级保护对象建筑物各避难层应每隔20 m设置一个火警专用电话分机或电话塞孔。

⑧消防控制室在确认火灾后应能切断该部位的非消防电源,并接通警报装置及火灾应急照明灯和疏散标志灯。

⑨消防控制室在确认火灾后应能控制电梯全部停于首层,并接收其反馈信号。

⑩消防控制室在确认火灾后应能解除所有疏散通道上的门禁控制功能。

3)消防控制设备的功能

消防控制设备要满足火灾报警与消防联动的控制要求,就需要具有一定的自动控制功能和显示工作状态的功能,消防控制设备应有下列控制、显示功能。

①消防控制设备对室内消火栓系统应有下列控制、显示功能:

a.控制消防水泵的启、停；

b.显示消防水池的水位状态、消防水泵的电源状态；

c.显示消防水泵的工作、故障状态；

d.显示启泵按钮启动的位置。

②消防控制设备对自动喷水和水喷雾灭火系统应有下列控制、显示功能：

a.控制系统的启、停；

b.显示消防水池的水位状态、消防水泵的电源状态；

c.显示消防水泵的工作、故障状态；

d.显示水流指示器、报警阀、安全信号阀的工作状态。

③消防控制设备对气体灭火系统应有下列控制、显示功能：

a.显示系统的手动、自动工作状态；

b.在报警、喷射各阶段，控制室应有相应的声、光警报信号，并能手动切除声响信号；

c.在延时阶段，应自动关闭防火门、窗，停止通风空调系统，关闭有关部位的防火阀；

d.被保护场所主要进出入口处，应设置手动紧急启、停控制按钮；

e.主要出入口上方应设气体灭火剂喷放指示标志灯及相应的声、光警报信号；

f.宜在防护区外的适当部位设置气体灭火控制盘的组合分配系统及单元控制系统；

g.气体灭火系统防护区的报警、喷放及防火门（帘）、通风空调等设备的状态信号应送至消防控制室。

④消防控制设备对泡沫灭火系统应有下列控制、显示功能：

a.控制泡沫泵及消防水泵的启、停；

b.控制泡沫灭火系统有关电动阀门的开启、关闭；

c.显示系统的工作状态。

⑤消防控制设备对干粉灭火系统应有下列控制、显示功能：

a.控制系统的启、停；

b.显示系统的工作状态。

⑥消防控制设备对常开防火门的控制应符合下列要求：

a.防火门任一侧的火灾探测器报警后，防火门应自动关闭；

b.防火门关闭信号应送到消防控制室。

⑦消防控制设备对防火卷帘的控制应符合下列要求：

a.疏散通道上的防火卷帘两侧，应设气体灭火系统置感烟、感温火灾探测器及其警报装置，且两侧应设置手动控制按钮；

b.疏散通道上的防火卷帘，应按下列程序自动控制下降：感烟探测器动作后卷帘下降至地面 1.8 m；感温探测器动作后，卷帘下降到底；

c.用作防火分隔的防火卷帘、火灾探测器后卷帘应下降到底；

d.感烟、感温探测器的报警信号及防火卷帘的关闭信号应送至消防控制室。

⑧火灾报警后，消防控制设备对防烟、排烟设施，应有下列控制、显示功能：

a.停止有关部位的空调机、送风机，关闭电动防火阀，并接收其反馈信号；

b.启动有关部位的防烟、排烟风机、排烟阀等，并接收其反馈信号；

c.控制防烟垂壁等防烟设施。

火灾报警与消防联动控制关系参见方框图6.6。

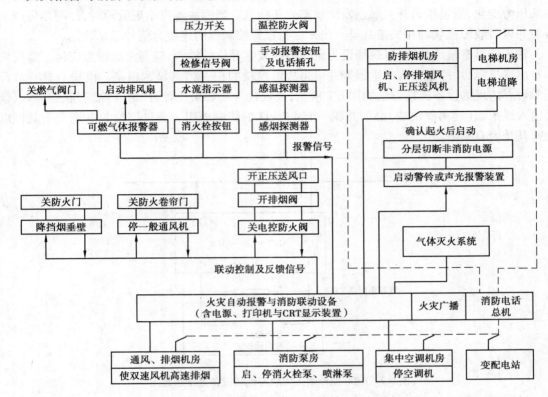

图6.6　火灾报警与消防联动控制关系方框图

· 6.3.2　功能模块 ·

消防联动控制设备的工作状态需要由火灾报警控制器实现自动控制,也可以由人工直接控制。将消防联动设备的工作状态信息(接通或断开)通过报警总线,反馈到火灾报警控制器的器件称为模块。

在火灾报警控制系统中,每个模块可以有独立的地址编码。将消防联动设备的工作状态信息传递给火灾报警控制器称为输入模块;将火灾报警控制器发出的动作信息传递给消防联动设备,称为输出模块;将火灾报警控制器发出的动作信息传递给消防联动设备,又将消防联动设备的工作状态变化信息传递给火灾报警控制器的称为输入/输出模块;单独的输出模块很少用。由于不同厂家的火灾报警控制器系统的模块种类有所不同,此处以GST(海湾)系列产品的模块组成作为案例,了解模块的基本情况,该系列产品可采用电子编码器完成编码设置,电子编码器相当于电视机的遥控器,安装后可一次性编码。

(1)GST—LD—8300型输入模块

通过输入模块,可将现场各种主动型设备,如:水流指示器、压力开关、位置开关、信号阀等有触点的状态变化信息接入到火灾报警控制器系统的报警总线上,进行报警。输入模块有独立的地址编码,并可通过火灾报警控制器来联动其他相关设备动作。

主动型设备是外界的其他条件变化使其动作,属于不需要接电源的无源设备。如闭式自动喷水灭火系统管网内有水流动,通过水流指示器的开关触点发出状态变化信息。如管网内水的压力变化,通过压力开关触点发出状态变化信息。当模块本身出现故障时,控制器将产生报警并可将故障模块的相关信息显示出来。与报警控制器的连接为信号二总线制。

输入端具有检线功能,可现场设为常闭检线或常开检线输入,应与无源触点连接。当模块本身出现故障时,控制器将产生报警并可将故障模块的相关信息显示出来。模块与具有常开无源触点的现场设备连接方法如图6.7所示,模块输入端如果设置为"常开检线"状态输入,模块输入线末端(远离模块端)必须并联一个4.7 kΩ的终端电阻。通过巡检的电流大小就可以判断其是否有故障。

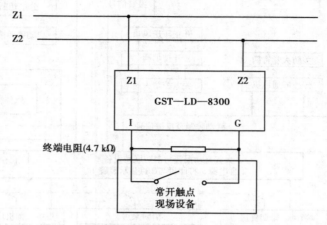

图6.7 8300型单输入模块与现场设备连接示意图

(2)GST—LD— 8301型单输入/单输出模块

此模块用于现场各种一次动作并有动作信号输出的被动型设备如:排烟阀、送风阀、防火阀等接入到控制总线上。被动型设备一般为报警控制器发出信号使其动作,属于需要外接电源的有源设备,其动作后向报警控制器回报信号。

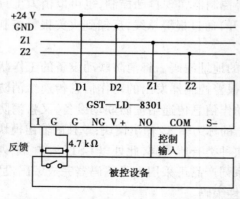

图6.8 8301型单输入/单输出模块与控制设备的接线示意图

模块内有一对常开、一对常闭触点,模块具有直流24 V电压输出,用于与继电器触点接成有源输出,满足现场设备无电源的不同需求。另外模块还设有开关信号输入端,用来和现场设备的开关触点连接,以便对现场设备是否动作进行确认。

线制:与控制器采用无极性信号二总线连接,与DC24V电源采用无极性电源二总线连接。模块与控制设备的接线示意图如图6.8所示(无源常开输入)。

Z1、Z2:接火灾报警控制器信号二总线,无极性;

D1、D2:DC24V电源输入端子,无极性;

I、G:与被控制设备无源常开触点连接,用于实现设备动作回答确认(也可通过电子编码器设为常闭输入或自回答);

COM、NO:无源常开输出端子(注意:此端子间有微弱检线电流);

NG、S-、V+、G:留用;

布线要求:信号总线 Z1、Z2 采用阻燃 RVS 型双绞线,截面积≥1.0 mm²;电源线 D1、D2 采用阻燃 BV 线,截面积≥1.5 mm²;G、NG、V+、NO、COM、S-、I 采用阻燃 RV 线,截面积≥1.0 mm²。

(3)GST—LD— 8302 型切换模块

GST—LD— 8302 型模块专门用来与 GST—LD— 8301 型模块配合使用,实现对现场大电流(直流)启动设备的控制及交流 220 V 设备的转换控制,以防由于使用 GST-LD-8301 型模块直接控制设备造成将交流电源引入控制系统总线的危险。常用于水泵电动机和风机电动机的控制。

本模块为非编码模块,不可直接与控制器总线连接,只能由 GST—LD— 8301 模块控制。模块具有一对常开、常闭输出触点。

线制:输入端采用两线制与 GST—LD— 8301 模块连接,无极性;输出端采用两线制与电源及受控设备无极性连接。

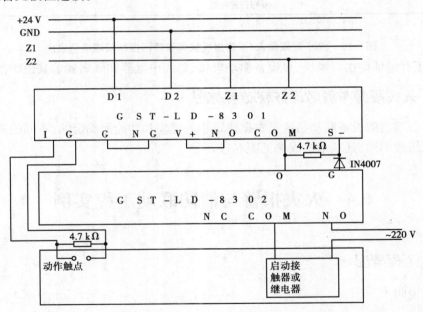

图 6.9   8302 型切换模块与被控设备连接示意图

(4)GST—LD— 8303 型双输入/双输出模块

GST—LD—8303 双输入/双输出模块是一种总线制控制接口,可用于完成对二步降防火卷帘门、水泵、排烟风机等双动作设备的控制。主要用于防火卷帘门的位置控制,能控制其从上位到中位,也能控制其从中位到下位,同时也能确认防火卷帘门是处于上、中、下的哪一个位置。该模块也可作为两个独立的 GST—LD—8301 单输入/单输出模块使用。

GST—LD—8303 双输入/输出模块具有两个编码地址,两个编码地址连续,最大编码为 242,可接收来自报警控制器的二次不同动作的命令,具有二次不同控制输出和确认两个不同输入回答信号的功能。GST—LD—8303 模块的编码方式为电子编码,在编入一个编码地址后,另一个编码地址自动生成为:编入地址+1。

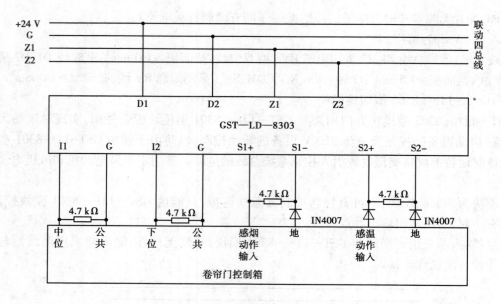

图 6.10　8303 型双输入／双输出模块与卷帘门控制箱连接示意图

另外,还有编址型接口模块、多设备驱动模块、总线中继器和隔离器等其他类型设备。

· 6.3.3　火灾报警与消防设备联动系统图 ·

火灾报警与消防设备联动系统是根据建筑物的规模和功能而确定的,不同的规模、不同的功能其系统组成不同,其基本组成参见图 6.11。

6.4　火灾报警与消防联动工程实例

· 6.4.1　工程概况 ·

1)工程说明

某综合楼,建筑总面积为 7 000 m²,总高度为 31.80 m,其中主体檐口至地面高度 23.80 m,各层基本数据见表 6.8,工程图见图 6.12~图 6.16。

表 6.8　某综合楼基本数据

层　数	面积/mm²	层高/m	主要功能
B1	915	3.40	汽车库、泵房、水池、配电室
1	935	3.80	大堂、服务、接待
2	1 040	4.00	餐饮
3~5	750	3.20	客房
6	725	3.20	客房、会议室

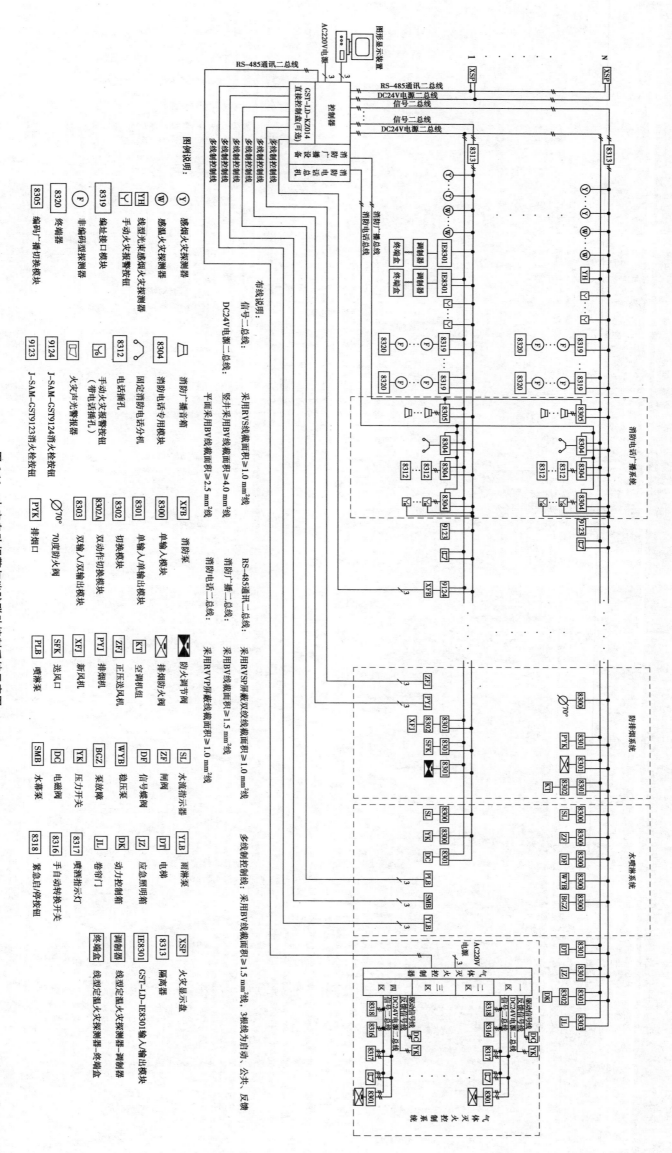

图 6.11 火灾自动报警与消防联动控制系统示意图

层　数	面积/mm²	层高/m	主要功能
7	700	3.20	客房、会议室
8	170	4.60	机房

①保护等级:本建筑火灾自动报警系统保护对象为二级。

②消防控制室与广播音响控制室合用,位于一层,并有直通室外的门。

③设备选择与设置:地下层的汽车库、泵房和楼顶冷冻机房选用感温探测器,其他场所选感烟探测器。

客房层火灾显示盘设置在楼层服务间,一层火灾显示盘设置在总服务台,二层火灾显示盘设置在电梯前室。

④联动控制要求:消防泵、喷淋泵和消防电梯为多线联动,其余设备为总线联动。

⑤火灾应急广播与消防电话:火灾应急广播与背景音乐系统共用,火灾时强迫切换至消防广播状态,平面图中竖井内 1825 模块即为扬声器切换模块。

消防控制室设消防专用电话,消防泵房、配电室、电梯机房设固定消防对讲电话、手动报警按钮带电话塞孔。

⑥设备安装:火灾报警控制器为柜式结构。火灾显示盘底边距地 1.5 m 挂墙安装,探测器吸顶安装,消防电话和手动报警按钮中心距地 1.4 m 暗装,消火栓按钮设置在消火栓箱内,控制模块安装在被控设备控制柜内或与其上边平行的近旁。火灾应急扬声器与背景音乐系统共用,火灾时强切。

⑦线路选择与敷设:消防用电设备的供电线路采用阻燃电线电缆沿阻燃桥架敷设,火灾自动报警系统传输线路、联动控制线路、通信线路和应急照明线路为 BV 线穿钢管沿墙、地和楼板暗敷。

2)火灾报警控制器及线制

现代的火灾报警控制器已经是计算机技术、通信技术、数字控制技术的综合应用,集报警与控制为一体。其报警部分接线形式多为 2 总线制(也有 3 总线或 4 总线)。所谓总线制,即每条回路只有 2 条报警总线(控制信号线和被控制设备的电源线不包括在内),应用了地址编码技术的火灾探测器、火灾报警按钮及其他需要向火灾报警中心传递信号的设备(一般是通过控制模块转换)等,都直接并接在总线上。

总线制的火灾报警控制器采用了先进的单片机技术,CPU 主机将不断地向各编址单元发出数字脉冲信号(称发码),当编址单元接收到 CPU 主机发来的信号,加以判断,如果编址单元的码与主机的发码相同,该编址单元响应。主机接收到编址单元返回来的地址及状态信号,进行判断和处理。如果编址单元正常,主机将继续向下巡检;经判断如果是故障信号,报警器将发出部位故障声光报警;发生火灾时,经主机确认后火警信号被记忆,同时发出火灾声光报警信号。

为了提高系统的可靠性,报警器主机和各编址单元在地址和状态信号的传播中,采用了多次应答、判断的方式。各种数据经过反复判断后,才给出报警信号。火灾报警、故障报警、火警记忆、音响、火警优先于故障报警等功能由计算机自动完成。

3)火灾报警设备的布线方式

火灾报警设备的布线方式可以分为树状(串形)接线和环形接线。

树状接线像一棵大树,在大树上有分支,但分支不宜过多,在同一点的分支也不宜超过3个。大多数产品用树状接线,总线的传输质量最佳,传输距离最长。

环形接线是一条回路的报警点组成一个闭合的环路,但这个环路必须是在火灾报警设备内形成的一个闭合环路,这就要求火灾报警设备的出口每条回路最少为4条报警总线(2总线制)。环形接线的优点是环路中某一处发生断线,可以形成2条独立的回路,仍可继续工作。

4)编码开关

各信息点(火灾探测器、火灾报警按钮或控制模块等)的安装底座上都设置有编码电路和编码开关,编码开关多数为7位,采用2进制方式编码(也有其他的编码方式),每个位置的开关代表的数字为2^{n-1},即1,2,3,4,5,6,7位开关分别对应的数字为1,2,4,8,16,32,64。当分别合上不同位置的开关,再将其代表的数字累加起来,就代表其地址编码位号,7位编码开关可以编到127号。

例如,某个火灾探测器底座合上的是2,5,7位置的开关,其数字为:$2^{2-1}+2^{5-1}+2^{7-1}=2+16+64=82$,其地址码为82号。因此,在设计和安装时,只要将该条回路的编址单元(信息点)编成不同的地址码,与总线制的火灾报警控制器组合,就能实现火灾报警与消防联动的控制功能了。

当发生火灾时,某个火灾探测器电路导通,报警总线就有较大的电流通过(毫安级),火灾报警控制器接到信息,再用数字脉冲巡检,对应的火灾探测器就能将其数字脉冲接收,火灾报警控制器就可以知道是哪个火灾探测器报警。没有发生火灾时,火灾报警控制器也在发数字脉冲进行巡检,通过不同的反馈信息,就可以得出某个火灾探测器是否报警、有故障及丢失等。

5)编址型与非编址型混用连接

一般编址型火灾探测器价格高于非编址型,为了节省投资,采用编址型与非编址型混合应用的情况在开关量火灾报警系统中比较常见。再者为了使每条回路的保护面积增大,或者有的房间探测区域虽然比较大,但只需要报一个地址号,即数个探测器共用一个地址号并联使用。混用连接一般是采用母底座带子底座方式,只有母底座安装有编码开关,也就是子底座的信息是通过母底座传递的,几个火灾探测器共用一个地址号,一个母底座所带的子底座一般不超过4个。

· 6.4.2 系统图分析 ·

1)工程图的基本情况

图6.12为火灾报警与消防联动控制系统图,图6.13为地下层火灾报警与消防联动控制平面图,图6.14为1层火灾报警与消防联动控制平面图,图6.15为2层火灾报警与消防联动控制平面图,图6.16为3层火灾报警与消防联动控制平面图。4层、5层与3层相同,缺少6,7,8层资料,但作为介绍分析方法已经足够了。

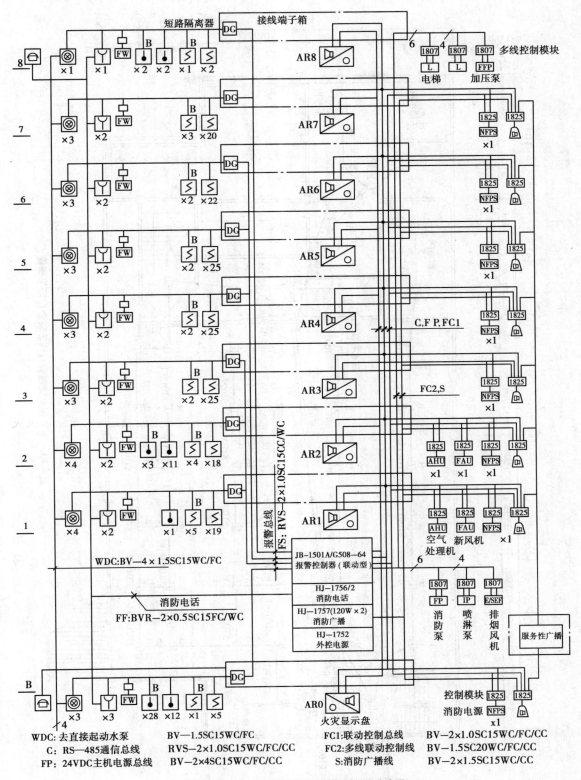

图6.12 火灾报警与消防联动控制系统图

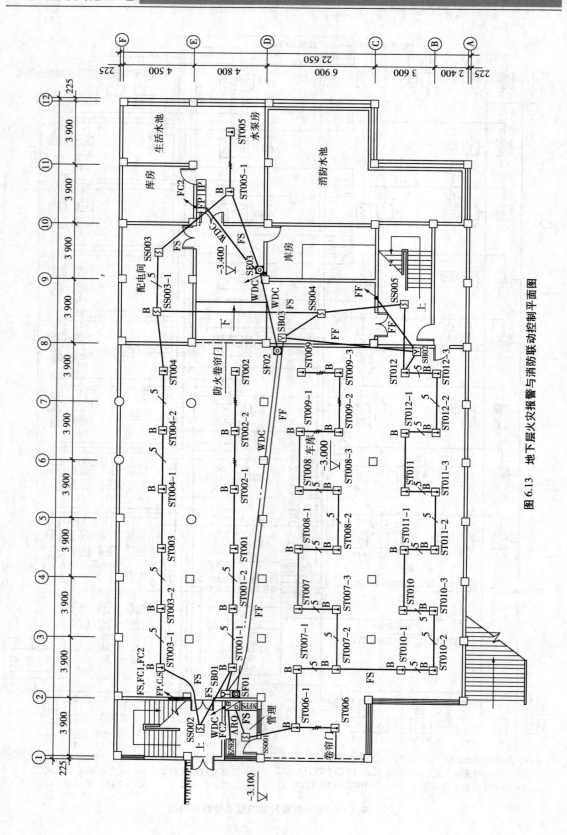

图 6.13　地下层火灾报警与消防联动控制平面图

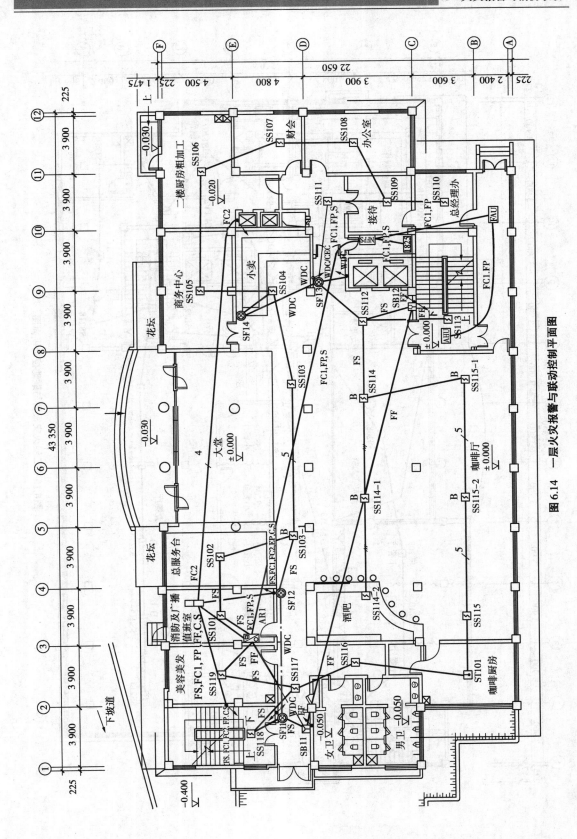

图 6.14 一层火灾报警与联动控制平面图

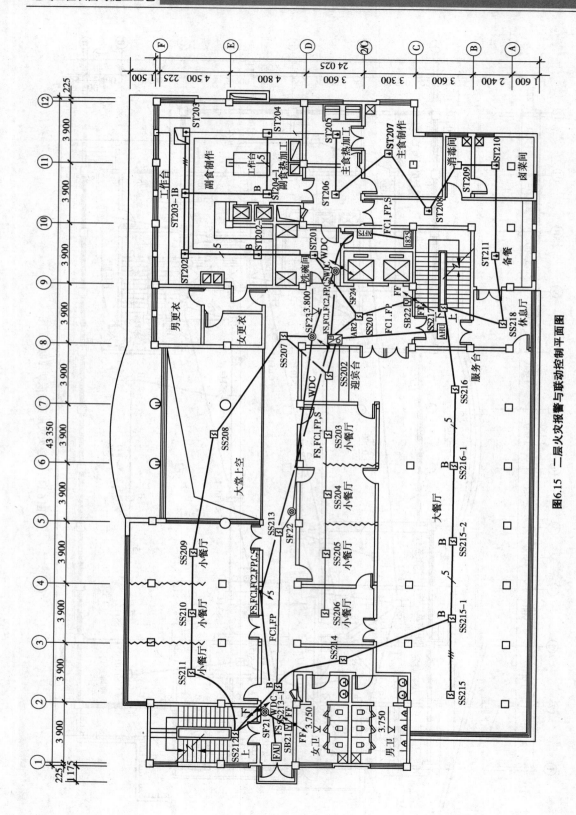

图6.15 二层火灾报警与联动控制平面图

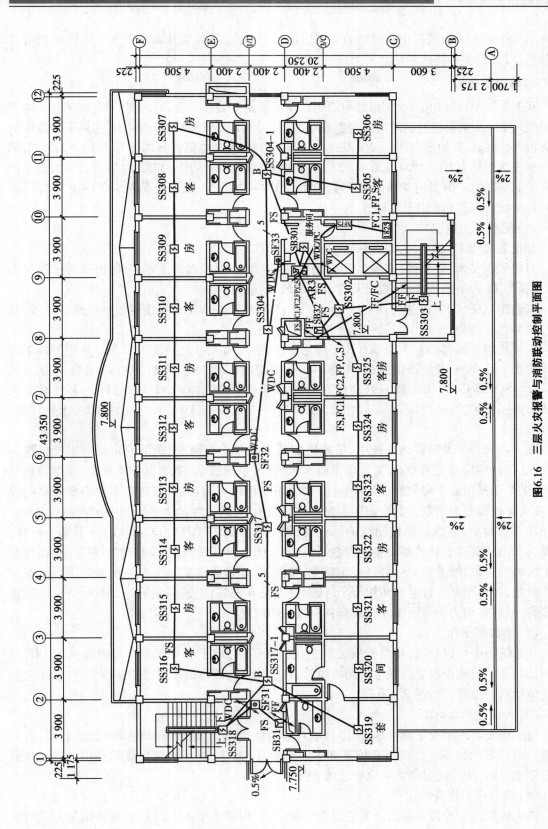

图6.16 三层火灾报警与消防联动控制平面图

从 5 张图和工程概况中所得到的文字信息并不多,这就需要从系统图和平面图中进行对照分析,可以得到一些工程信息。

2)系统图分析

从系统图中可以知道,火灾报警与消防联动设备是安装在一层,对应图 6.14,安装在消防及广播值班室。火灾报警与消防联动控制设备的型号为 JB 1501A/G508—64,JB 为国家标准中的火灾报警控制器,其他多为产品开发商的系列产品编号;消防电话设备的型号为 HJ—1756/2;消防广播设备型号为 HJ—1757(120 W×2);外控电源设备型号为 HJ—1752,这些设备一般都是产品开发商配套的。JB 共有 4 条回路总线,可编为 JN1~JN4,JN1 用于地下层,JN2 用于 1,2,3 层,JN3 用于 4,5,6 层,JN4 用于 7,8 层。

(1)配线标注情况

其报警总线 FS 标注为:RVS—2×1.0SC15CC/WC。

对应的含义为:软导线(多股)、塑料绝缘、双绞线;2 根截面为 1 mm²;保护管为水煤气钢管,直径为 15 mm;沿顶棚、暗敷设及有一段沿墙、暗敷设。

其消防电话线 FF 标注为:BVR—2×0.5 SC15FC/WC。BVR 为布线用塑料绝缘软导线,其他与报警总线类似。

火灾报警控制器的右手面也有 5 个回路标注,依次为:C,FP,FC1,FC2,S。对应图的下面依次说明。C:RS—485 通信总线 RVS—2×1.0SC15WC/FC/CC;FP:24VDC 主机电源总线 BV—2×4SC15WC/CC;FC1:联动控制总线 BV—2×1.0SC15WC/FC/CC;FC2:多线联动控制线 BV—1.5SC20WC/FC/CC;S:消防广播线 BV—2×1.5SC15WC/CC。这些标注比较详细,较好理解。

在火灾报警与消防联动系统中,最难懂的是多线联动控制线,所谓消防联动主要指这部分,而这部分的设备是跨专业的,比如消防水泵、喷淋泵的启动;防烟设备的关闭,排烟设备的打开;工作电梯轿厢下降到底层后停止运行,消防电梯投入运行等,究竟有多少需要联动的设备,在火灾报警与消防联动的平面图上是不进行表示的,只有在动力平面图中才能表示出来。

在系统图中,多线联动控制线的标注为:BV—1.5SC20WC/FC/CC;多线,即不是一根线,究竟为几根线就要看被控制设备的点数了,从系统图中可以看出,多线联动控制线主要是控制在 1 层的消防泵、喷淋泵、排烟风机(消防泵、喷淋泵、排烟风机实际是安装在地下层),其标注为 6 根线,在 8 层有 2 台电梯和加压泵,其标注也是 6 根线,应该标注的是 2(6×1.5),但究竟为多长,只有在动力平面图中才能找到各个设备的位置。

(2)接线端子箱

从系统图中可以知道,每层楼安装一个接线端子箱,端子箱中安装有短路隔离器 DG,其作用是当某一层的报警总线发生短路故障时,将发生短路故障的楼层报警总线断开,就不会影响其他楼层的报警设备正常工作了。

(3)火灾显示盘 AR

每层楼安装一个火灾显示盘,可以显示对应的楼层,显示盘接有 RS—485 通信总线,火灾报警与消防联动设备可以将信息传送到火灾显示盘 AR 上,显示火灾发生的楼层。显示盘因为有灯光显示,所以还要接主机电源总线 FP。

(4)消火栓箱报警按钮

消火栓箱报警按钮也是消防泵的启动按钮(在应用喷水枪灭火时),消火栓箱是人工用喷水枪灭火最常用的方式。当人工用喷水枪灭火时,如果给水管网压力低,就必须启动消防泵,消火栓箱报警按钮是击碎玻璃式(或有机玻璃),将玻璃击碎(也有按压式,需要专用工具将其复位),按钮将自动动作,接通消防泵的控制电路,及时启动消防水泵(如过早启动水泵,喷水枪的压力会太高,使消防人员无法手持水枪)。同时也通过报警总线向消防报警中心传递信息。因此,每个消火栓箱报警按钮也占一个地址码。

在该系统图中,纵向第 2 排图形符号为消火栓箱报警按钮,×3 代表地下层有 3 个消火栓箱,见图 6.7,报警按钮的编号为 SF01,SF02,SF03。消火栓箱报警按钮的连接线为 4 根线,为什么是 4 线,这是因为消火栓箱内还有水泵启动指示灯,而指示灯的电压为直流 24 V 的安全电压,因此形成了 2 个回路,每个回路仍然是 2 线。线的标注是 WDC:去直接启动水泵控制线。同时每个消火栓箱报警按钮也与报警总线相接。

(5)火灾报警按钮

火灾报警按钮是人工向消防报警中心传递信息的一种方式,一般要求在防火区的任何地方至火灾报警按钮不超过 30 m,纵向第 3 排图形符号是火灾报警按钮。火灾报警按钮也是击碎玻璃式或按压玻璃式,发生火灾而需要向消防报警中心报警时,击碎火灾报警按钮玻璃就可以通过报警总线向消防报警中心传递信息。每一个火灾报警按钮也占一个地址码。×3 代表地下层有 3 个火灾报警按钮,见图 6.13,火灾报警按钮的编号为 SB01,SB02,SB03。同时火灾报警按钮也与消防电话线 FF 连接,每个火灾报警按钮板上都设置有电话插孔,插上消防电话就可以用,其 8 层纵向第 1 个图形符号就是电话符号。火灾报警按钮与消火栓箱报警按钮是不能相互替代的,火灾报警按钮是可以实现早期人工报警的;而消火栓箱报警按钮只有在应用喷水枪灭火时才能进行人工报警。

(6)水流指示器

纵向第 4 排图形符号是水流指示器 FW,每层楼一个。由此可以推断出,该建筑每层楼都安装有自动喷淋灭火系统。火灾发生超过一定温度时,自动喷淋灭火的闭式喷头感温元件熔化或炸裂,系统将自动喷水灭火,此时需要启动喷淋泵加压。水流指示器安装在喷淋灭火给水的支干管上,当支干管有水流动时,其水流指示器的电触点闭合,通过控制模块接入报警总线,向消防报警中心传递信息。每一个水流指示器也占一个地址码。喷淋泵是通过压力开关启动加压的。水流指示器与控制模块在平面图的位置没有定,所以平面图上暂时无设备的连接线。

(7)感温火灾探测器

在地下层、1、2、8 层安装有感温火灾探测器。感温火灾探测器主要应用在火灾发生时,很少产生烟或平时可能有烟的场所,例如车库、餐厅等地方。纵向第 5 排图形符号上标注 B 的为子座,6 排没有标注 B 的为母座,例如图 6.13,编码为 ST012 的母座带有 3 个子座,分别编码为 ST012—1,ST012—2,ST012—3,此 4 个探测器只有一个地址码。子座接到母座是另外接的 3 根线,ST 是感温火灾探测器的文字符号。有的系统子座接到母座是 2 根线。

(8)感烟火灾探测器

该建筑应用的感烟火灾探测器数量比较多,7 排图形符号上标注 B 的为子座,8 排没有标注 B 的为母座,SS 是感烟火灾探测器的文字符号。

(9)其他消防设备

系统图的右面基本上是联动设备,而 1807、1825 是控制模块,该控制模块是将报警控制器送出的控制信号放大,再控制需要动作的消防设备。空气处理机 AHU 和新风机 FAU 是中央空调设备,发生火灾时,要求其停止运行,控制模块1825就是通知其停止运行的信号。新风机FAU共有2台,在一层是安装在右侧楼梯走廊处,在二层是安装在左侧楼梯前厅。消防电源切换配电箱和消防广播切换箱安装在电梯井道后面的电气井的配电间内,火灾发生时需要切换消防电源,消防电源切换箱的文字代号为NFPS。广播有服务广播和消防广播,两者的扬声器合用,发生火灾时切换成消防广播。消防广播切换箱在平面图上用1825模块代替。

· 6.4.3 平面图分析 ·

1)配线基本情况

在系统图中我们已经了解到该建筑火灾报警与消防联动系统的报警设备等的种类、数量和连接导线的功能、数量、规格及敷设方式。系统图中的报警设备只反映某层有哪些设备,没有反映设备的具体位置,其连接导线的走向也就无法反映了,但系统图可以帮助我们阅读平面图。

阅读平面图时,要从消防报警中心开始。消防报警中心在一层,将其与本层及上、下层之间的连接导线走向关系搞清楚,就容易理解工程情况了。在系统图中,我们已经知道连接导线按功能分共有8种,即FS、FF、FC1、FC2、FP、C、S和WDC。其中来自消防报警中心的报警总线FS必须先进各楼层的接线端子箱(火灾显示盘AR)后,再向其编址单元配线;消防电话线FF只与火灾报警按钮有连接关系;联动控制总线FC1只与控制模块1825所控制的设备有连接关系;联动控制线FC2只与控制模块1807所控制的设备有连接关系;通信总线C只与火灾显示盘AR有连接关系;主机电源总线FP与火灾显示盘AR和控制模块1825所控制的设备有连接关系;消防广播线S只与控制模块1825中的扬声器有连接关系。而控制线WDC只与消火栓箱报警按钮有连接关系,再配到消防泵,与消防报警中心无关系。

从图6.14的消防报警中心可以知道,在控制柜的图形符号中,共有4条线路向外配线,为了分析方便,我们编成N1、N2、N3、N4。其中N1配向②轴线(为了文字分析简单,只说明在较近的横向轴线,不考虑纵向轴线,读者可以在对应的横轴线附近找),有FS、FC1、FC2、FP、C、S等6种功能的导线,再向地下层配线;N2配向③轴线,本层接线端子箱(火灾显示盘AR1),再向外配线,通过全面分析可以知道有FS、FC1、FP、S、FF、C等6种功能线;N3配向④轴线,再向二层配线,有FS、FC1、FC2、FP、S、C等6种;N4配向⑩轴线,再向地下层配线,只有FC2一种功能的导线(4根线)。这4条线路都可以沿地面暗敷设。

2)N2线路分析

(1)基本情况

③轴线的接线端子箱(火灾显示盘)共有4条出线,即配向②轴线SB11处的FF线;配向⑩轴线电源配电间的NFPS处,有FC1、FP、S功能线;配向SS101的FS线;配向SS119的FS线。另一条为进线。

该建筑设置的感烟火灾探测器文字符号标注为SS,感温火灾探测器为ST,火灾报警按钮为SB,消火栓箱报警按钮为SF。其数字排序按种类各自排,例如SS115为一层第15号地址码的感烟火灾探测器,ST101为一层第1号地址码的感温火灾探测器。有母座带子座的,子座又编为SS115—1、SS115—2等。

(2)N2线路的总线配线

先分析配向SS101的FS线,用钢管沿墙暗配到顶棚,进入SS101的接线底座进行接线,再配到 SS102,依此类推,直到 SS119 而回到火灾显示盘,形成了一个环路。如果该系统的火灾显示盘具有环形接线报警器的功能,这个环路就是环形接线,否则仍然是树状接线。

在这个环路中也有分支,例如 SS110、SB12、SF14 等,其目的是减少配线路径。

在 SS115—1、SS115—2、SS115 之间配 5 根线的原因是母座与子座之间的连接线增加了 3 根线(有的火灾报警设备的母座与子座之间连接线为 2 根线)。在 SS114—1、SS114—2、SS114 之间配 3 根线的原因也是一样的,说明该火灾报警设备中作为母底座的并联底座一定要安装在并联的末端。

有的火灾报警设备中作为母底座的并联底座不要求安装在末端,其报警总线只与母底座连接,母底座与子底座之间不需要连接报警总线。因此,SS115—1、SS115—2、SS115 的编号就要换位了,它们之间的连接线也就可以减少了。

(3)N2 线路的其他配线

火灾显示盘配向②轴线 SB11 处的消防电话线 FF、FF 与 SB11 连接后,在此处又分别到 2 层的 SB21(实际中也可以在此处再向下引到 SB01 处,就可以去掉 SB03 处到 SB01 处的保护管及配线了)和本层的⑨轴线 SB12 处,在 SB12 处又向上到 SB22 和向下再引到⑧轴线 SB02 处。

SF11 的连接线 WDC(4 线)来至地下层 SF01 处,SF11 与 SF12 之间有 WDC 连接线,SF11 的连接线 WDC 又配到 2 层的 SF21 处。SF13 处的连接线 WDC(4 线)来至地下层 SF03 处,又配到 2 层的 SF24 处(不在同一垂直轴线)。

4 线中有 2 根线为按钮控制线,另 2 根线为按钮指示灯的 DC24 V 电源线。

火灾显示盘配向⑩轴线电源配电间的 NFPS 处,有 FC1、FP、S 功能线。NFPS 接 FC1、FP 线。电源配电间有 1825 控制模块,是消防广播切换箱的切换控制接口,接 FC1、FP、S 线。NFPS 又接到 FAU(新风机控制接口)和 AHU(空气处理机控制接口),接 FC1、FP 线。

(4)其他说明

报警总线 FS 在 SS111 与 SS112 之间连接 SF13 是不合理的,因为 SF13 是安装在消火栓箱里,距地一般是 1.5 m 左右,而火灾探测器 SS 是安装在顶棚上,将 SF13 放在中间安装时,报警总线就会出现上、下返的配线,其一是不经济,其二是使报警总线的环路变长,信号损失大。所以应该将 SF13 放在支路,即 SS111 直接连到 SS112 处,再将 SS112 与 SF13 连接,此时的 SF13 就是支线了。

在电气工程图中,上述例子的问题是比较多的,设计者或绘图者可能是随意的(因为电气配线的原则是:在条件允许的情况下,线路尽量的短),这虽然不是什么原则问题,但施工者必须想到这些问题。在本工程图中就有很多这样的问题,读者可以自己思考去寻找,如果安装时考虑到这类问题,在工程造价中的经济效益是非常显著的。

3)N1 线路分析(地下层平面图)

地下层的接线端子箱(火灾显示盘)是布置在车库管理室②轴线,在②轴线与 E 轴交汇处有引上线符号,再配至 D 轴。

其中 FC2(2 线)是配到 E/SEF 排烟风机控制柜;在车库管理室布置有 NFPS 消防电源切换装置,FC1 就是其信号控制线,还需要连接 FP;在车库管理室还应布置有 1825 控制模块,是消防广播切换箱的切换控制接口,接 FP、S 线。

FS 也同样是形成一个环路,也有不在环路之内的分支配线,如 ST002、ST008、ST009 等。

另外,如果 SB01 的 FF 线从一层 SB11 处配来,就不需要 SB01 与 SB03 之间的 FF 线了,两者的距离相差近 24 m,不仅节约配管和导线,而且节约工程量,经济效益是非常显著的。

SF01、SF02、SF03 它们各自都要与报警总线 FS 连接,而且它们之间还要连接 WDC 线;在 SF01 处还要配到一层 SF11 处;在 SF03 处也要配到一层 SF13 处;两条线路(共 8 线)在 SF03 处合并为 4 根线,再配到水泵房的 FP(消防泵)控制柜中(原图中没有表示出,应该是漏画了)。

在 FP 控制柜处,有来自一层的 FC2,也就是 N4 线路。FC2 为 4 根线,2 线直接进入 FP 控制柜,另 2 线配到 IP(喷淋泵)控制柜。FC2 是来自火灾报警与消防联动的控制线,而 WDC 是来自消火栓箱的按钮的控制线,按钮是人工操作,而 FC2 是自动的,但两者的作用是相同的。都是发出启动消防泵的控制信号。

4)N3 线路分析(二层平面图)

N3 由消防报警中心在一层配向④轴线,再向二层配线,有 FS、FC1、FC2、FP、S、C 等 6 种功能线。其中 FS 应该是 3 条回路的报警总线,因为 4、5、6 层为 1 条总线,7、8 层为 1 条总线;1、2、3 层为 1 条总线,都要经过这里。而 FC2 联动控制线(6 根线)也要经过这里,再配到 8 层的。可以在二层的墙上 0.3 m 处(或吊顶内)安装 1 个接线端子箱,在接线端子箱中分线,其中 FC1、FP 分成 2 路,1 路配到①轴线的 FAU(新风机)处,另 1 路与 FS、FC2、S、C 一起配到⑧轴线的火灾显示盘 AR2 处。

火灾显示盘 AR2 有 5 条线路配出。有 2 条是报警总线的环形配线;1 条有 FC1、FP 线,配到 AHU(空气处理机);1 条有 FC1、FP、S 线,配到电源配电箱间的 NFPS 处,FC1、FP 与 NFPS 连接,而 FC1、FP、S 线再配到 1825 控制模块,是扬声器的切换控制接口;还有 1 条是向 3 层配线的,有 FS、FC1、FC2、FP、C、S。由此可以知道 FC2 是在这里向上配线的,其好处是每经过一层楼,都有接线箱,可以使 FC2 的拉线距离不会太长。而 FS 还是 3 条回路的总线。

在 2 层的 SF24 处有 WDC 的上、下配线,还有 SF24、SF23、SF22 之间的 WDC 连接线,它们都应该是沿墙和顶棚配线,而 SF21 处也有 WDC 的上、下配线。在这层 SF21 与 SF22 等是没有连接关系的,它们各自都要与报警总线 FS 连接,都有独立的地址码。

SB21 处有 FF 的上、下配线,SB21 的报警总线 FS 来自 SF21 处;SB22 处也有 FF 的上、下配线。

5)3 层平面图分析

3 层的火灾显示盘 AR3 在⑨轴线,虽然与二层的火灾显示盘 AR2 不在同一轴线,但因为有吊顶,是比较好配线的,但配管要有两个弯。火灾显示盘 AR3 进线来自二层,有 FS、FC1、FC2、FP、S、C 等 6 种功能线。再向 4 层配线时,还是这 6 种功能线,但报警总线 FS 只有 2 条回路了。

3 层的报警总线也是环形配线。在 SF32 与 SF33 之间有 WDC 连接线,在 SF32 处也向上配,说明 4 层以上的消火栓箱都在这个位置。在 SF32 处,因为 2 层的消火栓箱与其不在同一个轴线,所以有跨服务间的情况。SB32、SB31 都分别接有 FF 线及上、下配线的标注等,其他分析与 2 层基本相同。

以上分析不一定全面,读者可以通过实践得到提高。对于火灾报警与消防联动控制,因为采用了总线制以后,火灾报警部分并不难,难的是消防联动部分,因为消防联动部分是跨专业的内容,首先应该搞清楚,哪些设备需要联动,都安装在什么位置,需要什么信息,那就要向其他专业索取必要的资料,才能有一个全面的读图知识。本工程的联动设备没有联接报警总线,主要是该工程是 20 世纪末的工程,当时的火灾报警控制器还不够先进,只发命令,不能实现回馈命令。现在的设备就可以实现此项功能了。

复习思考题 6

1.填空或选择填空题

(1)通常探测区域是按独立房(套)间划分的,一个探测区域的面积不宜超过(　　　　　)m^2。

(2)在宽度小于 3.0 m 的走廊顶棚上设置探测器时,宜居中布置。感温探测器的安装间距不应超过(　　　　　)m,感烟探测器的安装间距不应超过(　　　　　)m。

(3)探测器与空调送风口边的水平距离不应小于(　　　　　)m,并应接近回风口安装。

(4)在梁突出顶棚的高度小于(　　　　　)mm 的顶棚上设置感烟,感温探测器时,可以不考虑探测器保护面积的影响。

(5)报警区域内的每个防火区,应至少设置一个手动报警按钮。从一个防火分区的任何位置到最邻近的一个手动报警按钮的步行距离,不宜大于(　　　　　)m。

(6)消防联动控制、自动灭火控制、通信、应急照明、紧急广播等线路应采取金属管保护,并宜暗敷在非燃烧体结构内,其保护层厚度不应小于(　　　　　)mm。(A.15,B.30,C.45,D.60)

(7)高层建筑内的变配电所的消防灭火系统,一般选择(　　　　　)系统。(A.干式喷水,B.水幕,C.预作用喷水,D.卤代烷)

(8)感光火灾探测器的文字符号为(　　　　　)。(A.G,B.W,C.Y,D.F)

2.简答题

(1)火灾探测器有哪几种类型?

(2)探测区域的划分原则是什么?

(3)火灾报警按钮的安装距离一般是多少?

(4)对消防用电设备的电源有什么要求?

(5)火灾报警控制器的安装方式有哪几种?

(6)7 位编码开关可编的最大码是多少? 地址码为 98,哪些位置的开关合上? 8 位编码开关可编的最大码是多少?

(7)在图 6.12 系统图中,火灾报警与消防联动设备有几种功能线向外配线? 报警总线需要几根,型号及规格是多少?

(8)在图 6.14 平面图中,SB12 要接哪几种功能线? 各有几根? 型号及规格是多少?

(9)在图 6.14 平面图中,SF14 要接哪几种功能线? 各有几根? 型号及规格是多少?

(10)在图 6.14 平面图中,SS111 与 SS112 之间连接有什么缺点? 如照图施工,SF13 垂直配线应为几根? 如果将 SS111 与 SS112 直接连接,SF13 垂直配线应为几根?

7 通信、安防及综合布线系统

〖本章导读〗
- **基本要求** 了解电话通信系统组成、共用天线电视系统组成、广播音响系统组成、安全防范系统组成、综合布线系统；熟悉建筑弱电工程图组成特点；掌握建筑弱电工程图分析方法。
- **重点** 建筑弱电工程图分析。
- **难点** 各个系统组成原理、建筑弱电工程图分析。

通信网络系统是楼内的语音、数据、图像传输的基础，同时与外部通信网络相连，确保信息畅通。主要包括通信系统、卫星及有线电视系统、公共广播系统。现代建筑的出入口多，人员流动量大，安全防范管理系统也非常重要。而综合布线实现了多种信息系统的兼容、共用和互换性能，是智能建筑技术中的重要技术之一。本章将重点讨论上述问题。

7.1 电话通信系统

电话通信系统是各类建筑物必须设置的系统，它为智能建筑内部各类办公人员提供"快捷便利"的通信服务。

· 7.1.1 电话通信系统概述 ·

1)电话通信系统组成

电话通信系统主要包括用户交换设备、通信线路网络及用户终端设备3大部分。

智能建筑中独立电话通信系统用户交换设备一般采用程控数字用户交换机(Private Automatic Branch Exchange，PABE)或虚拟交换机(Centrex)，其通信线路网络采用结构化综合布线系统(Structured Cabling System，SCS)或常规线路传输系统，用户终端设备包括电话机、传真机等，用户终端设备通过接入 PABE 的市话中继线连成全国乃至全球电话网络。

2)电话通信线路的组成

电话通信线路从进户管线一直到用户出线盒，一般由以下几部分组成：

(1)引入(进户)电缆管路

引入(进户)电缆管路可以分为地下进户和外墙进户2种方式。

(2)交接设备或总配线设备

它是引入电缆进屋后的终端设备，有设置与不设置用户交换机2种情况，如设置用户交换机,采用总配线箱或总配线架;如不设用户交换机,常用交换箱或交接间。交接设备宜装在建筑的1、2层,如有地下室,且较干燥、通风,可考虑设置在地下室。

（3）上升电缆管路

它有上升管路、上升房和竖井3种建筑类型。

（4）楼层电缆管路

（5）配线设备

如电缆接头箱、过路箱、分线盒、用户出线盒,是通信线路分支、中间检查、终端用设备。

图7.1为某住宅楼电话系统框图。

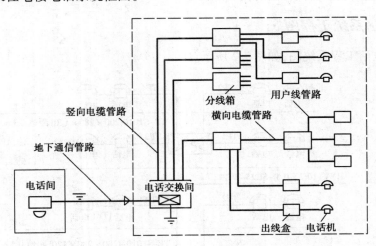

图7.1 住宅楼电话系统框图

3）电话系统所使用的材料

（1）电缆

电话系统的干线使用电话电缆。室外埋地敷设时使用铠装电缆,架空敷设时用钢丝绳悬挂普通电缆或自带钢丝绳的电缆,室内使用普通电缆。常用电缆有 HYA 型综合护层塑料绝缘电缆和 HPVV 铜芯全聚氯乙烯电缆。电缆规格标注为 HYA10×2×0.5,其中 HYA 为型号,10表示缆内有 10 对电话线,2×0.5 表示每对线为 2 根直径 0.5 mm 的导线。电缆的对数从 5 对到2 400 对,线芯有直径 0.5 mm 和 0.4 mm 两种规格。

在选择电缆时,电缆对数要比实际设计用户数多 20%左右,作为线路增容和维护使用。

（2）电话线

管内暗敷设使用的电话线,常用的是 RVB 型塑料并行软导线或 RVS 型双绞线,规格为2×0.2 mm² ~2×0.5 mm²,要求较高的系统使用 HPW 型并行线,规格为 2×0.5 mm²,也可以使用HBV 型绞线,规格为 2×0.6 mm²。

（3）分线箱

电话系统干线电缆与进户连接要使用电话分线箱,也叫电话组线箱或电话交接箱。电话分线箱按要求安装在需要分线的位置,建筑物内的分线箱为暗装在楼道中,高层建筑安装在电缆竖井中,分线箱的规格为 10 对、20 对、30 对等,按需要分线数量选择适当规格的分线箱。

（4）用户出线盒

室内用户要安装暗装用户出线盒,出线盒面板规格与前面的开关插座面板规格相同。如86型、75型等。面板分为无插座型和有插座型。无插座型出线盒面板只是一个塑料面板,中央留直径1 cm的圆孔,线路电话线与用户电话机线在盒内直接连接,适用于电话机位置较远的用户,用户可以用RVB导线做室内线,连接电话机接线盒。

有插座型出线盒面板分为单插座和双插座,面板上为通信设备专用插座,要使用专用插头与之连接,现在电话机都使用这种插头进行线路连接,比如话筒与机座的连接。使用插座型面板时,线路导线直接接在面板背面的接线螺钉上。

7.1.2 电话系统工程图 ·

某住宅楼电话工程系统图,如图7.2所示。

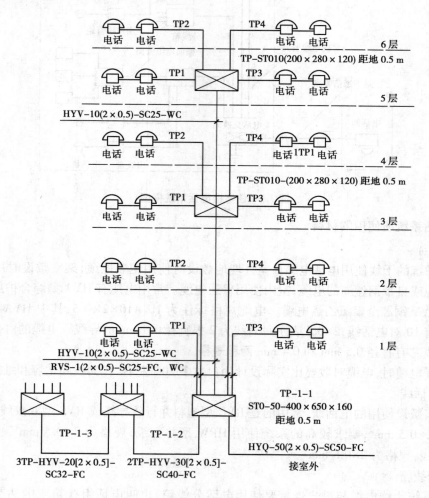

图 7.2 电话工程系统图

系统图中,进户使用HYA型电缆,埋地敷设,电缆为50对2×0.5 mm²。分线箱 TP—1—1 为一只50对线分线箱,进线电缆在这里与本单元分户线和分户电缆及下单元干线电缆连接。下单元干线为HYA型30对线电缆。

从分线箱 TP—1—1 引出 1，2 层用户线，各用户线使用 RVS 型双绞线，每条为 2×0.5 mm²。在 3 层和 5 层各设一只分线箱，两分线箱均为 10 对线分线箱，从 TP—1—1 到分线箱用一根 10 对线电缆，中间在 3 层分线箱做接头，3 层到 5 层也为一根 10 对线电缆。每只分线箱连接上、下层 4 户的用户出线盒。

从图 7.2 中可以看到，电话分线箱在楼道内，用户内有两个房间有出线盒，两出线盒为并联关系，两只话机并接在一条电话线上。

7.2 共用天线电视系统

共用天线电视系统是建筑弱电系统中应用最普遍的系统。共用天线电视系统国际上称为"Community Antenna Television"，缩写为 CATV 系统。

· 7.2.1 系统组成 ·

共用天线电视系统主要由接收天线、前端设备、传输分配网络以及用户终端组成，如图7.3所示。

1）接收天线

接收天线是为获得地面无线电视信号、调频广播信号、微波传输电视信号和卫星电视信号而设立的。对 C 波段微波和卫星电视信号大多采用抛物面天线；对 VHF、UHF 电视信号和调频信号大多采用引向天线（八木天线）。天线性能的高低对系统传送的信号质量起着重要的作用，因此，常选用方向性强、增益高的天线，并将其架设在易于接收、干扰少、反射波少的高处。

（1）引向天线

引向天线为共用天线电视系统中最常用的天线，它由一个辐射器（即有源振子或称馈电振子）和多个无源振子组成，所有振子互相平行并在同一平面上，结构如图 7.4 所示。在有源振子前的若干个无源振子，统称为引向器。在有源振子后的一个无源振子，称为反射振子或反射器。引向器的作用是增大对前方电波的灵敏度，其数量越多越能提高增益。但数目也不宜过多，数目过多对天线增益的继续增加作用不大，反而使天线通频带变窄，输入阻抗降低，造成匹配困难。反射器的功能是减弱来自天线后方的干扰波，提高前方的灵敏度。

引向天线具有结构简单、质量轻、架设容易、方向性好、增益高等优点，因此得到广泛的应用。引向天线可以做成单频道的，也可以做成多频道或全频道的。

（2）抛物面天线

抛物面天线是卫星电视广播地面站使用的设备，现在也有一些家庭使用小型抛物面天线。它一般由反射面、背架、馈源及支撑件 3 部分组成，它的结构如图 7.5 所示。

卫星电视广播地面站用天线反射面板，一般分为 2 种形式，一是板状，另一种是网状面板，对于 C 频段电视接收 2 种形式都可以满足要求。相同口径的抛物面天线，板状要比网状接收效果好，但网状防风能力强。

2）前端设备

前端设备主要包括天线放大器、混合器、干线放大器等。天线放大器的作用是提高接收天

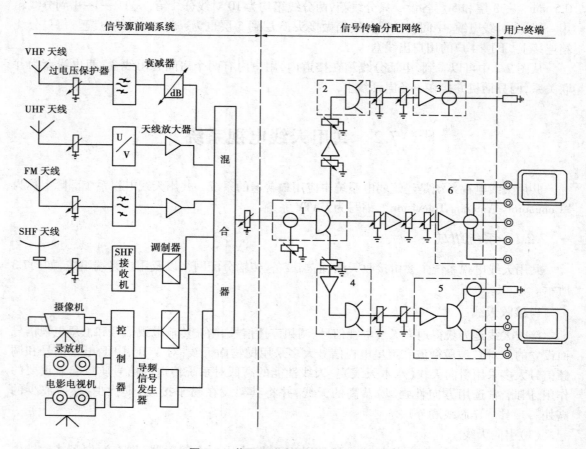

图7.3 共用天线电视系统的基本组成

注:1.图中数字1,2,3,…,6代表楼号,高频避雷器应安装在架空线的出楼和进楼前;
　　2.虚线所示部分根据需要,由工程设计决定。

线的输出电平和改善信噪比,以满足处于弱场强区和电视信号阴影区共用天线电视传输系统主干线放大器输入电平的要求。天线放大器有宽频带型和单频道型2种,通常安装在离接收天线1.2 m左右的天线竖杆上。

干线放大器安装于干线上,主要用于干线信号电平放大,以补偿干线电缆的损耗,增加信号的传输距离。

混合器是将所接收的多路信号混合在一起,合成一路输送出去,而又不互相干扰的一种设备,使用它可以消除因不同天线接收同一信号而互相叠加所产生的重影现象。

3)传输分配网络

分配网络分为有源及无源2类。无源分配网络只有分配器、分支器和传输电缆等无源器件,其可连接的用户较少。有源分配网络增加了线路放大器,因而其所接的用户数可以增多。分配器用于分配信号,将一路信号等分成几路。常见的有二分配器、三分配器、四分配器。分配器的输出端不能开路或短路,否则会造成输入端严重失配,同时还会影响到其他输出端。

分支器用于把干线信号取出一部分送到支线里去,它与分配器配合使用可组成各种各样

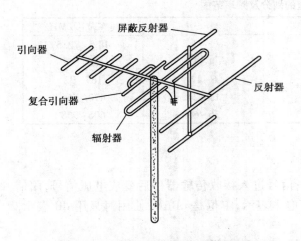

图 7.4　VHF 引向天线结构外形示意图　　　图 7.5　抛物面天线的结构

的传输分配网络。因在输入端加入信号时,主路输出端加上反向干扰信号,对主路输出则无影响,所以分支器又称定向耦合器。

线路放大器是用于补偿传输过程中因用户增多、线路增长而引起信号损失的放大器,多采用全频道放大器。

在分配网络中各元件之间均用馈线连接,它是信号传输的通路,分为主干线、干线、分支线等。主干线接在前端与传输分配网络之间;干线用于分配网络中信号的传输;分支线用于分配网络与用户终端的连接。现在馈线一般采用同轴电缆,同轴电缆由一根导线作芯线和外层屏蔽铜网组成,内外导体间填充绝缘材料,其导线规格是按填充绝缘材料的直径来划分的,例如 7 mm、9 mm 等。外包塑料套,外形如图 7.6 所示。同轴电缆不能与有强电流的线路并行敷设,也不能靠近低频信号线路,如广播线和载波电话线等。

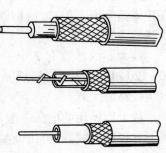

图 7.6　同轴电缆外形

在共用天线电视系统中均使用特性阻抗为 75 Ω 的同轴电缆。最常使用的有 SYV 型、SYFV 型、SDV 型、SYKV 型、SYDY 型等。

4)用户终端

共用天线电视系统的用户终端是向用户提供电视信号的末端插孔。

· 7.2.2　有关 CATV 的几个概念 ·

1)电视频道

电视信号中包括图像信号(视频信号 V)和伴音信号(音频信号 A),两个信号合成为射频信号 RF。一个频道的电视节目要占用一定的频率范围,称频带。我国规定,一个频道的频带宽度为 8 MHz。

电视频道分为高频段(V 段)和超高频道(U 段)。V 段中又分为低频段 VL 和高频段 VH。频道划分及频率范围,见表 7.1。

表 7.1　电视频道的划分及频率范围

序　号	类　别	代　号	频　道	频率范围/MHz
1	甚高频低频段	VL	1~3	48.5~72.5
			4~5	76~92
2	甚高频高频段	VH	6~12	167~92
3	超高频频段	UHF	13~24	470~566
			25~68	606~958

2)信号电平

电视信号在空间传输的强度,用场强表示;信号进入接收传输器件后变成电压信号,用信号电压表示。为了便于计算,在工程中用信号电平表示,单位是 dBμV,使用时只用 dB 表示。测量电视信号电平要用场强计。

我国规定的用户使用电平是 62~72 dB。低于 62 dB 图像会不清晰,有雪花状干扰,影响收看;电平高于 72 dB 时,电视机内部的失真变大,造成信号串台干扰,也无法正常收看。

3)宽带放大器

电视信号要想进行传输,就要克服一路上的衰减,因此需要先把信号电平提高到一定水平,这就需要使用放大器,现在的信号是全频道信号,放大器的工作频率也要够宽,要能放大所有频道信号而不失真,这种放大器叫宽带放大器。由于放大器所处位置不同,又叫主放大器和线路放大器。

放大器的参数有 2 个,一个是增益,一般为 20~40 dB;另一个是最高输出电平,一般为 90~120 dB。放在混合器后面,作为系统放大器的叫主放大器,放在每个楼中,作为楼栋放大器也叫线路放大器。

放大器使用的电源一般都放在前端设备箱中;也有挂在电杆上的防雨式放大器,有的放大器上有可调衰减器,可以调整输入信号强度。

4)分配器

电视信号要分配给各个用户,不能像接电灯一样把所有导线都并联在一起,而需要通过一定的器件进行分接,分配器就是这样一种器件。分配器把一个信号平均地分成几等份,传输到各支路中,有二分配器、三分配器、四分配器等,如图 7.7 所示。

三分配器

四分配器

图 7.7　分配器

信号在分配器上要有衰减,衰减量是一个支路接近于 2 dB,也就是说二分配衰减接近于 4 dB,三分配衰减接近于 6 dB。把分配器反过来使用,出口当入口、入口当出口,也可以作简单的混合器使用。

分配器有铝壳的也有塑料壳的,铝壳的用插头连接,塑料壳的用螺钉压接。暗敷施工时,分配器放在顶层的天线箱里,一般用铝壳的。明敷施工时,固定在墙上,在室外要加防雨盒。分配器入口端标有 IN,出口端标有 OUT。

5)分支器

分支器也是一种把信号分开连接的器件,与分配器不同的是,分支器是串接在干线里,从干线上分出几个分支线路,干线还要继续传输。分支器有一分支器、二分支器、三分支器和四分支器等,如图 7.8 所示。

分支器外形与分配器相同,也是铝壳用插头连接,输入端标IN,输出端标 OUT,分支端标 BRAN。

信号通过分支器时要有衰减,其衰减又分为接入损失和分支损失。接入损失(插入损失):它等于分支器主路输入端电平与主路输出端电平之差,一般在 0.3~4 dB。分支损失(耦合损失):它等于分支器主路输入端电平与支路输出端电平之差,一般为 7~35 dB。设计时可选用分支损失较大者用在系统始端,分支损失较小者用在系统末端,以使用户端的电平差别减小。插入损失与分支损失有着密切的关系,通常分支器插入损失越小,分支损失越大,反之插入损失越大,则分支损失越小。

图 7.8 二分支器

· 7.2.3 共用天线电视系统工程图 ·

共用天线电视系统工程图主要包括电视系统图、电视平面图、安装大样图及必要的文字说明。系统图、平面图是编制造价和施工的主要依据。

一幢楼中信号分配可以使用分支器加用户终端盒,也可以使用分配器加串接单元盒,如图 7.9 所示。

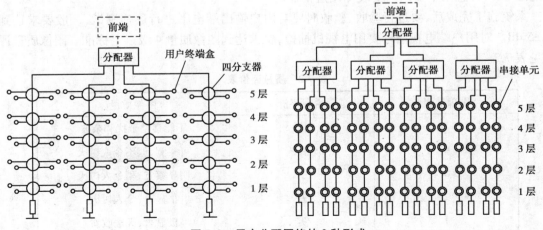

图 7.9 用户分配网络的 2 种形式

系统中信号强度在传输过程中的变化情况,如图 7.10 所示。

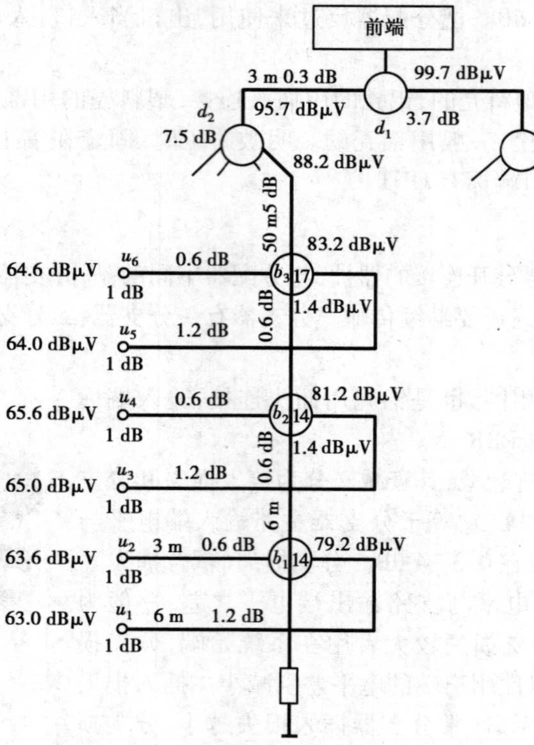

图 7.10 信号电平变化情况

图中分配器的线路末端不能是空置的,要接一只 75 Ω 负载电阻,用来防止线路末端产生的反射波干扰。

系统施工中,用户线可以穿钢管暗敷,也可以用卡钉配线明敷,分配器和分支器装在楼梯间内,前端箱装在顶层(有天线的或架空进线的)或装在底层(电缆埋地进线的)。

楼与楼之间的电缆可以埋地敷设,也可以用钢索布线的方式架空引入,架空引入时高度不准超过 6 m,并且架空引入时要装专用避雷器。

系统施工完成后,要进行验收,验收时要对用户输出端电平进行逐户测试,一般要求达到 67±5 dB。对用户端电视信号要用电视机抽检,要求达到图像质量 4 级以上标准。图像质量评价见表 7.2。

表 7.2 质量评价表

图像等级	主观评价	图像质量
5	优	不能察觉干扰和杂波
4	良	可察觉,但不令人讨厌
3	中	明显察觉,稍令人讨厌
2	差	很显著,令人讨厌
1	劣	极显著,无法收看

图 7.11 为某住宅楼的共用天线电视系统图。本楼 3 个单元,每单元 6 层 12 户,每户预留两个电视终端接口。为了提高收视效果,每单元在 1 层楼道内设电视中间箱,箱内有一台干线放大器和一只二分支器,二分支器干线出口向下一单元传输,分支口为本单元干线,3 单元分支器干线出口准备向下一栋楼传输。在每层楼道内设一只分支器箱,箱内装一只二分支器,各层分支器衰减量由下向上依次递减。每个用户室内的管线从分支器箱引出,由于每户为两个用户终端盒,需使用一只二分配器,各户内电视终端盒的布置情况,如图 7.12 所示。

在弱电平面图中,可以看到,电视分支器箱在楼道内对着楼梯的墙上,干管从 1 楼穿到 6 楼,A 单元用户终端盒在起居室内和主卧室内,B 单元用户终端盒在起居室和卧室内。共用天线电视系统要求有施工许可证的专业公司进行施工,但建筑内的管、盒、箱的预埋,由建筑施工单位在主体施工过程中与其他电气管线同时进行预埋施工。

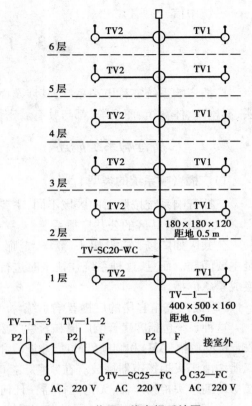

图 7.11 共用天线电视系统图

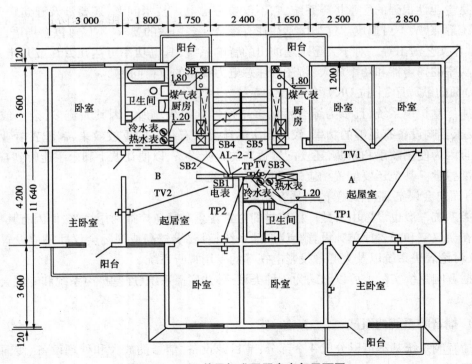

图 7.12 A、B 单元标准层弱电电气平面图

7.3 广播音响系统

广播音响系统亦称电声系统,其涉及面很宽,应用也很广泛,从工厂、学校、宾馆、车站、码头、影剧院、体育馆、商场等,都与其有着密切的联系,本节主要介绍公共广播系统。

· 7.3.1 广播音响系统概述 ·

1)广播音响系统的类型

广播音响系统按照面向区域不同,主要分为以下几种类型:

(1)面向公共区的公共广播系统

公共区如广场、车站、码头、商场、走廊、教室等,这种系统主要用于语言广播,因此清晰度是主要问题。而且,这种系统往往平时进行背景音乐广播,在出现灾害或紧急情况时,又可切换成紧急广播。

(2)面向宾馆客房的广播音响系统

这种系统包括客房音响广播和紧急广播,通常由设置在客房的床头柜放送。客房广播含有收音机的调幅(AM)和调频(FM)广播波段和宾馆自播的背景音乐等多个可供选择的节目,每个广播均由床头柜扬声器播放。在紧急广播时,客房广播即自动中断,只有紧急广播的内容通过强切传到床头柜扬声器,无论选择器在任何位置或关断位置,所有客人均能听到紧急广播。

(3)面向礼堂、剧场等的厅堂扩声系统

这是专业性很强的厅堂扩声系统,它不仅要考虑电声技术问题,还要涉及建筑声学问题,两者须统筹兼顾,不可偏废。这类厅堂往往有综合性多用途的要求,不仅可供会场语言扩声使用,还常作文艺演出等。对于大型现场演出的音响系统,其电功率可达几万瓦或几十万瓦,故要用大功率的扬声器和功率放大器,还应注意电力线路的负荷问题。

(4)面向歌舞厅、卡拉OK厅等的音响系统

亦属厅堂扩声系统,且多为综合性的多用途群众娱乐场所。因其人流多,杂声或噪声较大,故要求音响设备有足够的功率,较高档次的还要求有很好的重放效果,需配置专业音响器材。并且因为使用歌手和乐队,还要配置适当的返听设备,以便让歌手和乐手能听到自己的音响而找准感觉。甚至还要配置相应的视频图像系统。

(5)面向会议室、报告厅等的广播音响系统

这类系统一般也设置由公共广播提供的背景音乐和紧急广播两用系统,但因有其特殊性,故也常在会议室和报告厅单独设置会议广播系统,对要求较高或国际会议厅还应设置同声传译、会议讨论表决系统以及大屏幕投影电视等的专用视听系统。

广播音响系统实际上可以归纳为3种类型,公共广播系统、厅堂扩声系统和专用会议广播系统。

2)广播音响系统的组成

广播音响系统基本可以分成4个部分:节目源设备、信号的放大和处理设备、传输线路和扬声器系统。

（1）节目源设备

节目源通常有无线电广播（调频、调幅）、普通唱片、激光唱片（CD、VCD、DVD 等）和盒式磁带等，相应的节目源设备有 FM/AM 调谐器、电唱机、激光唱机和录音卡座等，还应有传声器（话筒、麦克风）、电视伴音（包括影碟机、录像机和卫星电视伴音）、电子乐器等。

（2）信号的放大和处理设备

信号的放大和处理设备主要有调音台、前置放大器、功率放大器和各种控制器及音响加工设备等。这一部分的主要任务是信号的放大，即电压放大和功率放大，其次是信号的选择，即通过选择开关选择所需要的节目源信号。调音台和前置放大器作用或地位相似（调音台的功能和性能指标更高），它们的基本功能是完成信号的选择和前置放大，还担负对重放声音的音色、音量和音响效果进行各种调整和控制任务。有时为了更好地进行频率均衡和音色美化，还单独接入图示均衡器。总之，这部分设备是整个广播音响系统的"控制中心"。功率放大器则将前置放大器或调音台送来的信号进行功率放大，通过传输线去推动扬声器放声。

（3）传输线路

传输线路虽然简单，但随着系统和传输方式的不同而有不同的要求。

对于礼堂、剧场、歌舞厅、卡拉 OK 厅等的扩声系统，这种系统由于使用专业音响设备，并要求有大功率的扬声器系统和功放，由于演讲或演出用的传声器与扩声用的扬声器同处在一个厅堂内，故存在着声反馈乃至啸叫的问题，其功率放大器与扬声器的距离也不远，故一般采用低阻抗、大电流的直接传输方式，由于这类系统对重放音质要求很高，传输线即所谓的喇叭线常用专用的屏蔽线或屏蔽电缆。

对于公共广播系统，这种系统中广播用的传声器（话筒）与向公众广播的扬声器一般不处在同一房间内，故无声反馈的问题，由于服务区域广、传输距离长，为了减少传输线路引起的损耗，往往采用定压式高压传输方式，由于传输电流小，故对传输线要求不高。如果是载波传输方式，传输线是使用同轴电缆。

（4）扬声器系统

扬声器系统又称音箱、扬声器箱，它的作用是将音频电能转换成响应的声能。正常人耳对声音频率的感知范围为 16 Hz~20 kHz，称为"音频"，低于 16 Hz 称为"次频"，高于 20 kHz 称为"超声"。由于从音箱发出的声音是直接放送到人耳，所以其性能指标将影响到整个放声系统的质量好坏。

音箱通常由扬声器、分频器、箱体等组成。按照箱体形式分类，音箱可分为封闭式音箱、倒相式音箱、号筒式音箱、声柱等几种。

扬声器有电动式、静电式和电磁式等数种，其中电动式扬声器应用最广。电动式扬声器可分为纸盆扬声器和号筒扬声器，纸盆扬声器的标称功率为 0.05~20 W，其体积较小，价格便宜，频响较宽，但发声效率低，一般在 0.5%~2%。号筒扬声器的常用功率为 5~25 W，发声效率可达 5%~20%。标称阻抗（400 Hz 时测定）有 4 Ω,8 Ω,16 Ω,32 Ω 等多种标准规格。

· **7.3.2 有线广播系统** ·

广播音响系统涉及面很宽，专业性也很强，在民用建筑中，常见的是公共广播系统，所以我们主要了解公共广播系统。

1）有线广播系统的种类

有线广播系统又称公共广播系统，按照使用性质和功能分，可以分为业务性广播系统、服务性广播系统、火灾事故广播系统。

(1)业务性广播系统

业务性广播系统是以业务及行政管理为主的语言广播,多用于办公楼、商业楼、院校、车站、客运码头、航空港等建筑物。

(2)服务性广播系统

服务性广播系统是以欣赏性音乐或背景音乐为主的广播,多用于星级宾馆和大型公共活动场所,宾馆的服务性广播节目不宜超过五套。

(3)火灾事故广播系统

火灾事故广播系统是用来在火灾发生时指导人员疏散为主的广播。其他类型的广播可以与火灾事故广播系统合并使用,当合并使用时,应按照火灾事故广播的要求来确定系统。

2)有线广播系统的信号传输方式

有线广播系统的信号传输方式可以分为音频传输方式和载波传输方式。音频传输方式又称直接传输方式,可以分为定压式和终端带功放的有源终端方式。

(1)定压式音频传输方式

定压式亦称高阻抗输出方式。它的工作原理与强电的高压传输方式相类似,即在远距离传输时,为了减少大电流传输而引起的传输损耗增加,采用变压器升压,以高压小电流传输,然后在接收端再用线间变压器降压和匹配,从而减少功率损耗。广播系统的正常传输电压一般在 20 V 或 30 V,用高电压一般在 70 V、100 V 或 120 V,系统组成见图 7.13(a)。

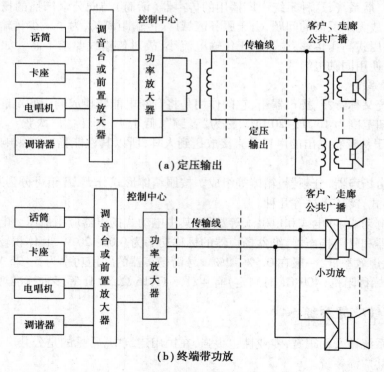

图 7.13　有线广播的传输方示意图

定压式的音频传输方式由于技术成熟、布线简单、造价费用较低、广播音质也较好,因此在宾馆的公共广播系统中得到广泛的应用。

采用定压式音频传输方式应注意系统的匹配,即每个回路所连接扬声器的总功率不能超过该回路功率放大器的功率。

(2)终端带功放的音频传输方式

终端带功放的音频传输方式亦称低阻抗输出式或有源终端式。它的工作原理是将前端的大功率放大器分解成小功率放大器,再将小功率放大器分散到各个终端去,这样既可以解除控制中心的能量负担,又避免了大功率音频电能的远距离传送,系统组成见图7.13(b)。

终端带功放的音频传输方式有以下特点:由于传输线仅传输小信号,而且是低阻抗输出,所以传输距离可以很远;不存在终端匹配问题,终端的规模和数量均可以任意增减;对传输线的要求很低,用普通的双绞线即可,不需大截面导线,也不需要屏蔽;由于传输信号电平低,故不会对邻近系统造成干扰。

在实际工程中,终端放大器的供电电源原则上就近由电力网引入。当需要对终端进行分别控制时,电源线可以从控制中心引出,电源线同信号传输线可用同一线管敷设,不会引入工频干扰,但要做好安全绝缘。

这种方式既可用于宾馆客房等广播系统,也可用于大范围的体育场馆、会场的扩声系统。

(3)载波传输方式

载波传输方式是将音频信号经过调制器转换成被调制的高频载波信号,经过同轴电缆传送到各个用户终端,并在用户终端经解调还原成声音信号。由于宾馆都设置有CATV系统,所以这种方式一般都利用CATV的传输线路进行传送。为了便于和VHF频段混合,又考虑调频广播同时进入系统,故目前一般采用调频制,采用我国规定的调频广播波段(87~108 MHz),在此频段内开通数路自办节目,一般可设置1~2套广播节目和3~4套自办音乐节目。这些节目源信号被调制成VHF频段的载波信号,再与电视频道信号混合后接到CATV电缆线路中去,在接收终端(例如客房床头柜)设有一台调频接收机,即可解调和重放出声音信号。

由于这种方式的广播线路与CATV电视系统共用,其系统设计和管线布置与CATV系统相类似,但系统输出口应使用具有TV、FM的双输出孔的用户终端插座,将终端的调频接收机天线插头插入FM插孔,用以收听调频广播音响节目;电视机的天线插头插入TV插孔,以收看电视节目。

如今,这种具有数字调谐接收机的床头柜已成为宾馆高中档客房设施的象征之一。

3)扬声器的选择与布置

扬声器的选择主要满足播放效果的要求,在考虑灵敏度、频响和指向性能的前提下,应考虑功率大小。在办公室、生活间和宾馆客房等场所,可选用1~2 W的扬声器箱;走廊、门厅及公共活动场所的背景音乐、业务广播,宜选用3~5 W的扬声器箱。在选用声柱时,应注意广播的服务范围、建筑的室内装修情况及安装的条件,如果建筑装饰和室内净空允许,对大空间的场所宜选用声柱(或组合音箱);对于地下室、设备机房或噪声高、潮湿的场所,应选用号筒式扬声器,且声压级应比环境噪声大10~15 dB;室外使用的扬声器应选用防潮保护型。

高级宾馆内的背景音乐扬声器(或箱)的输出,宜根据公共活动场所的噪声情况就地设置音量调节装置。

对于扬声器布置的数量,在房间内(如会议厅、餐厅、多功能厅)可按$0.025~0.05$ W/m^{2}的电功率密度确定,亦可按下式估算:

$$D = 2(H - 1.3) \sim 2.4(H - 1.3)$$

式中　D——扬声器安装间距;

　　　H——扬声器安装高度。

在门厅、电梯厅、休息厅顶棚安装的扬声器间距为安装高度的 2~2.5 倍。

在走廊顶棚安装的扬声器间距为安装高度的 3~3.5 倍。

走廊、大厅等处的扬声器一般嵌入顶棚安装。室内扬声器可明装,但安装高度(扬声器箱的底边距地面)不宜低于 2.2 m。

4)广播用户分路

有线广播的用户分路应根据用户类别、播音控制、火灾事故广播控制和广播线路由等因素确定。特别要注意火灾事故广播的分路,当与其他广播系统(如服务性广播)共用时,用户分路应首先满足火灾事故广播的分路要求。

为适应各个分路对广播信号有近似相等声级的要求,在系统设计及设备选择时可采取以下几种方法:

①每一用户分路配置一台独立的功率放大器,且该功放具有音量控制功能。

②在满足扬声器与功率放大器匹配的条件下,可以几个用户分路共用一台功放,但需设置扬声器分路选择器,以便选择和控制分路扬声器。

③当一个用户分路所需广播功率很大时,可以采用两台或更多的功率放大器,多台功放的输入端可以连接至同一节目信号,但输出端不能直接并联,应按扬声器与功率放大器匹配的原则将扬声器分组,再分别接到各功率放大器的输出端。

④在某些分路的部分扬声器上加装音量控制器来调节音量大小,采用带衰减器的扬声器可调整声级的大小。

5)功放设备的容量

功放设备的容量可按下式计算:

$$P = K_1 K_2 \sum P_i$$

式中　P——功放设备输出总电功率,W;

　　　K_1——线路衰耗补偿系数,1 dB 时取 1.26,2 dB 时取 1.58;

　　　K_2——老化系数,一般取 1.2~1.4;

　　　P_i——第 i 分路同时广播时最大电功率,W。

$$P_i = K_i P_{Ni}$$

式中　P_{Ni}——第 i 分路的用户设备额定容量;

　　　K_i——第 i 分路的同时需要系数,宾馆客房取 0.2~0.4,背景音乐取 0.5~0.6,业务性广播取 0.7~0.8,火灾事故广播取 1。

6)有线广播控制室

有线广播控制室应根据建筑物类别、用途的不同而设置,靠近主管业务部门(如办公楼),宜与电视监控室合并设置(如宾馆)。有线广播控制室也可和消防控制室合用,此时应满足消防控制室的有关要求。

控制室内功放设置的布置应满足以下要求:柜前净距离不应小于 1.5 m;柜侧与墙以及柜背与墙的净距离不应小于 0.8 m;在柜侧需要维修时,柜间距离不应小于 1 m。

7)线路选择与敷设

有线广播系统的传输线路应根据系统形式和线路的传输功率损耗来选择。一般对于宾馆的服务性广播,由于节目套数较多,多选用线对绞合的电缆;而对其他场所,宜选用铜芯塑料绞合线。通常传输线路上的音频功率损耗应控制在5%以内。

广播线路一般采用穿管或线槽的敷设方式,在走廊里可以和电话线路共槽走吊顶内敷设。室内穿管敷设的广播用户线可采用 RVS 或 RVB 2×0.75 mm² 双股塑料绝缘铜芯软线,穿塑料管或电线管时,1 对线用内径 15 mm 的管,2 对线用内径 20 mm,3~4 对用内径 25 mm。

7.4　安全防范系统

现代建筑(商业、餐饮、娱乐、银行和办公楼)出入口多,人员流动大,因此安全防范管理极为重要。主要包括防盗安保系统、电视监控系统、访客对讲系统等。

· 7.4.1　防盗安保系统 ·

防盗安保系统是现代化管理、监视、控制的重要手段,有防盗报警系统、电视监视系统、电子门锁、巡更系统、对讲电话、求助系统等,如图 7.14 所示。

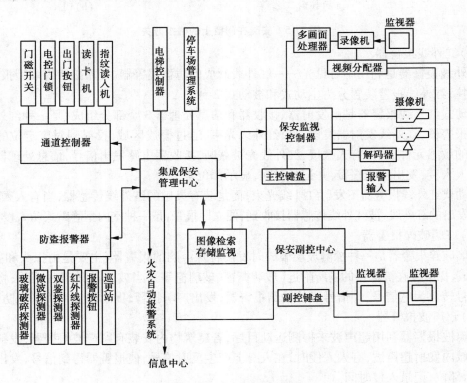

图 7.14　防盗安保系统

1)防盗报警器

防盗安保系统主要的设备有防盗报警器、摄像机、监视器、电子门锁等。

防盗报警器的种类很多,有电磁式报警器、红外线报警器、超声波报警器、微波报警器、玻璃破碎报警器、感应式报警器等。

（1）电磁式防盗报警器

电磁式防盗报警器由报警传感器和报警控制器两部分组成,报警控制器有报警扬声器、报警批示、报警记录等内容;报警传感器主要由一只电磁开关、永久磁铁和干簧管继电器组成。当干簧管触点闭合为正常,干簧管触点断开则报警。在报警器信号输入回路可以串接若干个防盗传感器,传感器可以安装在门、窗、柜等部位。在报警状态时,当有人打开门或窗,则发出声光报警信号,显示被盗位置、被盗时间,见图7.15。

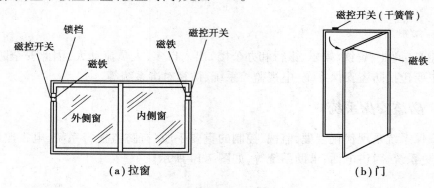

图 7.15　安装在门窗上的磁控开关

（2）红外线报警器

红外线报警器是利用不可见光——红外线制成的防盗报警器,是非接触警戒型报警器,可昼夜监控,红外线报警装置分为主动式和被动式2种。

主动式红外线报警器是由发射器、接收器和信息处理器3个部分组成,是一种红外线光束截断型报警器,红外线发射器发射一束红外线光束,通过警戒区域,投射到对应定位的红外线接收器的敏感元件上,当有人入侵,红外线光被截断,接收器电路发出信号,信息处理器识别是不是有人入侵,发出声光报警,并记录时间,显示部位等。

被动式红外线报警器不发射红外线光束,而是装有灵敏的红外线传感器,当有人入侵时,人的身体发出的红外线,被红外线传感器接收到,便立即报警,是一种室内型静默式防入侵报警器。

（3）玻璃破碎报警器

玻璃破碎报警器是一种探测玻璃破碎时发出特殊声响的报警器,主要是由探头和报警器2部分组成,探头设在被保护的场所附近(玻璃橱窗、玻璃窗等),当玻璃被敲碎后,探头将其特殊声响信号转化为电信号,经信号线传输给报警器,发出声响报警,提示保安人员采取防盗措施。

（4）超声波报警器

超声波报警器利用超声波来探测运动目标,若建筑物内安装有超声波报警器,发射器便向警戒区域内发射超声波,有人入侵时,在人身上产生反射信号,使报警器得到信号,发出声光报警,显示部位,记录入侵时间。

（5）微波报警器

微波报警器是利用微波技术的报警器,相当于小型雷达装置,不受环境气候的影响。工作原理是报警器向入侵者发射微波,入侵者反射微波,被微波控制器所接收,经分析后,判断有否入侵,并记录入侵时间,显示地点,发出声光报警。

(6)双技术防盗报警器

各种报警器都有优点,但也各有其不足。如超声波、红外、微波3种单技术报警器因环境干扰及其他因素会出现误报警的情况。为了减少报警器的误报问题,人们提出互补双技术方法,即把两种不同探测原理的探测器结合起来,组成所谓双技术的组合报警器,又称双鉴报警器。

防盗报警系统的设置应符合国家有关标准和防护范围的风险等级及保护级别的要求。

2)防盗报警系统实例

图7.16为某大厦(9层涉外商务办公楼)的防盗报警系统图。该设计根据大楼特点和安全要求,在首层各出入口各装置1个双鉴探测器(被动红外/微波探测器),共装置4个双鉴探测器,对所有出入口的内侧进行保护。2楼至9楼的每层走廊进出通道各配置2个双鉴探测器,共配置16个双鉴探测器;同时每层各配置4个紧急按钮,共配置32个紧急按钮,其安装位置视办公室具体情况而定。

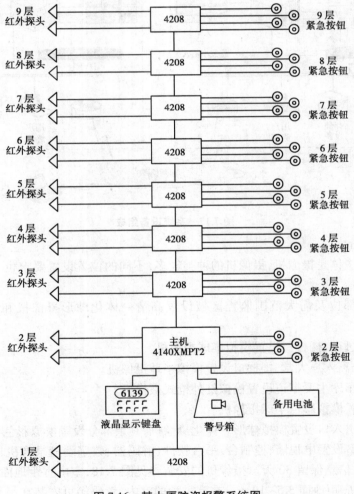

图7.16 某大厦防盗报警系统图

7.4.2 安保闭路电视监控系统

安保闭路电视监控系统是由摄像、传输、控制、图像处理和显示等部分组成的监视系统。通过该系统,值守人员可在中心控制室随时观察到小区重要保安部位的动态情况,极大地提高了小区安全防范系统的准确性和可靠性。

1)系统设备组成

系统常用设备由摄像机、信号传输设备、视频切换设备、监视器、硬盘录像机、网络服务器和平台软件等组成。图 7.17 所示为系统设备组成示意图。

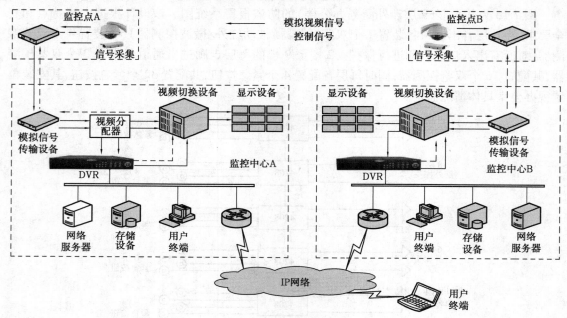

图 7.17 系统设备组成

(1)摄像部分

摄像部分的主体是摄像机,摄像机的种类较多,不同的位置设置要求也不同,常见的系统监视点设置为:

①小区主要部位及需大范围监控区域设置高清一体化球形摄像机和高清红外枪式摄像机。

②楼层主要过道,楼梯口设置模拟半球摄像机。

③办公区、公寓入户大堂、楼梯口设置模拟半球摄像机。

④小区地下车库主要车道设置模拟红外枪式摄像机。

⑤电梯内设置模拟彩色半球摄像机。

⑥室外各主出入口设置模拟球形一体化摄像机,其余部分设置模拟彩色半球摄像机。

⑦安保中控室设置电视墙、控制台、平台软件、解码器、数字硬盘录像机,系统所有录像为全实时录像,录像信息保留 30 天。摄像机的安装参见图 7.18,室内宜距地面 2.5~5 m 或吊顶下 0.2 m 处,室外应距地面 3.5~10 m。在有吊顶的室内,解码箱可安装在吊顶内,但要在吊顶上预留检修口。从摄像机引出的电缆宜留有 1 m 余量,并不得影响摄像机的转动。室外摄像

机支架可用膨胀螺栓固定在墙上。

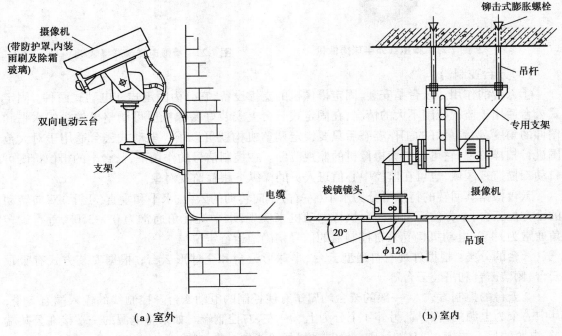

（a）室外　　　　　　　　　　（b）室内

图 7.18　带电动云台摄像机壁装方法

（2）系统常用摄像机的种类

目前 CCD（电荷耦合器件）型摄像机广泛使用。它具有使用环境照度低、工作寿命长、不怕强光源、重量轻、小型化、便于现场安装和检修等优点。

①模拟球式摄像机。镜头由云台带动，支持光纤模块接入，支持自动光圈、自动聚焦、自动自平衡、背光补偿和低照度（彩色/黑白）自动/手动转换功能，支持 256 个预置位（见图 7.19）。

图 7.19　模拟球摄像机　　　　**图 7.20　模拟红外枪机**

②模拟红外枪机。水平视场角 16.4°（16 mm），电子彩转黑，红外照射距离 50～60 m（见图 7.20）。

③模拟红外半球摄像机。水平视场角 92°～27.2°，调整角度水平：0°～355°；垂直：0°～80°；旋转：±90°，ICR 红外滤片式，支持隐私保护（最多可达 8 个区域），支持移动侦测，支持背光补偿，支持数字宽动态，红外照射距离 20～30 m（见图 7.21）。

④模拟电梯半球摄像机。水平视场角 78°（3.6 mm），电子彩转黑，支持背光补偿功能，支持自动平衡功能，支持自动电子快门功能，支持自动电子增益功能，亮度自适应，−10～60 ℃（见图 7.22）。

图 7.21　模拟红外半球摄像机　　　　　　图 7.22　模拟电梯半球摄像机

（3）云台控制器

①云台的作用。云台是安装、固定摄像机的支撑设备，它分为固定式和电动式两种。固定式云台适用于监视范围不大的情况，在固定式云台上安装好摄像机后可调整摄像机的水平和俯仰的角度，达到最好的工作姿态后只要锁定调整机构就可以了。电动式云台适用于对大范围进行扫描监视，它可以扩大摄像机的监视范围。在控制信号的作用下，云台上的摄像机既可自动扫描监视区域，也可在监控中心值班人员的操纵下跟踪监视对象。

云台根据其回转的特点可分为水平（左右）单向转动的云台；水平和垂直（上下）双向转动的全方位云台，全方位云台由两台执行电动机来实现，水平旋转角通常为 0°～350°，垂直旋转角通常为±45°，电动机接受来自控制器的信号精确地运行定位。

云台的分类：根据外观有普通型云台、半球形云台和全球形云台；根据安装方式有吸顶云台、侧装云台和吊装云台等。

②云台的控制方式。一般的云台均属于有线控制的电动云台。控制线的输入端有 5 个，其中一个为电源的公共端，另外 4 个分为上、下、左、右控制端。如果将电源的一端接在公共端上，电源的另一端接在"上"时，则云台带动摄像机头向上转，其余类推。

还有的云台内装有继电器等控制电器，这样的云台往往有 6 个控制输入端，一个是电源的公共端，另外 4 个是上、下、左、右端，还有一个则是自动转动端。当电源的一端接在公共端，电源另一端接在"自动"端，云台将带动摄像机头按一定的转动速度进行上、下、左、右的自动转动。

摄像机供电电源分为交流 24 V、交流 220 V 和直流 12 V 等。也有直流 6V 供电的室内用小型云台，可在其内部安装电池，并用红外遥控器进行遥控。云台的安装位置距控制中心较近，且数量不多时，一般从控制台直接输出控制信号进行控制。而当云台的安装位置距离控制中心较远且数量较多时，往往采用总线方式传送编码的控制信号，并通过终端解码器解出控制信号再去控制云台的转动。解码器需要接 2 根 485 通信总线到监控主机上的 485 端口。

2）传输系统

传输系统的主要任务是将前端图像信息不失真地传送到终端设备，并将控制中心的各种指令送到前端设备。目前大多采用有线传输方式，系统常采用 SYV—75—3 同轴电缆传输视频信号；常用 RVV 型软线作为传输控制信号和电源线。较大型的电视监控系统也采用光纤作为传输线。如果摄像机的防护罩有雨刷、除霜、风扇和加热设备时，还要增加其控制线。

视频线、控制信号线和电源线均采用线槽或管道敷设方式，且电源线宜与视频线、控制线分开敷设。

3）控制部分

控制部分是实现整个系统的指挥中心。控制部分主要由总控制台组成，其主要功能为：视频信号的放大与分配；图像信号的处理与补偿；图像信号的切换；图像信号的（或包括声音信号）记录；摄像机及其辅助部件（如镜头、云台、防护罩等）的控制等。

总控制台可以按控制功能和控制摄像机的台数做成积木式的，根据要求进行组合。常用

的控制设备有:

①视频矩阵切换器:可以对多路视频输入信号和多路视频输出信号进行切换和控制。

②双工多画面视频处理器:能把多路视频信号合成一幅图像,达到在一台监视器上同时观看多路摄像机信号。

③多画面分割器:将多个画面通过视频数字处理合并成分割状的一个画面,就出现了多画面分割器。

④视频分配器:一路视频信号可分成多路视频输出,同时保证线路特性阻抗匹配。

4)显示部分与记录部分

显示部分一般由多台监视器(或带视频输入的普通电视机)组成。它的功能是将传输过来的图像显示出来,通常使用的是黑白或彩色专用监视器,一般要求黑白监视器的水平清晰度应大于 600 线,彩色监视器的水平清晰度应大于 350 线。用多画面分割器可以将多台摄像机送来的图像信号同时显示在一台监视器上。

总控制台上设有录像机,可以随时把发生情况的被监视场所的图像记录下来,以便备查或作为取证的重要依据。目前已广泛采用数码光盘记录、计算机硬盘录像等技术。

5)系统功能

微机控制器能进行编程,对整个系统中的活动监控点的云台及可变镜头实现各种动作的控制。并对所有视频信号在指定的监视器上进行固定或时序的切换显示,视频图像上叠加摄像机序号、地址、时间等字符,电梯桥厢图像上叠加楼层显示。

系统使用多画面处理器可在一台录像机上记录多达 16 路视频信号,并可根据需要进行全屏及 16,9,4 画面回放。

系统配置报警输入、输出响应器以实现与防盗报警系统的联动,矩阵切换器编程后能对报警触点信号作出相应响应,自动把报警点处相应的摄像机图像信号切换到指定监视器上,同时录像机长时间对之进行录像。

各种操作程序设定具有存储功能,当电源中断或关机时,所有编程设置、摄像机序号、时间、地址等均可保存。

系统的运行控制和功能操作均在控制台上进行,操作简单方便,灵活可靠,并可根据需要另设分控。

6)监控机房布置及要求

监控室统一供给摄像机、监视机及其他设备所需要的电源,并由监控室操作通断。监控室应配有内外通信联络设备(如直线电话一部),提供架空地板或线槽,并提供不间断的稳压电源。监控室宜设置于底层,面积不小于 12 m²。

设备机架安装竖直平稳。机架侧面与墙、背面与墙距离不小于 0.8 m,以便于检修。设备安装于机架内牢固、端正。电缆从机架、操作台底部引入,将电缆顺着所盘方向理直,引入机架时成捆绑扎。在敷设的电缆两端留有适度余量,并标有标记。

监控室温度控制范围:16~28 ℃,湿度控制范围:30%~50%。

7)供电与接地

监视电视系统应由可靠的交流电源回路单独供电,配电设备应设有明显标志。供电电源采用 AC 220 V、50 Hz 的单相交流电源。

整个系统宜采用一点接地方式,接地母线应采用铜质线,接地电阻不得大于4 Ω。当系统采用综合接地时,其接地电阻不得大于1 Ω。

8)系统的管线敷设

管线的敷设要避开强电磁场干扰,从每台摄像机附近吊顶排管经弱电线槽到弱井,再引到电视监控机房地槽。电源线(AC 220 V)与信号线、控制线分开敷设。尽可能避免视频电缆的续接。当电缆续接时采用专用接插件,并作好防潮处理。电缆的弯曲半径宜大于电缆直径的1.5倍。

9)出入口控制工程平面图

出入口控制装置的布置示例见图7.23。该图为某大楼各室的出入口控制系统的设备平面设置。该系统使用IC卡结合监控电视(CCTV)摄像机进行出入个人身份鉴别和管理。

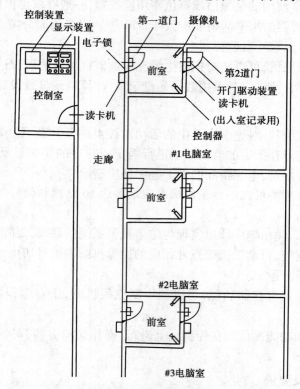

图7.23　某大楼出入口控制系统设备布置图

· 7.4.3　门禁与可视对讲系统 ·

在先进的计算机技术、通信技术、控制技术及IC卡技术基础上,采用系统集成方法,逐步建立一个沟通业主与业主,业主与综合管理中心,业主与外部社会的多媒体综合信息交互系统,为业主提供一个安全、舒适、便捷、节能、高效的生活环境,实现以家庭智能化为主的、可持续发展的智能化小区。

1)门禁系统的工作原理

(1)门禁系统的基本组成

门禁是一种以CPU处理器为核心的控制器、信息采集器和电控锁等组成的控制网络系统,通过系统的信息读取、处理,实现对各种门锁开关的自动控制。

按信息读取的方式可分为:插卡式、感应式、图像(指纹)识别式、眼睛虹膜识别式等。它们的科技含量和系统造价次序依次增高。

独立式门禁是非网络型的,每个门锁各自独立,其信息读取通常是插卡式和感应式,优点是造价低。

网络型门禁系统是由门禁控制器、读卡器、开门按钮、电控锁具、通讯转换器、智能卡、电源、管理软件等组成。可以与计算机进行通讯,直接使用软件进行管理,有管理方便、控制集中、可以查看记录、对记录进行分析处理等特点。

图 7.24 为一个最简单的联网门禁系统,系统的配置有:一台门禁控制器,一个 12 V 电源,一个出门按钮,一把电锁,一个读卡器,一个 485 通讯转换器和一台计算机。

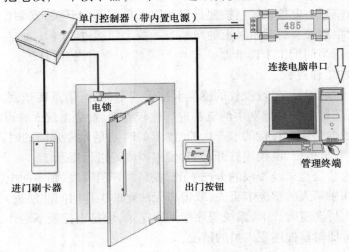

图 7.24 联网门禁系统组成示意图

(2)门禁系统的主要设备

①控制器。用来收集读卡器传来的信息并进行处理,发出指令,控制电控锁的开启,存储感应卡资料数据,完成总线联网功能等。控制器是整个系统的核心,负责整个系统信息数据的输入、处理、存储、输出,控制器与读卡机之间的通讯方式一般常采用 RS485 通信格式。

②读卡器。负责读取感应卡上的数据信息,并将数据传送到控制器。不同技术的卡要用相同技术的读卡机,比如用 Mifare 卡就要使用 Mifare 读卡器。它可以专配,也可以选配,只要符合接口要求即可。读卡器安装位置在出入口门的外边框近距离处。

③智能卡。在智能门禁系统当中的作用是充当写入读取资料的介质。用来存储个人信息的 IC 或 ID 感应卡,其内部含有一片集成电路和感应线圈,感应卡接近读卡器时,将其内部存储的信息通过感应的方式传递给读卡器,实现开门的目的。从应用的角度上讲,卡片分为只读卡和读写卡;从材质和外形上讲,又分为薄卡、厚卡、异形卡等。

④电控门锁。电控门锁是门禁系统中的执行部件,控制出入口门的开与关状态。其安装位置是在出入口门房间内的门框上或者门扇上。电控门锁分为电磁锁和电控锁两种类型。

电磁锁是利用电流通过电磁线圈时,产生较大的电磁吸力,将门上所对应的吸附板吸住而产生关门的动作并达到门禁控制的目的。因为门的关闭需要线圈长期带电而消耗能量,目前应用得较少。

电控锁有阳极锁(直插式)和阴极锁两类,锁具由锁舌(动态)和锁槽(静态)两部分组成,将锁舌安装在门框上,锁槽安装在门扇上,通常称为阳极锁(直插式)。因为锁具的控制线不用配到活动的门扇上,所以常用于单开门的控制。如果将锁舌安装在门扇上,锁槽安装在门框上,通常称为阴极锁。当阴极锁需要外接电源时,导线要经过活动的门扇,需要通过电合页或电线保护软管进行导线的连接,常用于双开门的控制。

磁卡电控门锁通常是内置电池,不需外接电源线及控制线,锁舌一般安装在门扇上面,常用于酒店的客房门。

电控锁应用比较广泛,各种材质的门均可使用。作为执行部件,锁具的稳定性和耐用性是非常重要的。

⑤电控锁开门按钮。电控锁开门按钮是房间内人员的开门开关,安装位置是在被控大厦门厅出入口门的近距离处。目前市场上的产品有一控 1 门、一控 2 门、一控 4 门(即一个控制器控制 4 个门)等,每个门配 1 个读卡器、1 个电控锁具、1 个房内开门按钮。

(3)门禁系统的工作过程

门禁系统的工作过程是:经过授权的感应卡接近读卡器后,信息传送到控制器,控制器的 CPU 将读卡器传来的数据与存储器中的资料进行比较处理后,会出现 3 种可能结果:

其一:传来的数据是经过授权的卡产生的,读卡的时间是允许开门的时段,这两个条件同时满足则向电控锁发出指令,电控锁打开,同时发出声或光进行提示。

其二:当传来的数据是未经授权的卡产生的,或是非开门时段,则不向电控锁发指令,读卡无效,门打不开。如果某人的感应卡丢失,取得者无法在非工作时间非法进入。

其三:当安保人员巡逻时读卡,系统程序作一次记录,但是电控锁不动作,在巡更管理终端上显示,便于值班员随时掌握巡逻人员的情况。

如果有人需要从房间内出来时,按下开门按钮开关,控制器收到信息后向电控锁发出指令,电控锁打开,闭门器能自动辅助门扇的关闭。

门禁系统的功能设置是在 PC 工作站上以桌面的方式进行的。这些功能包括开门与关门时段的设置、感应卡授权、卡号与受控门的对应设置、考勤统计报表、巡更卡号的设置等。通过修改程序,还可实现门禁系统与其他系统的联动等。网络管理员有权在工作站上进行任何一扇门的开启。

(4)门禁系统的集成

一个网络门禁系统是由许多台门控器组成,各门控器之间通过 RS485 总线与门禁网络控制器相联,组成一个门禁网络系统。该网络通过以太网总线与计算机局域网相连接,形成一个三级系统集成,三层网络结构,可以由上而下实现管理控制。下层网络既能受上层管理控制,也可以不依赖于上层而独立工作,当上层发生故障或者断开链路时,也不会影响本层和下层的正常工作。这样,既提高了网络门禁管理的智能化程度,又能提高每个控制器的可靠性。

(5)门禁系统的配线

门禁系统的配线由厂家的系统组成决定,但广泛应用聚氯乙烯绝缘聚氯乙烯护套的铜芯软导线 RVV 和屏蔽双绞线 RVVP,根据导线敷设距离选择不同规格的导线。

①主电源:220 V 交流电源,广泛应用聚氯乙烯绝缘聚氯乙烯护套的铜芯软导线 RVV(2 ×

2.5 mm²）；

　②锁电源：RVV（2×1.0 mm²）最长 100 m；RVV（2×0.5 mm²）最长 35 m；

　③读卡器线缆：控制器到读卡器电源线材，屏蔽双绞线 RVVP（2×1.0 mm²）最长150 m；RVVP（2×0.5 mm²）最长 40 m；

　④门磁信号线：RVV（2×1.0 mm²）最长 500 m；RVV（2×0.5 mm²）最长 300 m；

　⑤按钮信号线：RVV（2×1.0 mm²），最长 500 m；RVV（2×0.5 mm²），最长 300 m。

2）楼宇可视对讲与门禁系统

为了达到控制人员出入小区、对业主实行安全管理以及各种事故的安全防范的目的，现代的住宅小区广泛应用智能化楼宇可视对讲与门禁系统，为业主提供更安全、方便、放心的小区环境。楼宇可视对讲与门禁系统组成案例示意图可参见图 7.25。

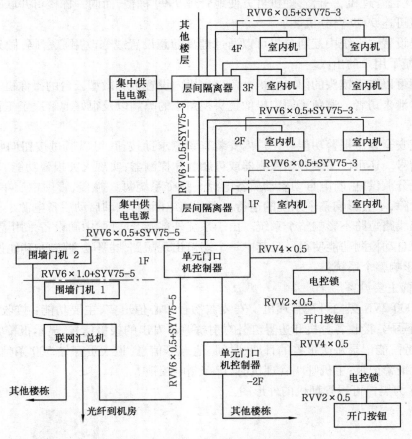

图 7.25　可视对讲与门禁系统示意图

（1）系统组成

智能化楼宇可视对讲系统由管理中心、单元门口主机、住户室内机、集中供电电源、主机控制器、层间（层间平台）隔离器、主机电源等组成。可实现访客呼叫、对讲、开锁、门禁管理等功能，具体配置如下：

　①管理中心机。保安室安装 1 台管理中心机（联网汇总机），对整个小区进行管理。

　②单元门口主机。每栋单元门口处都安装一台单元门口主机，对门栋进出进行管理控制。

③单元联网器。每单元装一台单元联网器,作为单元联网用。

④住户分机。每户安装一个对讲分机,可实现可视、对讲、开锁、呼叫管理中心等功能。

⑤集中供电电源箱。为层间平台和室内分机提供电源。

⑥层间平台。隔离保护室内分机,切换音视频。

⑦主机电源(集中供电电源)。为单元门口机、围墙主机和电控锁提供电源。

(2)系统功能及特点

智能化楼宇对讲系统具有以下特点和功能:

①强大的光纤组网能力。系统采用光纤来传输所有信号,不同类型的分机和不同楼栋的主机都可以通过小区以太网互联组网。

②统一编址。系统采用八位编码,最大容量为 99999999,系统内所有设备统一编址,同一小区可接 99 台管理机,一台管理机可方便地管理 9999 栋楼,而同一栋楼可并联 99 台门口机,一台门口机可连 9999 台分机。

③密码设置。系统中互通分机可以通过键盘随意设置或修改用户密码,做到一户一个密码,大大方便了用户的出入。

④采用可以转动镜头的门口主机。门口主机内设置带有微型云台的摄像机,可以全方位、多角度地看清来访者。避免了固定摄像镜头视角小的弊病以及很好地解决了工程商安装调试时的苦恼。

⑤家庭安全紧急报警功能。住户内安装有紧急求助按钮,可以通过按钮向物管中心发出紧急求助信号。还可以安装感烟探测器或可燃气体探测器,实现火灾报警功能。

⑥系统分散供电,断电自动启动后备电源。整个系统每一幢楼、管理中心单独供电,万一出现电源故障,不会影响整个系统的运行。遇到市电断电,自动启动后备电源。

⑦系统线路短路不影响整个系统。由于系统外部光纤联网,中间设备采用隔离器,强大的数据运行及自动检测功能使得一旦其中一个端口出现短路,也不会影响到其他设备的正常运行,不至于影响整个系统。

(3)系统主要设备

①DF2000-2VN 黑白可视管理机。安装在物管中心值班室,主要功能:接收各分机呼叫,并显示来电号码;接收各分机和边界红外对射探测器发出的报警信号,显示报警类型及分机号码和边界位置;能记录每次报警的日期、时间、地点等信息,最大可存储 500 条信息记录;能随时查询历次报警记录;主机呼叫管理机时,可控制电控锁。

图 7.26 为黑白可视管理机的外形图。

图 7.26 黑白可视管理机

图 7.27 黑白可视
单元门口机

②黑白可视单元门口机。安装在楼栋门的外侧面,主要功能:呼叫分机并能与分机实现可视对讲;接收分机遥控开锁;直接呼叫管理机;一栋楼可并接多台主机,多栋楼所有主机亦可互联;能给主机进行编码,4位编码;可以利用分机密码或刷卡实施开锁;与主机控制器配合使用,使得进入主机的线材大大减少;金属按键,LCD显示,摄像头:1/3" CCD摄像头,可调整上下角度。图7.27为黑白可视单元门口机的外形图。

③HY-2002主机控制器。主要功能特点:采用总线结构,通讯稳定可靠;声音电路相对独立,可实现系统内多组设备同时通话;自动完成关联设备的音、视频切换,是单元门口主机、分机、管理机及小区门口机等设备通讯的"中心交换机";采用接插口方式连接,施工安装方便。图7.28为主机控制器的外形图。

④HY-152BV6免提可视分机。安装在住户内,壁挂方式安装,主要功能:分机与管理机之间可双向呼叫通话,住户如有紧急情况,可按报警键向管理机报警;能输入和修改密码,并且能使用密码在门口主机上开锁或撤防。能外接可视、非可视小门口机,也能外接门铃按钮,使分机兼有单纯门铃功能;自带报警功能,可驳接各种探头(如红外、门磁、窗磁、烟感、煤气探头和紧急按钮等);具有图像抓拍功能,当有访客呼叫某台分机时,系统自动抓拍一张图片,业主可轻松方便地在分机上查询各个时间段访客的资料,包括访客图像、呼叫时间等信息;当分机无人接听时,系统自动提示访客进行留言,时间为30秒。图7.29为免提可视分机的外形图。

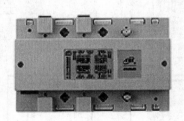

图7.28 主机控制器　　　图7.29 免提可视分机　　　图7.30 系统电源

⑤DE-2000A系统电源。电源设备是整个系统中非常重要的部分,如果电源出现问题,整个系统就会瘫痪或出现各种各样的故障。门禁系统一般都选用较稳定的线性电源。对讲产品的电源采用性能极为优良的集成电路,具有输出电压稳定、纹波小、带载能力强及自损耗小的优点,内置蓄电池,交流电停电时,系统可以继续工作。图7.30为系统电源的外形图。

⑥HY-735层间隔离器。安装在层间平台箱内,主要用于户与户之间或户与层之间设备的隔离,起到隔离故障信号,过滤无用信号的作用。当某一户出现了问题,不会影响整个系统的正常工作。层间隔离器还具有视频分配功能,将门口机视频信号经过隔离器分配到各路分机。它的外形与主机控制器的外形相同(见图7.28)。

⑦管理软件。负责整个系统监控、管理和查询等工作。管理人员可通过管理软件对整个系统的状态、控制器的工作情况进行监控管理,并可扩展完成巡更、考勤、停车场管理等功能。

⑧系统配线。系统配线为RVV(6×0.5)+SYV75-5,RVV(6×0.5)用于开门按钮控制线2根,对讲电话线2根,室内报警信号线2根,SYV-75-5为阻抗特性75 Ω的同轴电缆视频线,配到层间平台进行转换。

图7.31为一个多门控制的联网门禁系统综合布线示意图。此图展示了485门禁系统综合布线组网的基本规则和出入方案的典型应用,在实际工程应用中可以灵活应用、自由组合;

要根据布线距离、组网效率来选择控制器型号;根据门质结构、美观易装来选择电锁类别;根据客户对出入管理功能需求来选择读卡器和开门设备……

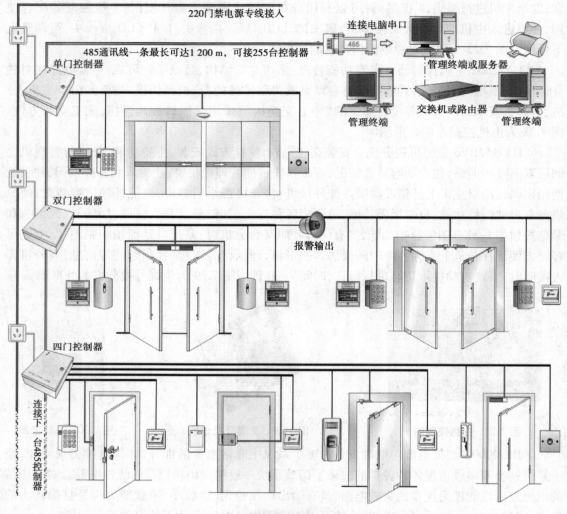

图 7.31　多门控制的联网门禁系统示意图

· *7.4.4　停车场管理系统* ·

我国机动车的数量增长很快,合理的停车场设施与管理系统不仅能解决城市的市容、交通及管理收费问题,而且是智能楼宇或智能住宅小区正常运营和加强安全的必要设施。

1)停车场(库)管理系统的主要功能

停车场(库)管理系统的主要功能分为停车和收费(即泊车与管理)两大部分。

(1)泊车

要全面达到安全、迅速停车的目的,首先必须解决车辆进出与泊车的控制,在停车场内设置车位引导标示,使入场的车辆尽快找到合适的停泊车位,保证停车全过程的安全。最后,必须解决停车场出口的控制,使被允许驶出的车辆能方便迅速地驶离。

（2）管理

为实现停车场的科学管理和获得更好的经济利益,必须创造停车出入与交费迅速、简便的管理系统,使停车者使用方便,也能使管理者及时了解车库管理系统整体组成部分的运转情况,能随时读取、打印各组成部分数据情况或进行整个停车场的经济分析。

2）停车场（库）管理系统的组成

停车场（库）管理系统一般由读卡机、自动出票机、闸门机、感应线圈（感应器）、满位指示灯和计算机收费系统等组成。

（1）车辆感应器

车辆出入的检测与控制,通常采用环形感应线圈方式或光电检测方式。应用数字式检测技术,可感知车辆的有无,用于启动取卡设备、读卡设备和启动图像捕捉。为防砸车功能的主要硬件设备。

图 7.32 为出入口分开设置的停车场管理系统管线布置示意图,因管理系统不同,其管线配置略有差异,施工时应根据产品说明或设计图进行调整。

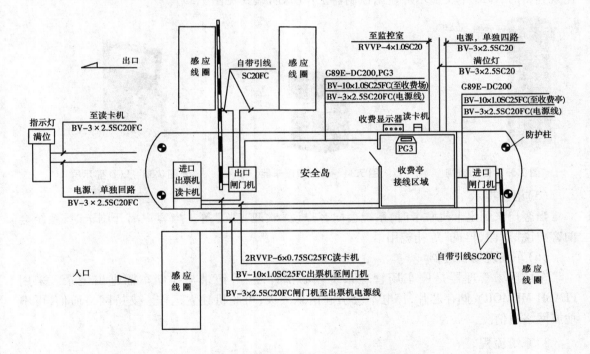

图 7.32 停车场管理系统管线布置示意图

感应线圈由多股铜丝软绝缘线做成,导线截面为 $1.5~\text{mm}^2$。感应线圈一般做成宽 1 800 mm,长 800 mm 的矩形框,其头尾部分绞起作为连接导线。感应线圈应放在 100 mm 厚的水泥基础上,且基础内无金属物体,四角用木楔固定,也可用开槽机将水泥地面开槽,然后将线圈放入槽内进行安装固定。感应线圈的线槽距电气动力线路距离应在 500 mm 以外,距金属和磁性物体的距离应大于 300 mm。线圈安装好后在线圈上浇筑与路面材料相同的混凝土或沥青。

安全岛在土建施工前应预埋穿线管及接线盒,穿线管口可高出安全岛 100 mm,管口应用塑料帽保护。

（2）自动道闸

一般采用发热小、速度快的直流伺服电动机，进行无级调速、防砸车保护、温度控制等模块使系统动作更加平稳、准确。高度集成了电路自检测、快速数字化使道闸操作管理智能化、简单化（见图7.33）。

（3）出入口读卡器

读取速度快，操作简便；使用时没有方向性，可以以任意方向掠过读卡器表面，即可完成读卡工作。感应卡具有防强磁、防水、防静电等功能，比接触式智能卡具有更好的防污损功能，数据保持可达10年以上（见图7.34）。

（4）LED显示屏

LED中文电子显示屏平时显示相关信息，如停车所要交纳的费用、问候语、开发商信息、操作提示语等，内容可自定，高亮度滚动式显示中文信息；同时所显示的内容可用语音的形式表达出来。

在读卡时，显示卡号及卡类型及状态（有效、过期、挂失、进出场状态）；智能停车场控制器出现异常时，LED中文显示屏显示控制器工作所处状态（见图7.35）。

图7.33　自动道闸

图7.34　出入口读卡器

图7.35　LED显示屏

（5）语音提示

当客户来到出卡机拿卡时，系统会向客户说"欢迎光临"等。当客户离开刷卡时，系统会向客户说"谢谢，再见"等礼貌用语。

（6）车场现场管理器

车场现场管理器是停车场管理系统核心部件之一，记录与存储车辆进出记录。采用FLASH MEMORY储存芯片，掉电不会引起信息丢失，可脱机独立运作。支持网络通信，可本地或网络通信。

3）系统流程

（1）业主车

业主开车进场时，只需持卡在入口控制机范围内，读卡器会自动读取车主卡上信息，LED显示屏会滚动显示并伴有语音提示"欢迎光临！"系统确认是否为合法卡，同时图像对比系统启动，摄像机会自动抓拍车辆图片，并存入数据库，自动挡车器打开，当车辆经过挡车器下方的地感线圈后，闸杆会自动落下，若车不过则不落杆，配合闸杆上安装的压力电波，真正实现双重防砸车功能，业主不需任何操作的情况下畅通地进到停车场泊车。

当业主车出场时，同入场时一样只需持卡在出口控制机范围内，读卡器会自动读取车主卡上信息，图像对比系统会自动抓拍车辆图片，并提取出车辆入场时的车牌号和图片信息，由值班人员进行人工比对,确认为同一部车同一张卡时,系统自动开闸放行,LED 显示屏会滚动显示并伴有语音提示"谢谢光临,祝您一路顺风!"若卡片信息与车牌信息不相符,由保安人员前来处理,保障车辆进出的安全性。

(2)临时车辆

临时车辆进场时来到控制机前,入口控制机前的地感线圈首先会感应到车辆,LED 显示屏会滚动显示并伴有语音提示"欢迎光临,时租车请取卡并带卡入场!"司机按键取卡后,图像对比系统启动,摄像机自动抓拍车辆图像,存入数据库,自动挡车器打开,当车辆经过挡车器下方的地感线圈后,闸杆会自动落下,临时车辆进入园区内停车场泊车。

临时车辆出场时,出口控制机前的地感线圈感应到车辆后,LED 显示屏会滚动显示并伴有语音提示"时租车请交费交卡!"车主将 IC 卡交给值班人员,值班人员在时租卡读卡器上一刷,电脑根据车辆入场时间和相对应的收费标准自动计费,LED 显示屏会滚动显示并伴有语音提示"请交费××元!"并存入数据库内,方便查询;同时图像对比系统会自动抓拍车辆图片,并且会自动调出入场时车辆的车牌号和图像信息,由值班员进行人工比对,确认为同一部车同一张卡,系统自动开闸放行,同时 LED 显示屏会滚动显示并伴有语音提示"谢谢光临,祝您一路顺风!"车过后,闸杆自动落下。图 7.36 为停车场车辆进入示意图。

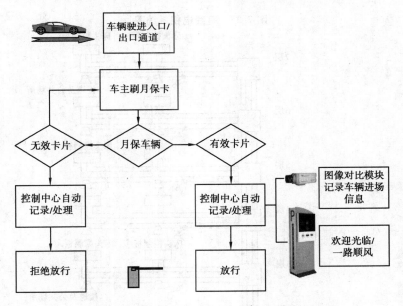

图 7.36　停车场车辆进入流程示意图

7.5　有线电视与广播音响系统工程实例

有线电视与广播音响系统工程实例见图 7.37~图 7.41。该建筑物为综合楼(相关资料见6.4节)。

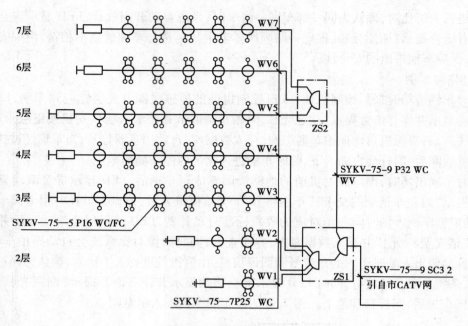

图 7.37　有线电视系统图

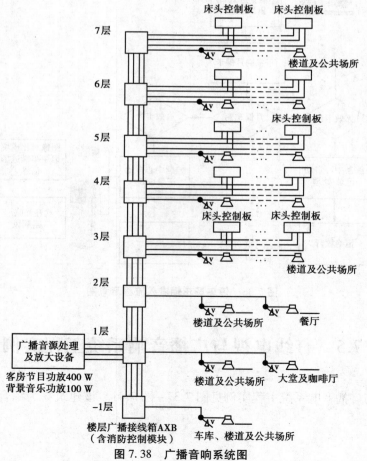

图 7.38　广播音响系统图

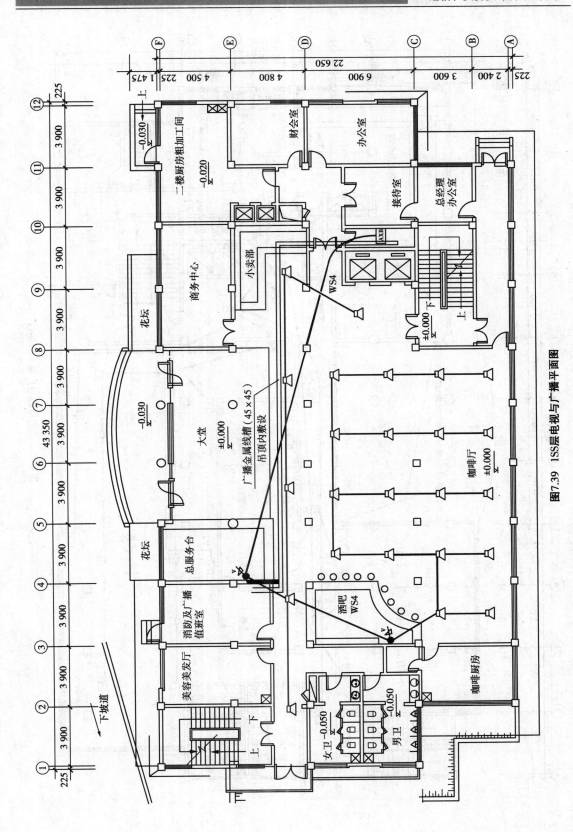

图7.39 1SS层电视与广播平面图

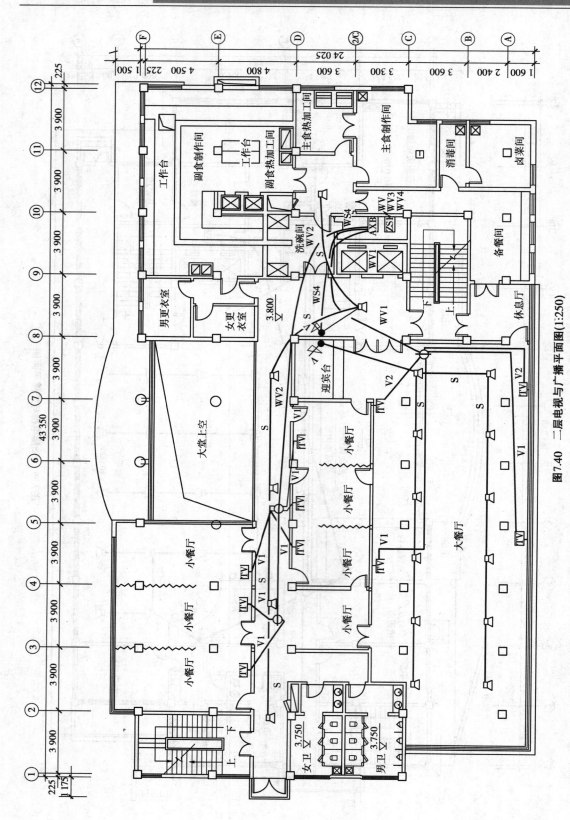

图7.40 二层电视与广播平面图(1:250)

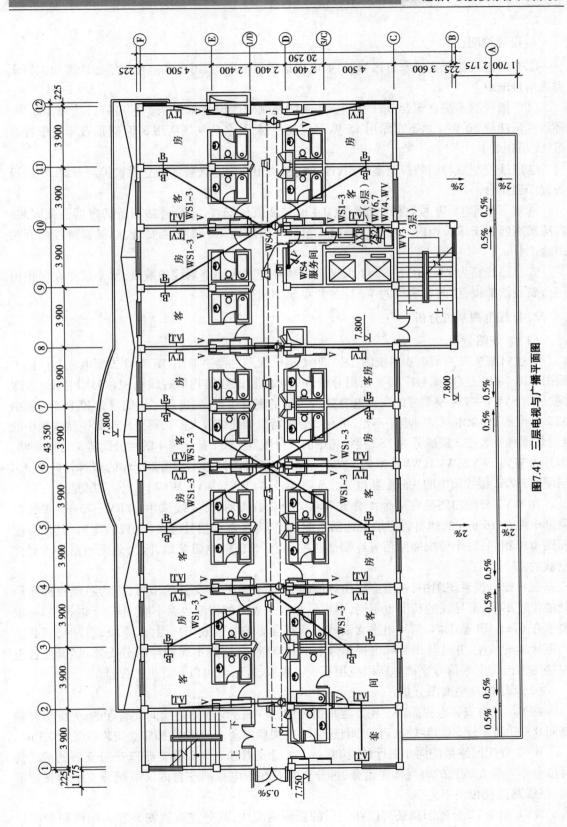

图7.41 三层电视与广播平面图

1）设计说明

①有线电视信号直接来自区域网,如电视信号电平不足,可以在进楼时增加线路放大器来提高信号电平。

②广播音响系统有 3 套节目源,走廊、大厅及咖啡厅设背景音乐。客房节目功放 400 W,背景音乐功放 50 W。地下车库用 15 W 号筒扬声器,其余公共场所用 3 W 嵌顶音箱或壁挂音箱(无吊顶处)。

③广播控制室与消防控制室合用,设备选型由用户定。大餐厅独立设置扩声系统,功放设备置于迎宾台。

④地下车库 15 W 号筒扬声器距顶 0.4 m 挂墙或柱安装,其余公共场所扬声器嵌顶安装,客房扬声器置于床头柜内。楼层广播接线箱竖井内距地 1.5 m 挂墙安装,广播音量控制开关距地 1.4 m。

⑤广播线路为 ZR—RVS—2×1.5,竖向干线在竖井内用金属线槽敷设,水平线路在吊顶内用金属线槽敷设,引向客房段的 WS1~3 共穿 SC20 暗敷。

2）有线电视系统分析

（1）系统图分析

通过对图 7.37 有线电视系统图、图 7.39 1 层电视与广播平面图、图 7.40 二层电视与广播平面图和图 7.41 三层电视与广播平面图分析,可以知道,该建筑物的有线电视信号引自市 CATV 网,是用 SYKV—75—9 型号的同轴电缆穿 32 mm 的钢管引来,先进入二层编号为 ZS1 接线箱中的 2 分配器(如果电视信号电平不足,可在 2 分配器前加线路放大器),再分配至 ZS1 接线箱中的 4 分配器和安装在 5 层编号为 ZS2 接线箱中的 3 分配器。ZS1 接线箱中的 4 分配器又分成 4 路,编号为 WV1、WV2、WV3、WV4,采用 SYKV—75—7 型号的同轴电缆穿 25 mm 的塑料管向 2、3、4 层配线。ZS2 接线箱中的 3 分配器也分成 3 路,编号为 WV5、WV6、WV7 向 5、6、7 层配线。

在 WV3 分配回路接有 4 个 4 分支器和 2 个 2 分支器,分支线采用 SYKV—75—5 型号的同轴电缆穿 16 mm 的塑料管沿墙或地面暗配,分别配至电视信号终端(电视插座)。其他分配回路道理相同,每个分配回路信号终端都通过一个 75 Ω 的电阻接地,因为分配回路是不允许空载的。

在有线电视系统图中,一般应标出导线的型号、长度及分支器的型号,因为各电视插座所处的位置不同,其导线的长度也不同,电视信号电平衰减的程度也就不同,但对于电视机,一般要求在 67±5 dB 范围内,信号电平太高或太低都会影响收视效果。因此,系统设计时,就必须知道导线的长度,并计算出导线电视信号电平衰减量,再选择不同型号的分支器,尽量使各电视插座输出端电平信号平衡。所以应用有线电视系统图,就可以计算出工程量。

（2）2 层电视平面图分析

在 1 层没有安装电视插座。在 2 层平面图中,WV1 分配回路是配向大餐厅的,先配至⑧轴墙面 0.3 m 的 4 分支器接线盒,再分别配至 4 个电视插座盒,一般电视插座盒安装高度为 0.3 m。

WV2 分配回路是配向小餐厅的,接有一个 4 分支器和一个 2 分支器,2 个分支器的接线盒可以分别安装在就近的电视插座盒旁,再分别配至 6 个电视插座盒内。虽然分支线的长短不同,但线路损耗相差不大。

WV1 和 WV2 分配回路还可以在一层的顶棚内配线,其分支器就安装在顶棚内相对应位置,再沿墙内暗配至对应的电视插座盒内,是比较方便的配线方式,其他楼层只要有吊顶道理也是相同的。

(3)三层电视平面图分析

在三层配电间标注有 WV3 引上,还应该标注有 WV4 分配回路。因为三、四、五层结构相同,五层平面图没有给出,所以在三层也标注有 ZS2,既指五层,在五层有 WV6、WV7 向上配至六、七层,也意味着与 WV3 一起引上的还有 ZS1 箱中 2 分配器的一个分配回路,同轴电缆型号一般是用 SYKV—75—9,经三层再配至五层 ZS2 箱中。

在三层,各分支器是布置在走廊金属配线槽的接线端子箱中(广播音响线路也是通过金属配线槽配线的,在接线端子箱中也有分支)。在二层有吊顶,金属配线槽配在吊顶内,我们可以将各分支器布置在 2 层走廊金属配线槽对应的接线端子箱中,各分支线再分别配至电视插座盒下方进入墙内引上。

另外,在三层的①~③轴的南北向客房不对称,用一个 2 分支器向 3 个电视插座盒配线是不太合理的方案,最好用一个 4 分支器(很少有 3 分支器),分支器的分支接口可以空着,不影响信号质量。⑦~⑨轴等处道理也是相同的,也是空着一个分支接口,如果从⑧轴的 4 分支器推移过去,会使各电视插座盒配线长短不同,从经济上看意义也不大。

3)有线广播音响系统分析

(1)系统图分析

通过对图 7.38 有线广播音响系统图、图 7.39 一层电视与广播平面图、图 7.40 二层电视与广播平面图、图 7.41 三层电视与广播平面图的分析和设计说明,我们可以知道,该建筑物的客房控制柜有 3 套节目源,在平面图中分别编为 WS1、WS2、WS3。楼道及公共场所设背景音乐,为独立节目源,编号为 WS4。

每层楼的楼道及公共场所分路配置 1 个独立的广播音量控制器,可以对各自的分路进行音量调节与开关控制,咖啡厅分路也配置 1 个独立的广播音量控制器。大餐厅还设置有扩声系统,功放设备置于迎宾台房间内。

广播线路为 ZR—RVS—2×1.5 阻燃型多股铜芯塑料绝缘软线,干线用金属线槽配线,引入客房段用 20 mm 钢管暗敷。每个楼层设置一个楼层广播接线箱 AXB,因为有线广播与火灾报警消防广播合用,所以在 AXB 中也安装有消防控制模块,发生火灾时,可以切换成消防报警广播。

(2)一层广播平面图分析

广播控制室与消防控制室合用,在 6.4 中已经介绍。广播线路通过一层吊顶内的金属线槽配至配电间的 AXB 中,再通过竖井内金属线槽配向各楼层的 AXB。金属线槽的规格是 45 mm×45 mm(宽×高)。

一层的广播线路 WS4 有 2 条分路,1 条是配向在咖啡厅、酒吧间的广播音量控制器,再配向吊顶内与其分路的扬声器连接;另 1 条楼道分路广播音量控制开关安装在总服务台房间。因为 WS4 分路的扬声器还用于火灾报警消防广播,所以需要经过一层 AXB 中的消防控制模块。

2 条分路从 AXB 中出来可以合用一条线,可以先配向总服务台房间的广播音量控制开关盒内进行分支,然后再配向咖啡厅、酒吧间的广播音量控制开关。此段线可通过一层吊顶内的金属线槽配线,在④轴处如果安装一个接线盒,在接线盒中就可以分成 2 条分路,再穿钢管保护分别配至广播音量控制开关盒内。广播线路的每条分路中扬声器连接全是并联关系,所以 WS4 分路的广播线也是 ZR—RVS—2×1.5。

（3）二层广播平面图分析

二层的广播线路仍然是 WS4，也是 2 条分路。1 条是配向迎宾台房间的扩声系统，再配向大餐厅吊顶内的扬声器。另 1 条是配向楼道分路广播音量控制开关，再配向楼道吊顶内的扬声器。2 条分路从楼层的 AXB 引出时可以合用，可以沿一层吊顶内配至⑧轴，再沿墙内配至二层 1.4 m 高的楼道分路广播音量控制开关盒内，进行分路。

（4）三层广播平面图分析

三层以上楼道 WS4 回路的广播音量控制开关安装在服务间，扬声器安装在吊顶内，配线方式与 2 层楼道 WS4 相同。

三层客房内的广播线路是 WS1～3（共 6 根线），扬声器安装在床头控制柜中，其出线盒一般在 0.3 m 处，所以可以在二层的顶棚内沿金属线槽配线，在顶棚内分支接线箱处接线，通过保护钢管配向客房床头控制柜下方，再沿墙内配向床头控制柜进线口处。

通过床头控制柜的节目选择开关，可以在 3 套节目中进行选择，其他楼层的配线道理也是相同的。

通过以上实例分析，可以了解到有线电视与广播音响系统的配线工程并不复杂，因为其信号点和控制点并不多，只要在系统图中的标注和说明比较详细，再对照平面图分析是比较容易识读的。对于大多数人来说，弱电工程都感觉比较陌生，主要是因为不经常接触。比如住宅照明工程，人们在日常生活中经常接触，所以比较好理解。另外，弱电工程中的设备，高、新技术产品发展比较快，更新换代也比较快，对于新设备的功能我们不了解，所以系统的概念就比较陌生。其他的弱电工程道理也是相同的，只要接触多了，也就容易理解了。

7.6　综合布线系统

综合布线系统是建筑物内以及建筑群之间的信息传输网络。它能使建筑物内以及建筑群之间的语音设备、数据通信设备、信息交换设备、建筑物物业管理设备和建筑物自动化管理设备等与各自系统之间相连，也能使建筑物内的信息传输设备与外部的信息传输网络相连。

·7.6.1　综合布线系统概述·

1）综合布线的发展

综合布线的发展与智能建筑的发展是分不开的，智能建筑的出现推动了综合布线的发展。随着大楼内设备、系统日益增多，每个系统都依靠其供货商来安装符合系统要求的布线系统。由此带来了许多问题，并造成建设过程的冲突，特别是计算机网络技术的成熟，商业机构安装计算机网络系统成为必然，但是各个不同的计算机网络都需要自己独特的布线和连接器，客户开始抱怨他们每次更改计算机平台的同时都要改变其布线方式。为了赢得及保持市场的信任，美国的电话电报公司贝尔（Bell）实验室的专家经过多年的研究，于 20 世纪 80 年代末期在美国率先推出了结构化布线系统（SCS），1988 年国际电子工业协会（EIA）中的通信工业协会（TIA）制定了建筑物 GCS 综合布线系统（Generic Cabling System）的标准，这些标准被简称为 EIA/TIA 标准，EIA/TIA 标准诞生后，一直在不断地发展和完善。

综合布线系统主要是将建筑物中的 CNS 通信网络系统（Communication Netwoyks System）；OAS 办公自动化系统（Office Automation System）；BAS 建筑设备监控系统（Building Automation System）；SAS 安全防范系统（Security Automation System），也可包含消防系统；FAS

消防自动化系统（Firn Automation System）；BMS 建筑物管理系统（Building Management System）；MAS 大厦管理自动化（Management Automation System）等各单系统所需要连接的线一起统筹考虑，进行综合布置连线。

综合布线系统是一个模块化、灵活性极高的建筑物或建筑群内的信息传输系统，是建筑物内的"信息高速公路"。它既使语音、数据、图像通信设备和交换设备与其他信息管理系统彼此相连，也使这些设备与外部通信网络相连接。它包括建筑物到外部网络或电信局线路上的连接点，与工作区的语音或数据终端之间的所有电缆及相关联的布线部件，综合布线系统分层星形拓扑结构示意图如图 7.42 所示。

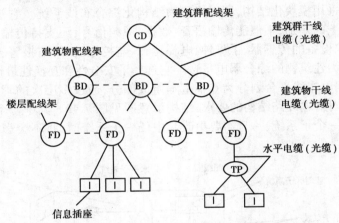

图 7.42　综合布线系统的拓扑结构

2）综合布线系统的特点

综合布线系统的特点是"设备与线路无关"。也就是说，在综合布线系统上，设备可以进行更换与添加，但是设备之间的连线可以不进行更换与添加。具体表现在它的兼容性、开放性、灵活性、可靠性和经济性等方面。

①兼容性。指它自身是完全独立的，与应用系统无关，可以适用于多种应用系统。

②开放性。指符合国际标准的设备都能连接，不需要重新布线。

③灵活性。指综合布线采用标准的传输线缆和相关连接硬件，模块化设计。因此，所有通道都是通用的，均可以接不同的设备。

④可靠性。指综合布线采用高品质的材料和组合压接的方式，构成一套高标准信息传输通道，而且每条通道都要采用仪器进行综合测试，以保证其电气性能。

⑤经济性。指综合布线在经济方面比传统的布线方式有其优越性，随着时间的推移，综合布线是不断增值的，而传统的布线方式是不断减值的。

3）综合布线系统在我国的应用

综合布线系统虽然有很多特点，但在我国的实际工程中并不是所有的系统都在应用，原因主要有以下几种：

（1）行规限制

由于行业规范要求，如消防报警与灭火系统、保安防范系统等要求独立，不能综合在一个网络，以保证运行安全可靠。

（2）不需过高的灵活性

楼宇中的某些系统一旦定位，在使用中就不再移位和扩充，如楼宇自动控制系统，定位后不再移动,也不需要过高的灵活性。

（3）初投资成本高

综合布线系统所用的线材（3 类线、5 类线）比某些单系统所用的线材价格高,另外综合布线的连接要求也高,需要用比较多的连接件,如 RJ45 标准接口等,因而增加了工程成本。

基于上述原因,综合布线和一般布线在楼宇中并存,综合布线系统仅应用于电话通信系统和计算机网络系统。

· 7.6.2 综合布线系统的结构 ·

综合布线系统采用模块化结构,所以又称为结构化综合布线系统。它消除了传统信息传输系统在物理结构上的差别,不但能传输语音、数据、视频信号,还支持传输其他的弱电信号,如空调自控、给排水设备的传感器、子母钟、电梯运行、监控电视、防盗报警、消防报警、公共广播、传呼对讲等,成为建筑物的综合弱电平台。它选择了安全性和互换性最佳的星形结构作为基本结构,将整个弱电布线平台划分为 6 个基本组成部分,通过多层次的管理和跳接线,实现各种弱电通信系统对传输线路结构的要求,结构示意图见图 7.43。其中每个基本组成部分均可视为相对独立的一个子系统,一旦需要更改其中任一子系统时,将不会影响到其他子系统。这 6 个子系统是:

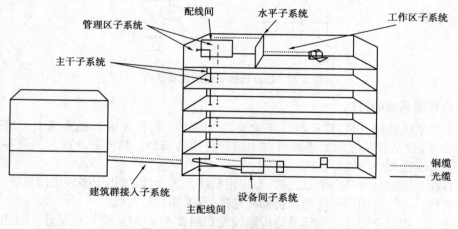

图 7.43 综合布线系统结构示意图

1）工作区子系统

（1）工作区子系统的基本概念

工作区子系统位于建筑物内、水平范围、个人办公的区域内,也称为终端连接系统,它将用户的通信设备（电话、计算机、传真机等）连接到综合布线系统的信息插座上。

该系统所包含的硬件主要有信息插座和连接跳线（用户设备与信息插座相连的硬件）,也包括一些连接附件,如各种适配器、连接器等,工作区子系统示意图见图 7.44。

在综合布线系统中,一个信息插座称为一个信息点,信息点是综合布线系统中一个比较重要的概念,它是数据统计的基础,一个信息点就是一根水平 UTP 线。

（2）信息插座

信息插座是终端设备与水平子系统连接的接口,它是工作区子系统与水平布线子系统之间的分界点,也是连接点、管理点,也称为 I/O 口或通信接线盒,常用的是 RJ-45 插座。信息插座的数量一般为 6~10 m² 配置一个。

（3）工作区线缆

工作区线缆也就是连接插座与终端设备之间的电缆,也称组合跳线,它是在非屏蔽双绞线（UTP）的两端安装上模块化插头（RJ-45 型水晶头）制成。活动场合采用多芯 UTP,固定场合采用单芯 UTP。

2）水平子系统

（1）水平子系统的基本概念

水平子系统位于一个平面上,由建筑物楼层平面范围内的信息传输介质（如四对 UTP 铜缆或光缆）组成,也称为水平配线系统。它的特点是水平布线 UTP 的一端连接在信息插座上,一端集中到一个固定位置的通信间内。

水平子系统是综合布线结构中重要的一部分,它是同一楼层所有水平布线的一个集合;是工作区子系统和通信间子系统之间的连接桥梁。它与整栋建筑的布线设计有关,且不易改变,因此,它的设置成功与否和综合布线系统的设计成功与否有极大的关系。

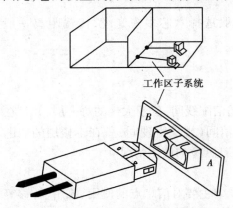

图 7.44　工作区子系统示意图

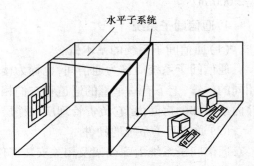

图 7.45　水平子系统示意图

水平子系统是一个星形结构,通信间是这个星形结构的"中心位",各个信息插座是"星位",水平子系统示意图见图 7.45。

（2）水平子系统布线的线缆类型

水平子系统布线线缆类型常用的为:4 对 100 Ω 非屏蔽双绞线电缆（UTP）、4 对 100 Ω 屏蔽双绞线电缆（STP）、62.5/125 μm 多模光纤线缆（多模光缆）,当水平子系统应用62.5/125 μm多模光纤线缆时,就是俗称的光纤到桌。

（3）水平子系统的布线距离

水平子系统对布线的距离有着较严格的限制,它的最大距离不超过 90 m。要明确的是,90 m 的水平布线距离是指信息插座到通信间配线架之间的距离,不包括两端与设备相连的设备连线的距离,因为设备生产厂家提供的保证是收发 100 m 以内,线缆能达到标准所规定的传输技术参数要求。

水平子系统的布线可以采用预埋在本楼层的顶棚内配管或在吊顶内明配管;也可以采用在地面预埋管或地面线槽布线等方式。

3）干线子系统

（1）干线子系统的基本概念

干线子系统是综合布线系统的主干,一般在大楼的弱电井内,平面位置位于大楼的中部,它将每层楼的通信间与本大楼的设备连接起来,负责将大楼的信号传出,同时将外界的信号传进大楼内,起到上传下达的作用。干线子系统也称垂直子系统、主干子系统或骨干电缆系统。

设备间与各通信间也是星形结构,设备间是这个星形结构的"中心位",各个通信间是"星位"。

(2)干线子系统布线的线缆类型

干线子系统硬件主要有大对数铜缆或光缆,它起到主干传输作用,同时承受高速数据传输的任务,因此,也要有很高的传输性能,应达到相应的国际标准要求。

大对数铜缆是以 25 对为基数进行增加的,分别是 25 对、50 对、75 对、100 对等多种规格,类型上分为 3 类、5 类 2 种。在大对数铜缆中,每 25 对线为一束,每一束为一独立单元,不论此根铜缆有多少束,都认为束是相对独立的,不同功能的线对不能在同一束电缆中,以避免相互干扰,但可在同一根铜缆的不同束中。

大对数铜缆的传输距离为:当带宽大于 5 MHz 时,只考虑系统在收发之间不超过 100 m 的最高上线,当带宽小于 5 MHz 时,最长可达到 800 m。

光缆应采用 62.5/125 μm 多模光纤,干线光缆一般选择六芯多模光缆,传输距离一般是 2 000 m。

4)通信间子系统

(1)通信间子系统的基本概念

通信间子系统简称为通信间,也称为楼层管理间、通信配线间,位于大楼的每一层,并且在相同的位置,上下有一垂直的通道将它们相连。一般通信间(楼层管理间)就在本楼层的弱电井内或相邻的房间内,它负责管理所在楼层信息插座(信息点)的使用情况。

(2)通信间子系统的硬件

通信间子系统由配线架及相关安装部件组成。配线架主要对信息点的使用、停用、转移等进行管理,也起到将各信息点连接到网络设备的作用,是综合布线系统的一个管理点。

铜缆的配线架连接方式有 2 种,夹接式连接板(IDC)方式和插座面板(RJ—45)连接方式。夹接式(IDC)的配线架都是以 25 对为一行。例如,300 对的配线架为 12 行组成,由专用的配线架操作工具将线进行夹接。插座面板(RJ—45)式是将线连接在 RJ—45 型水晶头上,进行插接,多用在机架上,一行(45 mm 空间)可安排 24 个插座。

光纤的配线架是面板插座式,连接方式是用光纤连接器,常用的光纤连接器是用户连接器(SC)和直尖连接器(ST)。

5)设备间子系统

设备间子系统也称为设备间或主配线终端,位于大楼的中心位置,是综合布线系统的管理中心,它负责大楼内外信息的交流与管理。另外,设备间也是存放大楼控制设备的地方,如存放网络服务器、网络交换机以及消防控制、保安监控设备等。

设备间子系统和通信间子系统在综合布线系统中的功能相同,只是在层次、环境、面积等方面有区别,也可以认为通信间是设备间的简单化、小型化。通信间是负责本楼层信息点的管理,而设备间是综合布线系统的总控中心、总机房,也是大楼对外进行信息交换的中心枢纽。但是,设备间的设备特指的是一些综合布线的连接硬件,如配线架等,不包括机房的有源设备,如数字程控交换机、网络服务器、路由器、网络交换机等。配线架的连接方式与通信间相同,只是数量多一些。

6）建筑群子系统

建筑群子系统用来连接分散的楼群，也称为建筑物接入系统。建筑群子系统主要负责建筑群中楼与楼之间的相互通信及建筑物、建筑群对外的通信工作，这样就需要各种电缆（铜缆或光缆）把它们连接起来。现代的建筑群子系统主要使用六芯多模光纤。

7）综合布线系统读图练习

图 7.46 为综合布线系统读图，图 7.47 和图 7.48 为综合布线平面布置图。

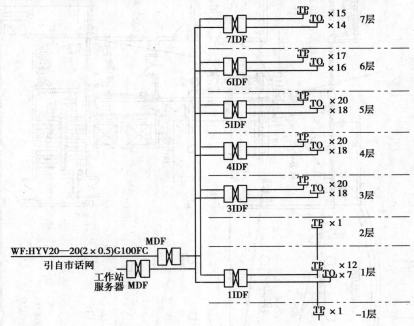

图 7.46　综合布线系统图

①电话与数据纳入综合布线系统。

②引至市话电缆室外部分直埋地敷设，进户穿 SC70 管保护，并预留一根 SC70 保护管。

③程控用户交换机、计算机主机及主配线架等设备安装于一层商务中心。楼层配线架在竖井内挂墙安装，底边距地 1.5 m。电话和数据用信息插座中心距地 0.3 m。

④干线子系统沿桥架在吊顶（水平部位）和竖井（竖向部分）敷设，水平子系统走线槽吊顶内敷设或穿沿地暗敷。平面图中的 S1 表示一根 8 芯 UTP 线（4 对 100 Ω 非屏蔽双绞线电缆），S2 表示二根 8 芯 UTP 线（其余类推），1~2 根穿 SC15，3~4 根穿 SC20 暗敷。

系统图分析：系统图中的 MDF 为主配线架（交换机），1IDF、3IDF~7IDF 为楼层配线架，电话电缆 WF 的标注为 HYV20—20（2×0.5）SC100FC，说明有 20 对电话线来自市话网，穿钢管100 mm 埋地暗敷设，既在同一时间内，只能有 20 部电话与市话链接。

本建筑内可安装一台 120~150 门的电话程控用户交换机，因本建筑的电话信息点 TP 数量为 14+3×20+17+15 = 106 个。电话程控用户交换机可用 6 条 25 对 UTP 配向 1IDF、3IDF~7IDF 楼层配线架。网络信息点 TO 数量为 7+3×18+16+14 = 91 个，本建筑内可安装一台 100门的网络交换机，可用 1 条 10 对 UTP 配向 1IDF、可用 5 条 20 对 UTP 配向 3IDF~7IDF 层配线架。

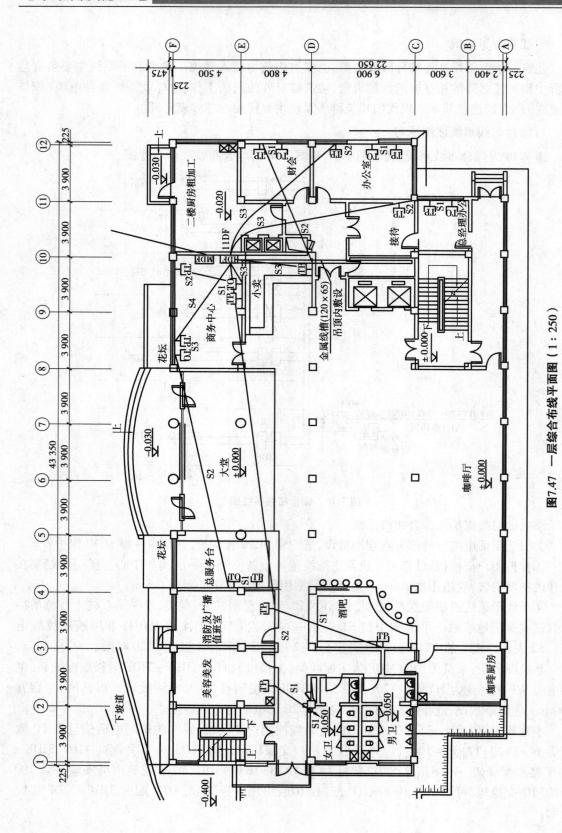

图7.47 一层综合布线平面图（1:250）

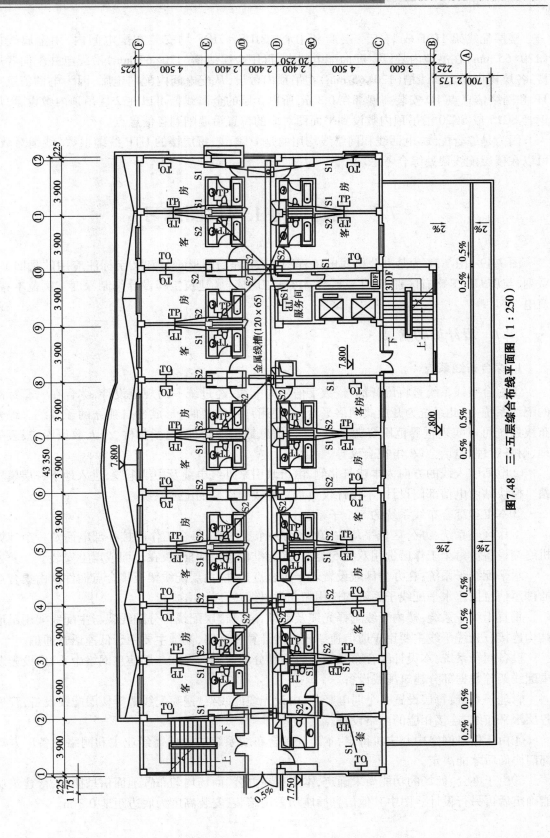

图7.48 三～五层综合布线平面图（1:250）

楼层配线架 1IDF 安装于一层商务中心,3IDF~7IDF 均安装在配电间内,用金属线槽(120×65 mm)在吊顶内敷设。配向配电间内,再用金属线槽(120×65 mm)沿配电井配向各层楼,各层楼也用金属线槽(120×65 mm)在吊顶内敷设,从配电间内配向走廊,因为电话信息点 TP 和网络信息点 TO 安装高度都在 0.3 m,所以 3 层的金属线槽可以在 2 层吊顶内敷设,再用钢管 SC15 或 SC20 沿吊顶内敷设到平面图对应的位置沿墙配到各信息点。

因为是综合配线,电话线和网络线均用的是 UTP 线,每层楼的 UTP 线缆根数(线缆对数)可以在楼层配线架处综合考虑。

7.7　建筑弱电工程读图练习

图 7.49~图 7.58 为某办公楼弱电工程图,该工程的图形符号和文字标注应用的是旧 GB 系列,与新 GB/T 略有区别,请注意区分。该施工图摘自《建筑工程设计编制深度实例范本:建筑电气》。

· 7.7.1　设计说明摘录 ·

1)综合布线系统

①综合布线系统是将语音信号、数字信号的配线,经过统一的规范设计,综合在一套标准的配线系统上,此系统为开放式网络平台,方便用户在需要时,形成各自独立的子系统。综合布线系统可以实现世界范围资源共享,综合信息数据库管理、电子邮件、个人数据库、报表处理、财务管理、电话会议、电视会议等。

②电话引入线的方向为本建筑北侧,由市政引来外线电缆及中继电缆,进入地下一层模块站。模块站由电信部门设计,本设计仅负责总配线架以后的配线系统。

③本工程综合布线系统的 5 个子系统。

工作区子系统:办公区域平均按 10 m² 为一个工作区,每个工作区接一部电话及一个计算机终端设备。每个工作区选用双孔 5 类 RJ45 标准信息模块插座,在地面或墙上安装。

水平配线子系统:在办公区域设置若干集合点插件,由层配线架至集合点插件及由集合点插件至信息插座水平配线子系统均选用超 5 类电缆。

垂直干线子系统:楼内干线选择光缆及铜缆,通过楼层配线将分配线架与主配线架用星形结构连接。光缆干线主要用于通信速率较高的计算机网络,铜缆主要用于低速语音通信。

设备间子系统:本设计综合布线系统数据部分的设备间设在一层信息网络中心,内设光缆主配线架等数据部分建筑配线设备。

管理子系统:每层设置 2 个弱电竖井,内设光缆配线架、铜缆配线架等楼层配线设备,管理各层水平布线,连接相应的网络设备。

④由于信息网络中心主机待定,本工程综合布线系统的形成需经业主和网络设备厂方等部门协商后才能决定。

⑤由于办公、商场的功能尚未确定,本工程在办公、商场均匀布置地面信息插座,待建筑功能确定后再另行设计。图中其他信息插座均采用暗装,安装高度为底边距地 0.3 m。

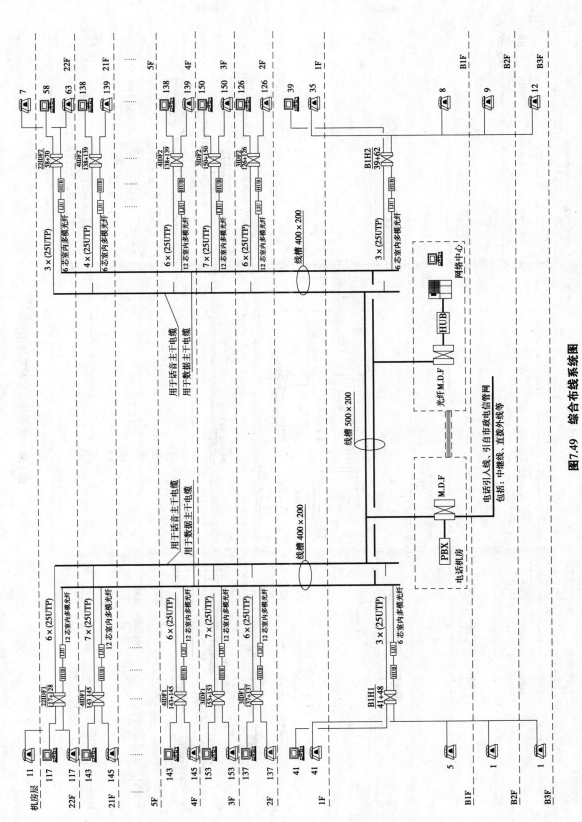

图7.49 综合布线系统图

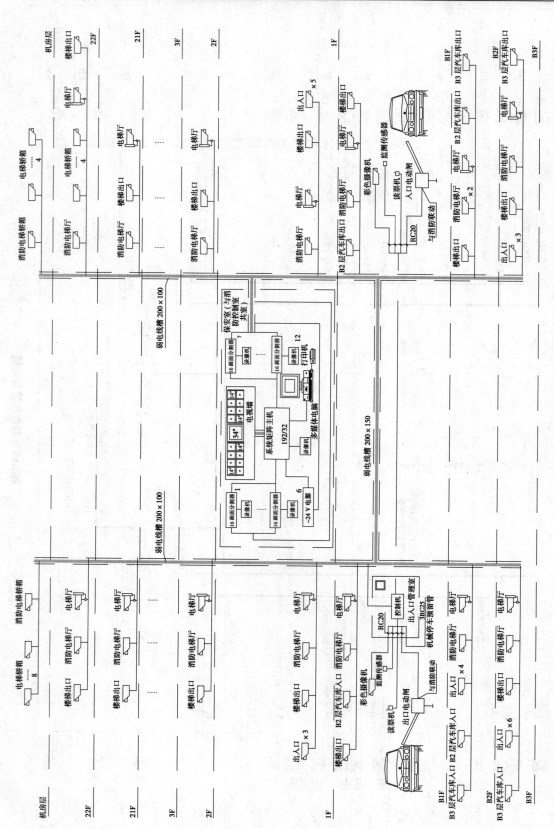

图7.50 保安闭路监视系统图

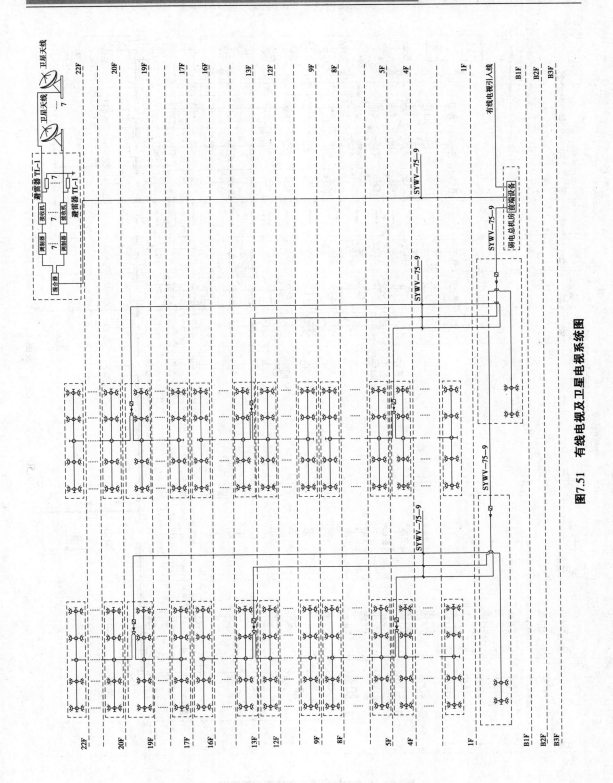

图7.51 有线电视及卫星电视系统图

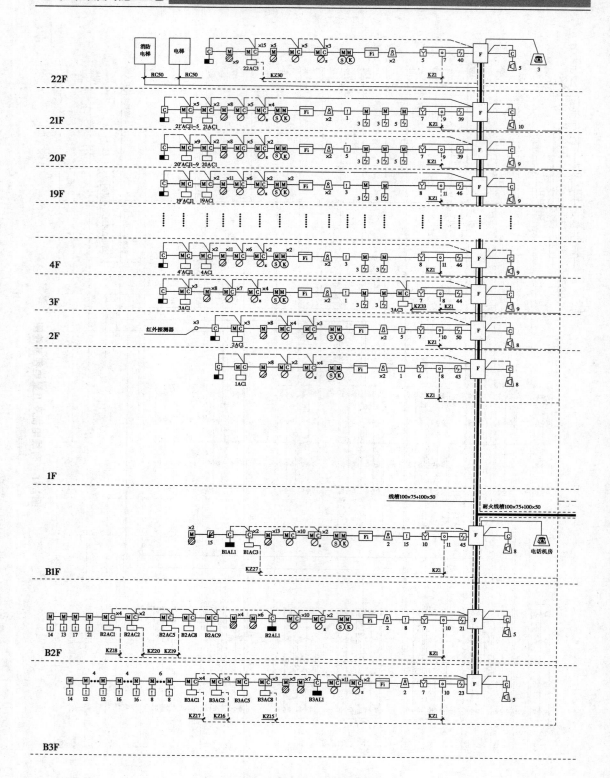

图7.52 火灾自动报警及消防联动系统图(一)

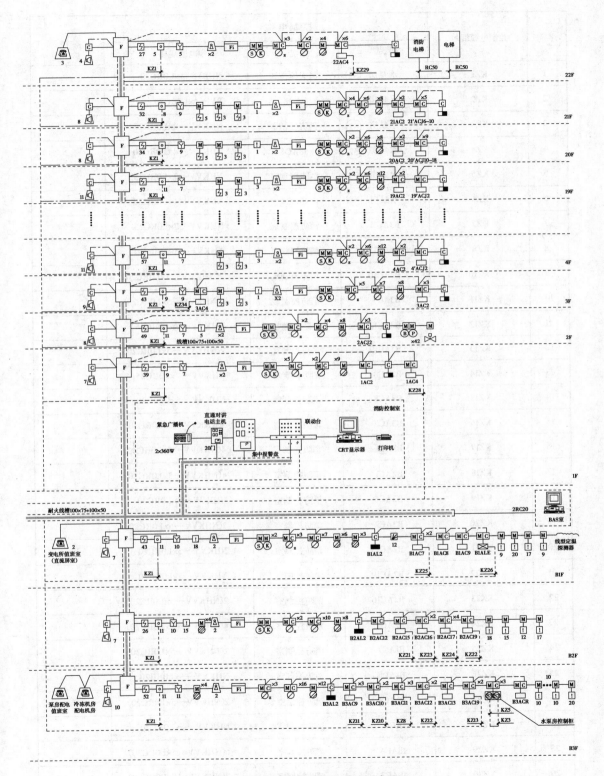

图7.53 火灾自动报警及消防联动系统图(二)

序号	控制电缆编号	控制电缆			备注
		起点	终点	控制电缆规格	
1	KZ1	水泵房 (S2)	消火栓按钮	NHBV—4×1.0RC20	
2	KZ2	水泵房 (S2)	水池	BV—4×1.0RC20	
3	KZ3	水泵房 (S2)	消防控制室	NHKVV—8×1.0RC25	
4	KZ4	水泵房 (S2)	18AC4	NHKVV—4×1.0RC20	
5	KZ5	水泵房 (S3)	消防控制室	NHKVV—7×1.0RC25	
6	KZ6	水泵房 (S3)	18AC4	NHKVV—4×1.0RC20	
7	KZ7	B3AC11	消防控制室	NHKVV—7×1.0RC25	
8	KZ8	B3AC11	消防控制室	NHKVV—5×1.0RC20	
9	KZ10	B3AC10	消防控制室	2(NHKVV—5×1.0RC20)	
10	KZ11	B3AC9	消防控制室	3(NHKVV—5×1.0RC20)	
11	KZ12	B3AC12	消防控制室	NHKVV—7×1.0RC25	
12	KZ13	B3AC19	消防控制室	2(NHKVV—5×1.0RC20)	
13	KZ14	B3AC8	消防控制室	NHKVV—7×1.0RC25	
14	KZ15	B3AC8	消防控制室	NHKVV—5×1.0RC20	
15	KZ16	B3AC2	消防控制室	3(NHKVV—5×1.0RC20)	
16	KZ17	B3AC1	消防控制室	4(NHKVV—5×1.0RC20)	
17	KZ18	B2AC1	消防控制室	4(NHKVV—5×1.0RC20)	
18	KZ19	B2AC5	消防控制室	NHKVV—5×1.0RC20	
19	KZ20	B2AC2	消防控制室	2(NHKVV—5×1.0RC20)	
20	KZ21	B2AC15	消防控制室	NHKVV—5×1.0RC20	
21	KZ22	B2AC19	消防控制室	NHKVV—5×1.0RC20	
22	KZ23	B2AC16	消防控制室	2(NHKVV—5×1.0RC20)	
23	KZ24	B2AC17	消防控制室	4(NHKVV—5×1.0RC20)	
24	KZ25	B1AC7	消防控制室	2(NHKVV—5×1.0RC20)	
25	KZ26	B1ALE	消防控制室	NHKVV—5×1.0RC20	
26	KZ27	B1AC3	消防控制室	2(NHKVV—5×1.0RC20)	
27	KZ28	1AC4	消防控制室	NHKVV—5×1.0RC20	
28	KZ29	18AC4	消防控制室	6(NHKVV—5×1.0RC20)	
29	KZ30	18AC3	消防控制室	7(NHKVV—5×1.0RC20)	

图7.54 控制电缆表

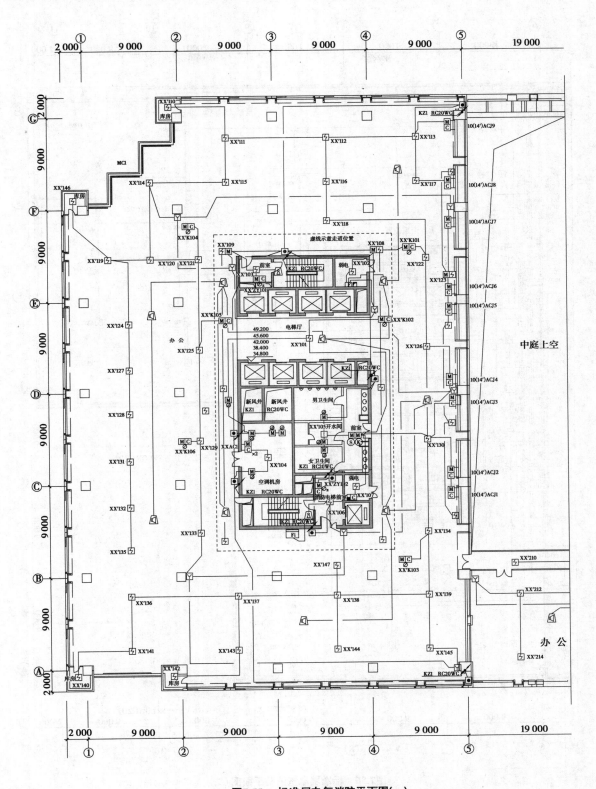

图7.55 标准层电气消防平面图(一)

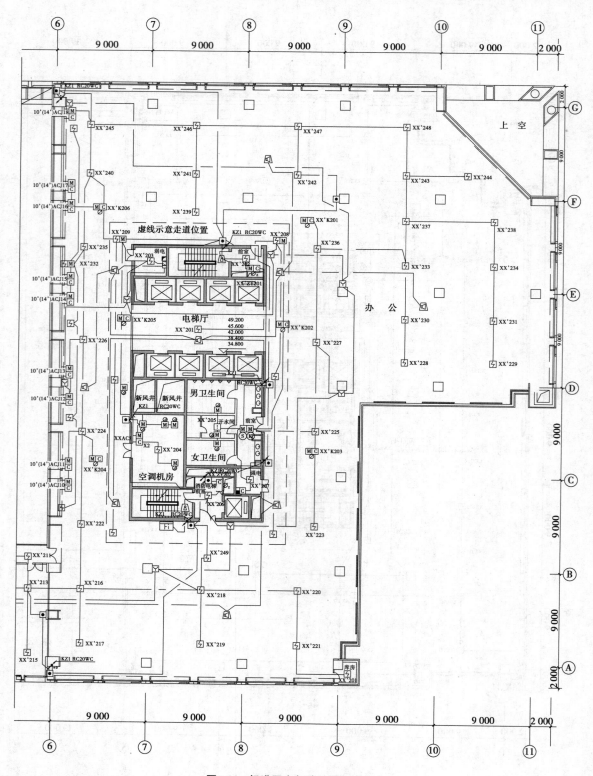

图7.56　标准层电气消防平面图(二)

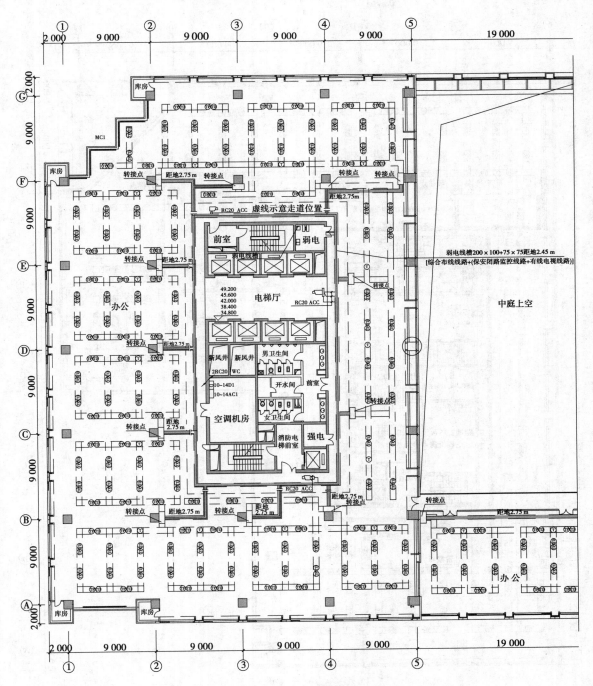

图7.57 标准层弱电平面图（一）

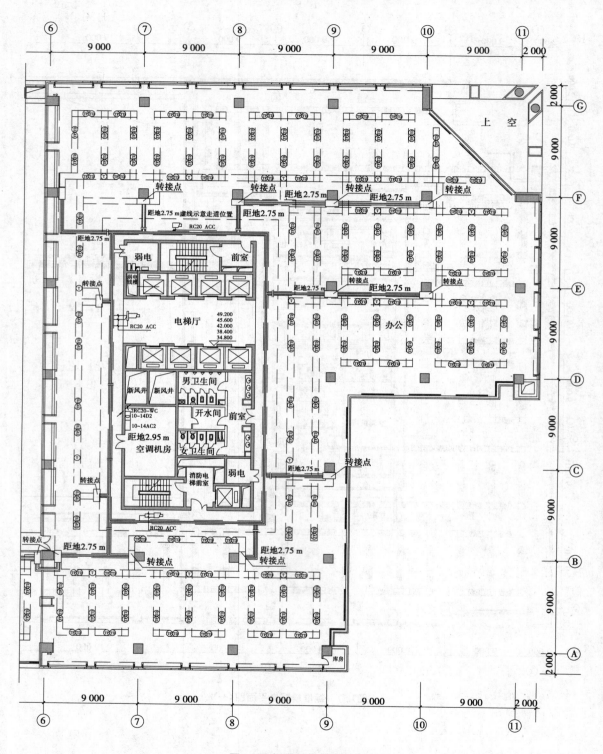

图7.58 标准层弱电平面图(二)

⑥本工程信息网络系统分支导线待定,其配用管径分别为 1、2 根线用 RC20,3、4 根线用 RC25,5、6 根线用 RC32,除图中注明外,其他均穿镀锌钢管暗敷设。

⑦综合布线系统技术要求

水平电缆采用 5 类 100 ΩUTP;水平与垂直光缆采用 62.5/125 μm 多模光纤;信息插座为 5 类 RJ45 型双孔(或单孔)插座,在双孔插座上应有可区别语音和数据插口的圆形标志;光纤插座为双芯带 RC 接头。

2)有线电视系统

①普通电视信号由室外有线电视信号引来,屋顶设卫星天线,接收卫星信号,卫星天线数量及接收节目待定。系统包括前置放大器、频道放大器、供电单元、浪涌保护器、同轴电缆、宽频带放大器、分配器、分支器、终端电阻、TV/FM 输出插口等装置。

②有线电视系统采用 750 MHz 双向数据传输系统。干线传输系统采用分配—分配或分配—分支系统。用户分配网络采用分配—分支系统。

③有线电视系统技术数据:分配器应选用带有金属屏蔽盒的分配器及 F 端子插头插座;分支器应具有空间传输特性;系统中分配器、分支器、线路放大器等元件可安装于设备箱内,设备箱采用镀锌钢板制成,在竖井内安装,箱底边距地 1.4 m 明装。电视分支线除注明外,均穿镀锌钢管(RC20)暗敷于结构板内,其他略。

3)综合保安闭路监视系统

①保安室设在主楼一层与消防控制室共用,内设系统矩阵主机,视频录像、打印机、监视器及 ~24 V 电源设备等。视频自动切换器接受多个摄像点信号输入,定时自动轮换(1~30 s)输出监控信号,也可以手动任选一个摄像机的画面跟踪监视、录像、打印。系统矩阵主机带输入、输出板,云台控制及编程、控制输出时、日、字符叠加等功能。在建筑的地下汽车库入口、一层大堂、各层电梯厅、电梯轿厢等处设置摄像机,电梯轿厢内采用广角镜头,要求图像质量不得低于 4 级。

②普通摄像机与保安室的配线应预留两根 RC20 管,带云台的摄像机应预留三根 RC20 管。

4)车场管理系统

①本工程在地下车库设一套车场管理系统,采用影像全鉴别系统,停车库出入口处设固定式摄像机。不管任何情况下,应能清晰地摄取所通过车辆的牌号和驾驶员容貌,其图像可通过视频分配器分 3 路输出:一路送至监控中心;一路送收费管理用监视器,供工作人员了解收费口工作情况;一路受分控室计算机控制,实现收费计算机联网。

②停车场管理系统应具备:自动计费、收费显示;出入口栅门自动控制;入口处设空车位数量显示;使用过期票据报警等。

③停车场管理系统应与消防系统联动,当发生火灾时,进口处挡车杆停止放行车辆,LED 显示屏显示禁止入内。同时,出口处挡车杆自动抬起放行车辆。

5)电气消防系统

(1)基本组成

消防系统由火灾自动报警、消防联动控制、消防紧急广播、消防系统直通电话和电梯运行监视控制等系统组成。

(2)消防控制室主要设备

本工程在首层设置消防控制室,对全楼的消防进行探测监视和控制。消防控制室的报警控制设备由火灾报警控制盘、CRT 图形显示屏、打印机、紧急广播设备、消防直通对讲电话、电梯运行监视控制盘、UPS 不间断电源及备用电源等组成。

（3）火灾自动报警系统

本工程除了卫生间、更衣室等不易发生火灾的场所外，其余场所根据规范要求均设置感烟感温探测器、煤气报警器及手动报警器，中厅还设置红外光束感烟探测器。在各层楼梯前室适当位置处，设置一台火灾复示盘，当发生火灾时，复示盘能可靠地显示本层火灾部位，并进行声、光报警。火灾自动报警的数据传输采用总线方式或集散型网络系统，要求具有一定的开放性，至少应留有 25% 的备用容量，以便将来的发展。

（4）消防联动控制

在首层消防控制室设置联动控制台，控制方式分为自动控制和手动控制 2 种。通过联动控制台可以实现对消火栓、自动喷洒灭火系统、防烟、排烟、加压送风系统，以及切断一般照明及动力电源的监视和控制。

本工程的每个消火栓箱内设有手动控制按钮并附水泵启动后的信号指示（DC24V）。火灾发生时，可按动该消火栓报警按钮，启动消火栓泵并发出报警信号至消防控制室。

（5）手动报警按钮及消防专用电话

每个防火分区至少设置一个手动火灾报警按钮，从一个防火分区的任何位置到最邻近的一个手动火灾报警按钮的距离不应大于 30 m。手动报警按钮应附有对讲电话插孔（对讲电话插孔也可紧靠手动报警按钮独立安装）。手动报警按钮安装高度距地 1.5 m。

消防专用电话网络应为独立的消防通信系统，即不能利用一般电话线路或综合布线系统代替消防专用电话线路，应独立布线。

（6）消防紧急广播系统

在消防控制室设置消防广播机柜（台），消防紧急广播采用定压式输出，在地下层、屋顶层等适当位置处设置号筒式 3 W 耐火型扬声器，安装在距地 2 m 左右的墙上，其余各层的走廊及公共部分均设置耐火型 3 W 扬声器，安装在吊顶上，扬声器的直径为 200 mm。消防紧急广播回路按建筑层分路，每层一路。

· 7.7.2 读图分析要点 ·

因为有两个弱电井，但其每一层的布置是差不多的，所以只分析其中的一个弱电井（E、④轴线）及一侧平面图的弱电干线和设备布置情况。

1）标准层弱电平面图

弱电平面图布置主要是综合布线系统、保安闭路监视系统和有线电视及卫星电视系统的内容组合。由于该建筑属于写字楼，某一层的房间具体做什么尚未确定，还需要使用者二次装修，所以设计者只考虑系统的基本组成，实际装修时，还需要使用者和设备供应方进一步的完善。

（1）综合布线系统

本建筑的地下一层 F、④轴线处设置有电话机房和网络信息中心，在弱电井（E、④轴线；E、⑦轴线）中布置有数据主干电缆、语音主干电缆、集线器（HUB）、层配线架（IDF）等。以 4 层为例，语音（电话）信息终端设置有 145 个，分支线为 6×（25UTP），UTP 为 5 类多对数（25 对）100 Ω 非屏蔽双绞线，即 6 根用于语音信号传输的电缆，每根为 25 对双绞线。数据信息终端设置有 143 个，分支线为 12 芯室内多模光纤。

（2）保安闭路监视系统

保安室设置在一层（与消防控制室共室），室内设置有系统矩阵主机、电视墙等。从系统图中可以知道，在地下一层设置有车库管理系统，在标准层设置有 3 台摄像机，其中电梯厅的为一台云台式可旋转的摄像机，需要设置旋转电源控制线。另 2 台为固定式摄像机。

（3）有线电视及卫星电视系统

地下一层的弱电总机房设置了有线电视的前端设备，通过有线电视引入线将区域网电视信号引入，在 22 层安装有卫星接收天线（7 台）及避雷器、接收机、调制器等设备，可以接收卫星电视信号。在前端设备的输出端经放大器和 3 分配器分成 3 路，其中一路信号经放大器又放大送到 4 分配器分成 4 路，其中一路供地下一层的部分电视机用，另 3 路用金属线槽及 SYWV—75—9 电视电缆经 E、④轴线弱电井分别配到 4 层、13 层和 19 层。

在弱电井 4 层设置有线路放大器和 2 分配器，又分成 2 路，一路通过弱电井配到 5 层、6 层、7 层和 8 层电视分支器箱进行分支。另一路通过弱电井配到 4 层、3 层、2 层和 1 层电视分支器箱进行分支。设 4 层为标准层，在电视分支器箱中有 2 分支器，又分成 2 路，每一路又接了两个 2 分支器，形成了 8 个分路，每个分路又接了一个 4 分配器，再用 SYWV—75—5 电视电缆经金属线槽配到电视机插座，可连接 32 台电视机。

（4）标准层弱电平面图

在标准层弱电平面图上标注了弱电线槽的规格，为 200×100+75×75、距地 2.45 m。其中，200×100 用于综合布线系统，75×75 用于保安闭路监视系统和电缆电视的配线。在转接点的线槽标注高度为 2.75 m，说明线槽为上、下两层用吊架安装。转接点就是将顶棚布线沿柱子转接为地面线槽布线。

RC20 ACC：RC 为穿水煤气管敷设（穿焊接钢管敷设为 SC，新标准统一为 SC），ACC 为暗敷设在不能进入的吊顶内。

2）标准层电气消防平面图

电气消防平面图要与火灾自动报警及消防联动系统图一起读。在系统图中，一层设置有消防控制室（与保安室共用），通过耐火线槽 100×75+100×50 配到 E、④轴线弱电井，进行纵向配线到各层火灾报警接线箱（井道中）进行分支，以系统图 4 层作为标准层（实际的标准层为 10～14 层）为例，F 为层火灾报警接线箱，从右向左按图形符号和标注并结合消防平面图依次分析。

（1）扬声器

系统图中标注左侧平面图有 9 个扬声器，但在平面图上可查到 10 个，这是因为实际的标准层为 10～14 层，而系统图（尊重原始资料，编者没更改）中无标准层资料，我们是用 4 层作为参考的，所以略有区别，后面也有此不对应的情况出现，应以平面图上的分析数据为准。

在平面图 E、④轴线弱电井中，从层火灾报警接线箱引出 3 条线路，与火灾探测器、消火栓按钮、火灾报警按钮等相联的为报警总线；只与扬声器相联的为广播线；只与火灾报警按钮相联的为消防电话线。

（2）火灾探测器

系统图中标注左侧平面图有 46 个单独地址码的火灾探测器，编号为××'101～××'146，××'为楼层号，其中××'105（开水间）为感温火灾探测器，××'108 和××'109 各带 3 个感烟火灾探测器，即××'108 有 3 个火灾探测器共用一个地址码，其地址码是通过信号模块 M 来实现集合的，也就是说，左侧平面图共有 50 个火灾探测器。（注意：很难找的××'146 设置在 F、①轴线的库房内。)

（3）消火栓按钮

系统图中 4 层标注为 11 个消火栓按钮,而实际为 8 个,消火栓按钮除了与报警总线相连接外,还需要与安装在水泵房的消火栓泵及控制电路相联接,KZ1 就是到水泵房的控制线,规格为 NHBV—4×1.0RC20WC,KZ1 需要将不同楼层同一个位置的消火栓按钮控制线串联(或并联)起来配到水泵房,4 线是有 2 线用于消火栓 24 V 信号灯电源。

（4）火灾报警按钮

火灾报警按钮有 8 个,火灾报警按钮与消防电话插孔的数量是对应的关系,所以在结构上可以是合一的,也可以是独立的,独立的需要并排安装。消防电话插孔需要与消防电话线相联接。

（5）火灾显示灯和复示盘

火灾显示灯有 2 个,安装位置分别在两个楼梯间前室。复示盘为一个,安装位置在 B、③轴附近,可以像看地图一样复示火灾发生的位置。

（6）非电设备的转换信号

非电设备的转换信号主要是指需要联动的灭火(给水)设备和防、排烟设备的动作信号。

水流指示器 S:信号模块为 1 个,安装位置在卫生间前室。因为该建筑安装了自动喷淋灭火系统,当发生火灾时,温度升高使自动喷淋灭火系统的闭式喷头堵塞物熔化而打开,自动喷淋灭火系统水管有水流通,水流指示器 S 的电触点闭合,发出火灾信号,因此,水流指示器的电触点通过信号模块与报警总线相联接,有单独的地址码。

水阀门信号 K:信号模块为 1 个,在水流指示器管路前安装了一个带电触点的阀门 K,如果系统检修时需要关闭该阀门,也同样要向火灾报警中心发信号,其电触点也是通过信号模块与报警总线相联接,也有单独的地址码。

正压送风口 Z:为信号模块和控制模块的组合,共 2 组,分别标注为 XX' ZY101 和 XX' ZY102,安装在两个楼梯间的前室。正压送风口平时为关闭的,当发生火灾时,不能让浓烟滞留在楼梯间前室,致使人员无法疏散,需要打开正压送风口和启动正压风机。正压送风口可以有 3 种驱动方式,即手动、就地自动和消防室控制(远地)电动。控制模块是用于接通远地电动的电磁线圈 DV24V 电源,控制线应单独考虑。信号模块与报警总线相联接,有单独的地址码,向报警中心发出已经动作的信号。

自动排烟口为信号模块和控制模块的组合,共 6 组,分别标注为 XX' K101~XX' K106,该建筑安装了专门的排烟(通风)管道,平时排烟管道口是关闭的,当发生火灾时,需要远地电动打开排烟口并启动排烟风机,同时向报警中心发出已经动作的信号。

防火调节阀:共 8 个信号模块,空调机房安装 4 个,卫生间 3 个,D 轴、②、③轴线处一个。该建筑安装有中央空调,发生火灾时,应关闭空调的送风口,该送风口是由温度控制的,当温度超过 70 ℃时,其送风口调节阀的固定金属线熔断,自动关闭空调的送风口。并将关闭信号送向报警中心。

（7）电气箱控制信号

XXAC1 箱:为信号模块和控制模块的组合,安装在空调机房内,为中央空调层用新风机的电控箱,发生火灾时,需要远地控制关闭新风机,并将关闭信号送向报警中心。

10(14)ACJ 箱:为信号模块和控制模块的组合,共 9 组,分别标注为 10(14)ACJ1~10(14)ACJ9,在应急照明配电干线系统图中可以查到该配电箱,发生火灾时需要远地控制关闭一般电源,合上应急照明电源,并将信号送向报警中心。

断路器箱：只有控制模块，安装在强电井内，发生火灾时需要远地控制，断开一般电源的断路器（自动控制脱扣）。

电气消防系统图（二）和平面图（二）部分可自行分析。如果数据不能对应时，以平面图的数据为准。

在本套电气工程施工图中，我们获得了比较多的信息，但因为篇幅所限，只能有选择地介绍，这就难免存在信息的不完整性。另外，该工程图是按 GB 4728 绘制的，与 GB/T 4728 有部分区别，也存在部分的标注失误，为了尊重原著，本书未作更改，如果需要继续了解其详细内容，可以参看原著。原著为《建筑工程设计编制深度实例范本·建筑电气》（孙成群主编）。

复习思考题 7

1.填空题或选择填空题

（1）电话系统的常用电缆型号有（　　　　）和（　　　　）。常用电话线型号有（　　　　）和（　　　　）。

（2）电视系统应用的同轴电缆特性阻抗为（　　　　）Ω。（A.50，B.65，C.70，D.75）

（3）电视系统常用的同轴电缆型号有（　　　　）、（　　　　）和（　　　　）。

（4）在综合布线系统中，水平子系统对布线的距离有着较严格的距离限制，它的最大距离不超过（　　　　）m。（A.50，B.70，C.90，D.110）

（5）常用的光纤连接器是（　　　　）和（　　　　）。

（6）在综合布线系统中，常用的信息插座是（　　　　）插座。

（7）在综合布线系统中，铜缆的配线架连接方式有 2 种，（　　　　）方式和插座面板（RJ-45）连接方式。

（8）在走廊、门厅及公共活动场所的背景音乐、业务广播，宜选用（　　　　）W 的扬声器。（A.1~2 W，B.3~5 W，C.6~7 W，D.8~10 W）

2.简答题

（1）共用天线及有线电视系统中，分配器的作用是什么？其信号衰减量有什么特点？

（2）分支器的作用是什么？其接入损失、分支损失各指什么？两者有什么特点？在系统配线的末端使用什么损失的分支器（大或小）？

（3）有线电视系统为什么只用系统图就可以实现工程量的统计？

（4）防盗安保系统中的防盗报警器有哪几种？

（5）电视监控系统中的云台起什么作用？管线敷设有什么要求？

（6）访客对讲系统的单对讲系统由哪几部分组成？一般有哪几种功能的导线？

（7）广播音响系统按照面向区域分哪几种类型？

（8）广播音响系统的组成可以分成哪几个部分？

（9）综合布线系统的特点是什么？

（10）综合布线系统分成哪几个子系统？

（11）综合布线系统中的大对数铜缆是以多少对为基数进行增加的？

（12）主干子系统采用的线缆主要有哪几种？UTP，STP 各指什么？

附　录

附录表1　GB/T 4728《电气简图用图形符号》摘录（一）

1996—2000 年新版

（十二）建筑安装平面布置图			图形符号		名称及说明
1.发电站和变电所			规划（设计)的	运行的	
图形符号		名称及说明			太阳能发电站
规划（设计)的	运行的				风力发电站
		发电站			等离子体发电站 MHD（磁流体发电）
		热电站			变流所示出从直流变交流
		变电所、配电所			
		水力发电站	2.网　络		
		火力发电站,如: —煤 —褐煤 —油 —气			地下线路
		核能发电站			水下(海底)线路
		地热发电站			架空线路

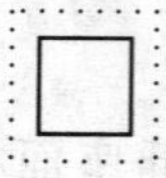

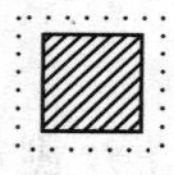

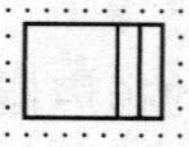

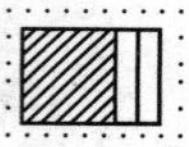

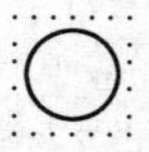

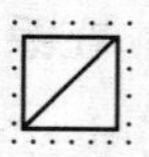

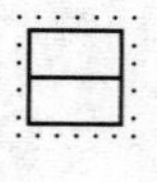

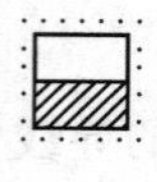

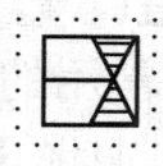

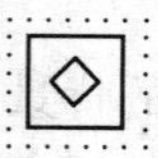

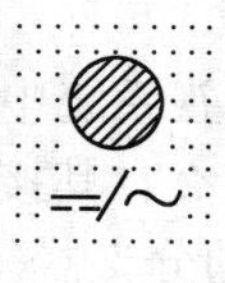

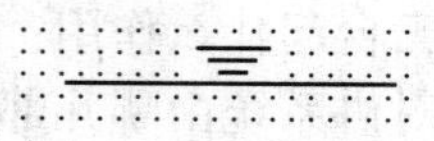

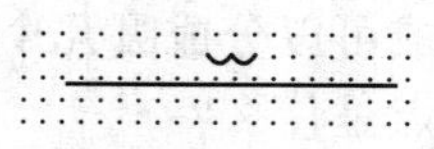

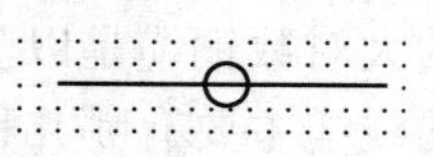

294

图形符号	名称及说明	图形符号	名称及说明
	管道线路 附加信息可标注在管道线路的上方,如管孔的数量 示例: 6孔管道的线路		防电缆蠕动装置 该符号应标在入口"蠕动"侧 示例: 示出防蠕动装置的入孔,该符号表示向左边的蠕动装置被制止
	过孔线路		保护阳极 阳极材料的类型可用其化学符号来加注 示例: 镁保护阳极
	具有埋入地下连接点的线路		
	具有充气或注油堵头的线路		3.音响和电视的分配系统
	具有充气或注油截止阀的线路		有天线引入的前端,示出一馈线支路 馈线支路可从圆的任何点上画出
	具有旁路的充气或注油堵头的线路		
	电信线路上交流供电		无本地天线引入的前端,示出一个输入和一个输出通路
	电信线路上直流供电		
	地上防风雨罩的一般符号,罩内的装置可用限定符号或代号 示例:放大点在防风雨罩内		桥式放大器,示出具有3个支路或激励输出 1.圆点表示较高电平的输出 2.支路或激励输出可从符号斜边任何方便角度引出
	交接点 输入和输出可根据需要画出		主干桥式放大器,示出3个馈线支路
	线路集中器 自动线路集中器。示出信号从左至右传输。左边较多线路集中为右边较少线路 示例:电线杆上的线路集中器		(支路或激励馈线)末端放大器,示出一个激励馈线输出
			具有反馈通道的放大器

续表

图形符号	名称及说明	图形符号	名称及说明
	两路分配器		保护线
	三路分配器 符号示出具有一路较高电平输出 同符号 11-06-01 的规定		保护线和中性线共用线
			示例： 具有中性线和保护线的三相配线
	方向耦合器		向上配线 若箭头指向图纸的上方,向上配线
	用户分支器,示出一路分支 1.圆内的线可用代号代替 2.若不产生混乱,代表用户馈线去路的线可省略		向下配线 若箭头指向图纸的下方,向下配线
			垂直通过配线
	系统出线端		盒(箱)一般符号
	环路系统出线端,串联出线端		连接盒、接线盒
	均衡器		用户端 供电输入设备,示出带配线
	可变均衡器		
	衰减器(平面图符号)也可用符号 10-16-01		配电中心,示出五路馈线
	线路电源器件(示出交流型)		(电源)插座,一般符号
		形式 1	
	供电阻塞,在配电馈线中表示	形式 2	(电源)多个插座,示出三个
	线路电源接入点		带保护接点(电源)插座
	4.建筑物电能分配系统		带护板的(电源)插座
	中性线		带单极开关的(电源)插座

图形符号	名称及说明	图形符号	名称及说明
	带联锁开关的(电源)插座		按钮
	具有隔离变压器的插座 示例: 电动剃刀用插座		带有指示灯的按钮
	电信插座的一般符号 根据有关的 IEC 或 ISO 标准,可用以下的文字或符号区别不同插座: 　　TP—电话 　　FX—传真 　　M—传声器 　◁—扬声器 　　FM—调频 　　TV—电视 　　TX—电传		防止无意操作的按钮(例如借助打碎玻璃罩等)
			限时设备 定时器
			定时开关
			钥匙开关 看守系统装置
	开关,一般符号		照明引出线位置,示出配线
	带指示灯的开关		在墙上的照明引出线,示出来自左边的配线
	单极限时开关		灯,一般符号
	双极开关		荧光灯,一般符号 发光体,一般符号 示例: 三管荧光灯 五管荧光灯
	多拉单极开关(如用于不同照度)		投光灯,一般符号
	两路单极开关		聚光灯
	中间开关等效电路图		泛光灯
	调光器		气体放电灯的辅助设备
			在专用电路上的事故照明灯
	单极拉线开关		自带电源的事故照明灯

续表

图形符号	名称及说明	图形符号	名称及说明
	热水器,示出引线		T形(三路连接)
	风扇,示出引线		十字形(四路连接)
	时钟 时间记录器		不相连接的两个系统的交叉,如在不同平面中的两个系统
	电锁		彼此独立的两个系统的交叉
	对讲电话机,如入户电话		在长度上可调整的直通段
	直通段一般符号		内部固定的直通段
	组合的直通段(示出由两节装配的段)		外壳膨胀单元 此单元可适应外壳或支架的机械运动
	末端盖		导线膨胀单元 此单元可适应导线的热膨胀
	弯头		外壳和导线的扩展单元,此单元可供外壳或支架和导线的机械运动和膨胀

GB/T 4728 取消的符号摘录(二)

符号	说明	符号	说明
	屏、盘、架一般符号 注:可用文字符号或型号表示设备名称		无绳式交换台
形式1 形式2	列架的一般符号 注:当同时存在单、双面列架时,用它表示单面列架		总配线架
	带机墩的机架及列架		中间配线架
	双面列架		走线架、电缆走道
	列柜		电缆槽道(架顶)
	人工交换台、班长台、中继台、测量台、业务台等一般符号	(明槽) (暗槽)	走线槽(地面)
			沿建筑物明敷设通信线路
			沿建筑物暗敷设通信线路
			电气排流电缆
	有绳式交换台		挂在钢索上的线路

符　号	说　明	符　号	说　明
– – – – – – – –	事故照明线	–∘–╱–·–╱–╱–∘	接地装置 (1)有接地极 (2)无接地极
—··—··—··—	50 V 及其以下电力及照明线路	–╱–╱–╱–╱–	
——————	控制及信号线路(电力及照明用)	⊖	电缆气闭套管
—{▭	用单线表示的多种线路	⊕	电缆气闭绝缘套管
≡}	用单线表示的多回路线路(或电缆管束)	⊘	电缆绝缘套管
		⊖	电缆平衡套管
～	母线一般符号 当需要区别交直流时: (1)交流母线 (2)直流母线	⊙	电缆直通套管
===		∅	电缆交叉套管
—•—	装在支柱上的封闭式母线	–∞←	电缆分支套管
—│—	装在吊钩上的封闭式母线	Ⓛ	电缆加感套管
—·—·—	滑触线	✳	电缆结合型接头套管
○ A—B 　 C	电杆的一般符号(单杆、中间杆) 注:可加注文字符号表示: 　A—杆材或所属部门 　B—杆长 　C—杆号	⚬	电缆监测套管
		⟲	电缆气压报警信号器套管
▭	电缆穿管保护 注:可加注文字符号表示其规格数量	▭▭	手孔的一般符号
⊓	电缆上方敷设防雷排流线	⌂	电信电缆转接房
⌂	电缆旁设置防雷消弧线	╱ a ╱	电力电缆与其他设施交叉点 a—交叉点编号 (1)电缆无保护 (2)电缆有保护
⌒	电缆预留	▬ a	
∿	电信电缆的蛇形敷设	▭	屏、台、箱、柜一般符号
∕∘	电缆充气点	▬	动力或动力-照明配电箱 注:需要时符号内可标示电流种类符号
⌒	母线伸缩接头	⊗	信号板、信号箱(屏)
◇	电缆中间接线盒	■	照明配电箱(屏) 注:需要时允许涂红
◇	电缆分支接线盒	⊠	事故照明配电箱(屏)
		◢	多种电源配电箱(屏)

续表

符　号	说　明	符　号	说　明
	直流配电盘(屏) 注:若不混淆,直流符号可 用符号 02- 02- 01		单相插座
	交流配电盘(屏)		暗装
	起动器一般符号		密闭(防水)
	阀的一般符号		防爆
	电磁阀		暗装
	电动阀		密闭(防水)
	电磁分离器		防爆
	电磁制动器		带接地插孔的三相插座
	按钮盒 (1)一般或保护型按钮盒 　示出一个按钮 　示出两个按钮 (2)密闭型按钮盒 (3)防爆型按钮盒		暗装
	电阻加热装置		带接地插孔的三相插座密 闭(防水) 防爆
	电弧炉		
	感应加热炉		插座箱(板)
	电解槽或电镀槽		带熔断器的插座
	直流电焊机		单极开关
	交流电焊机		暗装
	探伤设备一般符号 注:星号"＊"必须用不同的 　字母代替,以表示不同 　的探伤设备 X—X 射线探伤 γ—γ 射线探伤 S—超声波探伤 M—磁力探伤		密闭(防水)
			防爆

符　号	说　明	符　号	说　明
	暗装		防水防尘灯
	密封（防水）		球形灯
	防爆		
	三极开关		局部照明灯
	暗装		矿山灯
	密闭（防水）		
	防爆		安全灯
	单极双控拉线开关		隔爆灯
	防爆荧光灯		天棚灯
	警卫信号探测器		花　灯
	警卫信号区域报警器		弯　灯
	警卫信号总报警器		壁　灯
	广照型灯（配照型灯）		深照型灯

附录表 2　项目种类的字母代码表与常用基本文字符号

设备、装置和元器件种类	举例		基本文字符号		IEC
	中文名称	英文名称	单字母	双字母	
组件部件	分离元件放大器	Amplifier using discrete components	A		=
	激光器	Laser			
	调节器	Regulator			
	本表其他地方未提及的组件、部件				
	电桥	Bridge		AB	
	晶体管放大器	Transistor amplifier		AD	=
	集成电路放大器	Integrated circuit amplifier		AJ	=
	磁放大器	Magnetic amplifier		AM	=
	电子管放大器	Valve amplifier		AV	=
	印制电路板	Printed circuit board		AP	=
	抽屉柜	Drawer		AT	=
	支架盘	Rack		AR	
	电流调节器		ACR		
	频率调节器		AFR		
	磁通调节器		AMR		
	速度调节器		ASR		
	电压调节器		AUR		
	励磁电流调节器		AMCR		
非电量到电量变换器或电量到非电量变换器	热电传感器	Thermoelectric sensor	B		=
	热电池	Thermo-cell			
	光电池	Photoelectric cell			
	测功计	Dynamometer			
	晶体换能器	Crystal transducer			
	送话器	Microphone			
	拾音器	Pick up			
	扬声器	Loudspeaker			
	耳机	Earphone			
	自整角机	Synchro			
	旋转变压器	Resolver			
	模拟和多级数字变换器或传感器（用作指示和测量）	Analogue and multiple-step digital transducers or sensors(as used indicating or measuring purposes)			

续表

设备、装置和元器件种类	举 例		基本文字符号		IEC
	中文名称	英文名称	单字母	双字母	
非电量到电量变换器或电量到非电量变换器	电流变换器		B	BC	
	压力变换器	Pressure transducer		BP	=
	磁通变换器			BM	
	光电耦合器			BO	
	位置变换器	Position transducer		BQ	=
	旋转变换器（测速发电机）	Rotation transducer（tachogenerator）		BR	=
	温度变换器	Temperature transducer		BT	=
	速度变换器	Velocity transducer		BV	
	触发器		BPF		=
	电压-频率变换器		BUF		
					=
电容器	电容器	Capacitor	C		
二进制元件延迟器件存储器件	数字集成电路和器件：延迟线双稳态元件单稳态元件磁芯存储器寄存器磁带记录机盘式记录机	Digital integrated circuits and devices：Delay line Bistable element Monostable element Core storage Register Magnetic tape recorder Disk recorder	D		=
其他元器件	本表其他地方未规定的器件		E		=
	发热器件	Heating device		EH	=
	照明灯	Lamp for lighting		EL	=
	空气调节器	Ventilator		EV	=

续表

设备、装置和元器件种类	举 例		基本文字符号		IEC
	中文名称	英文名称	单字母	双字母	
保护器件	过电压放电器件 避雷器	Over voltage discharge device Arrester	F		=
	具有瞬时动作的限流保护器件	Current threshold protective device with instantaneous action		FA	=
	具有延时动作的限流保护器件 热保护器	Current threshold protetive device with time-lag action		FR	=
	具有延时和瞬时动作的限流保护器件	Current threshold protective device with instantaneous and time-lag action		FS	=
	熔断器	Fuse		FU	=
	快速熔断器			FF	
	限压保护器件	Voltage threshold protective device		FV	=
发生器 发电机 电源	旋转发电机 振荡器	Rotating generator Oscillator	G		=
	发生器	Generator		GS	=
	同步发电机	Synchronous generator			
	异步发电机	Asynchronous generator		GA	
	给定积分器			GI	
	蓄电池	Battery		GB	=
	函数发生器 旋转式或固定式 变频机	Rotating or static frequency converter		GF	=
	绝对值发生器			GAB	
	压频(变换)器			GVF	
信号器件	电铃	Electrical bell	H	HE	
	声响指示器	Acoustical indicator		HA	=
	光指示器	Optical indicator		HL	=
	指示灯	Indicator lamp		HL	=

设备、装置和元器件种类	举　例		基本文字符号		IEC
	中文名称	英文名称	单字母	双字母	
继电器接触器	电流继电器	Current relay	K	KC	=
	瞬时接触继电器	Instantaneous contactor relay		KA	=
	瞬　时有或无继电器	Instantaneous all or nothing relay		KA	=
	交流继电器	Alternating relay		KA	=
	闭锁接触继电器（机械闭锁或永磁铁式有或无继电器）	Latching contactor relay（all-or-nothing relay with mechanical latch or permanent magnet）		KL	=
	双稳态继电器	Bistable relay		KL	=
	接触器	Contactor		KM	=
	极化继电器	Polarized relay		KP	=
	簧片继电器	Reed relay		KR	=
	延时有或无继电器	Time-delay all-or-nothing relay		KT	=
	逆流继电器	Reverse current relay		KR	=
电感器电抗器	感应线圈线路陷波器电抗器（并联和串联）	Induction coil Line trap Reactors（shunt and series）	L		=
	桥臂电抗器			LA	
	平衡电抗器			LB	
	平波电抗器			LF	
	进线电抗器			LL	
	饱合电抗器			LS	
电动机	电动机	Motor	M		=
	异步电动机			MA	
	同步电动机	Synchronous motor		MS	
	可做发电机或电动机用的电机	Machine capable of use as a generator or motor		MG	
	力矩电动机	Torque motor		MT	

续表

设备、装置和元器件种类	举　例		基本文字符号		IEC
	中文名称	英文名称	单字母	双字母	
模拟元件	运算放大器 混合模拟/数字器件	Operational amplifier Hybrid analogue/digital device	N		=
测量设备 试验设备	指示器件 记录器件 积算测量器件 信号发生器	Indicating devices Recording devices Integrating measuring devices Signal generator	P		=
	电流表	Ammeter		PA	=
	（脉冲）计数器	（Pulse）Counter		PC	=
	电度表	Watt hour meter		PJ	=
	记录仪器	Recording instrument		PS	=
	时钟、操作时间表	Clock，Operating time meter		PT	=
	电压表	Voltmeter		PV	
	电动、制动检测环节			PET	=
	环形计数器			PRC	
电力电路 的开关器件	负荷开关	Load Switch		QL	=
	断路器　快速开关	Circuit-breaker	Q	QF	=
	电动机保护开关 自动开关	Motor protection switch		QM	=
	隔离开关	Disconnector（isolator）		QS	=
电阻器	电阻器	Resistor	R		=
	变阻器	Rheostat			
	电位器	Potentiometer		RP	=
	测量分路表	Measuring shunt		RS	=
	热敏电阻器	Resistor with inherent variability dependent on the temperature		RT	=
	压敏电阻器	Resistor with inherent variability dependent on the voltage		RV	=

续表

设备、装置和元器件种类	举 例		基本文字符号		IEC
	中文名称	英文名称	单字母	双字母	
控制、记忆、信号电路的开关器件选择器	拨号接触器 连接级	Dial contact Connecting stage	S		=
	控制开关	Control switch		SA	=
	选择开关、转换开关	Selector switch		SA	=
	按钮开关	Push-button		SB	=
	机电式有或无传感器（单级数字传感器）	All-or-nothing sensors of mechanical and electronic nature（one-step digital sensors）			
	行程开关 液体标高传感器 极限开关	Liquid level sensor		SL	=
	主令开关			SM	=
	压力传感器	Pressure sensor		SP	
	位置传感器（包括接近传感器）	Position sensor（including proximity-sensor）		SQ	=
	转数传感器	Rotation sensor		SR	=
	温度传感器	Temperature sensor		ST	=
变压器	局部照明用变压器	Transformer for local lighting	T	TL	=
	电流互感器	Current transformer		TA	=
	控制电路电源用变压器	Transformer for control circuit supply		TC	=
	逆变变压器			TI	
	电力变压器	Power transformer		TM	=
	脉冲变压器			TP	
	整流变压器			TR	
	磁稳压器 同步变压器	Magmetic stabilizer		TS	=
	电压互感器	Voltage transformer		TV	=

续表

设备、装置和元器件种类	举 例		基本文字符号		IEC
	中文名称	英文名称	单字母	双字母	
调制器变换器	鉴频器	Disoriminator	U		=
	解调器	Demodulator		UD	
	变频器	Frequency changer		UF	
	编码器	Coder			
	变流器	Converter		UI	
	逆变器	Inverter		UR	
	整流器	Rectifier		UT	
	电板译码器	Telegraph translator			
电子管晶体管	气体放电管 二极管 晶体管 晶闸管 单结晶管	Can-discharge tube Diode Transistor Thyristor	V	VD VT	=
	电子管	Electronic tube		VE	
	控制电路用电源的整流器	Rectifier for control circuit supply		VC	=
	稳压管			VS	
	可关断晶闸管		VTO		
传输通道波导天线	导线 电缆 母线 波导 波导定向耦合器 偶极天线 抛物天线	Conductor Cable Busbar Waveguide Waveguide directional couper Dipole Parbolic aerial	W		=
端子插头插座	连接插头和插座 接线柱 电缆封端和接头 焊接端子板	Connecting plug and socket Clip Cable sealing end and joint Soldering terminal strip	X		=
	连接片	Link		XB	=
	测试插孔	Test jack		XJ	=
	插头	Plug		XP	=
	插座	Socket		XS	=
	端子板	Terminal board		XT	=

设备、装置和元器件种类	举 例		基本文字符号		IEC
	中文名称	英文名称	单字母	双字母	
电气操作的机械器件	气阀	Pneumatic valve	Y		=
	电磁铁	Electromagnet		YA	=
	电磁制动器	Electromagnetically operated brake		YB	=
	电磁离合器	Electromagnetically operated clutch		YC	=
	电磁吸盘	Magnetic chuck		YH	=
	电动阀	Motor operated valve		YM	
	电磁阀	Electromagnetically operated valve		YV	=
终端设备 混合变压器 滤波器 均衡器 限幅器	电缆平衡网络	Cable balancing network	Z		=
	压缩扩展器	Compandor			
	晶体滤波器	Crystal filter			
	网络	Network			

注:凡文字符号与 IEC 相一致即标示"="。

附录表 3　导线允许载流量表

（1）BV-450/750 V 导线明敷及穿管载流量（A）D_D=70 ℃

敷设方式	线芯截面/mm²	环境温度/℃ 25	30	35	40	每管二线 管径1 SC	MT	PC	管径2 SC	MT	PC	每管三线 管径1 SC	MT	PC	管径2 SC	MT	PC	明敷环境温度/℃ 25	30	35	40
BV	1.0					15	16	16	15	16	16	15	16	16	15	16	16				
	1.5	19	18	17	16	15	16	16	15	16	16	15	16	16	15	16	16	17	16	15	14
	2.5	25	24	23	21	15	16	16	15	16	16	15	16	16	15	16	16	22	21	20	18
	4	34	32	30	28	15	19	16	15	16	16	15	19	20	15	19	20	30	28	26	24
	6	43	41	39	36	20	25	20	15	16	20	20	25	20	20	19	20	38	36	34	31
	10	60	57	54	50	20	25	25	20	25	25	25	32	25	20	32	32	53	50	47	44
	16	81	76	71	66	25	32	25	20	25	25	25	32	32	25	32	32	72	68	64	59
	25	107	101	95	88	32	38	32	25	32	32	32	38	40	25	40	40	94	89	84	77
	35	133	125	118	109	32	38	40	32	38	40	32	(51)	40	32	51	50	117	110	103	96
	50	160	151	142	131	40	(51)	50	40	51	50	40	(51)	50	40	51	50	142	134	126	117
	70	204	192	180	167	50	(51)	50	50	51	50	50	(51)	63	50		63	181	171	161	149
	95	246	232	218	202	50	(51)	63	50	(51)	63	50		63	70	63		219	207	195	180
	120	285	269	253	234	65		63	70		63	65			70			253	239	225	208
	150	(325)	306	288	(266)	65		63	70		(63)	80			80			(293)	276	259	(140)
	185	(374)	353	331	(307)	65			80			100			100			(331)	313	294	(272)

注：
1. 表中：SC 为低压流体输送焊接钢管，表中管径为内径；MT 为黑色薄钢电线管，表中管径为外径；PC 为硬塑料管，表中管径为外径；D_D 为导电线芯最高允许工作温度。
2. 管径1 根据《电气装置工程 1 000 V 及以下配电工程施工及验收规范》GB 50258—96，按导线总截面×保护套内孔面积的 40%计。管径2 根据东北地区推荐标准：≤6 mm² 导线，按导线总面积×保护套内孔面积的 33%计；10~50 mm² 导线，按导线总面积×保护套内孔面积的 22%计。无论管径1 或管径2 都按导线总面积×保护套内孔面积的 27.5%计；≥70 mm² 导线，按导线总面积×保护套内孔面积的 22%计。
3. 保护管 1 或管径 2 都规定走直管≤30 m，一个弯≤15 m，三个弯≤8 m，超长应包线盒或放大一级管径。
4. 每管五线中，四线为载流导体，故载流量数据同每管四线。

(2)BV-450/750V 导线明敷及穿管载流量(A)$D_D = 70$ ℃

敷设方式		每管四线靠墙										每管五线靠墙									
线芯截面		环境温度/℃				管径 1			管径 2			管径 1			管径 2			明敷环境温度/℃			
/mm²		25	30	35	40	SC	MT	PC	SC	MT	PC	SC	MT	PC	SC	MT	PC	25	30	35	40
BV	1.0					15	16	16	15	16	16	15	16	16	15	16	16				
	1.5	15	14	13	12	15	16	16	15	16	16	15	19	20	15	20	20	25	24	23	21
	2.5	20	19	18	17	15	19	20	15	20	20	15	19	20	15	20	20	34	32	30	28
	4	27	25	24	22	20	25	20	15	20	20	20	25	25	20	25	25	45	42	40	37
	6	34	32	30	28	20	25	25	20	25	25	20	25	25	20	25	25	53	55	52	48
	10	48	45	42	39	25	32	32	25	32	32	32	38	32	32	40	40	80	75	71	65
	16	65	61	75	53	32	38	32	32	38	40	32	38	32	32	40	40	111	105	99	91
	25	85	80	75	70	32	(51)	40	40	51	50	40	51	40	50	51	50	155	146	137	127
	35	105	99	93	86	50	(51)	50	50	51	50	50	(51)	50	50	(51)	63	192	181	170	157
	50	128	121	114	105	50	(51)	63	50	(51)	63	50		63	70		63	232	219	206	191
	70	163	154	145	134	65		63	70			65			80			298	281	264	244
	95	197	186	175	162	65		63	80			80			100			361	341	321	297
	120	228	215	202	187	65			100			80			100			420	396	372	345
	150	(261	246	232	215)	80			100			100			100			483	456	429	397
	185	(296	279	262	243)	100			100			100			125			552	521	490	453
	240																	652	615	578	535
	300																	752	709	666	617
	400																	903	852	801	741
	500																	1 041	982	923	854
	630																	1 206	1 138	1 070	990

注:表中 SC 为低压流体输送焊接钢管,表中管径为内径;MT 为黑铁电线管,表中管径为外径;PC 为硬塑料管,表中管径为外径。D_D为导电线芯最高允许工作温度。

参考文献

[1] 国家标准局.电气制图及图形符号国家标准汇编[M].北京:中国标准出版社,1989.

[2] 国家技术监督局,等.电气装置安装工程施工及验收规范[M].北京:中国计划出版社,2006.

[3] 国家技术监督局,建设部.建筑物防雷设计规范[M].北京:中国计划出版社,2000.

[4] 王明昌.建筑电工学[M].重庆:重庆大学出版社,2000.

[5] 赵宏家.建筑电气控制[M].重庆:重庆大学出版社,2002.

[6] 杨光臣.建筑电气工程图识读与绘制[M].北京:中国建筑工业出版社,2001.

[7] 杨光臣.建筑电气工程识图、工艺、预算[M].北京:中国建筑工业出版社,2001.

[8] 李东明.建筑弱电工程安装调试手册[M].北京:中国物价出版社,1993.

[9] 马志溪.电气工程设计[M].北京:中国机械工业出版社,2002.

[10] 吕光大.建筑电气安装工程图集[M].北京:中国电力出版社,1994.

[11] 孙成群.建筑工程设计编制深度实例范本 建筑电气[M].北京:中国建筑工业出版社,2004.

[12] 瞿义勇.民用建筑电气设计规范[M].北京:机械工业出版社,2010.

[13] 程大章.智能建筑工程设计与实施[M].上海:同济大学出版社,2001.

[14] 陆华文.建筑电气识图教材[M].上海:上海科技出版社,1997.

[15] 刘宝林.简明建筑电气设计手册[M].北京:中国建筑工业出版社,1990.

[16] 徐志强.建筑电气设计技术[M].广州:华南理工大学出版社,1994.

[17] 胡乃定.民用建筑电气技术与设计[M].北京:清华大学出版社,1993.

[18] 重庆市建设委员会.全国统一安装工程预算定额[M].重庆:重庆出版社,2008.

[19] 建筑电气设计手册编写组.建筑电气设计手册[M].北京:中国建筑工业出版社,1991.

[20] 杨光臣.建筑电气工程施工[M].2版.重庆:重庆大学出版社,2001.

[21] 刘国林.综合布线系统工程设计[M].北京:电子工业出版社,1998.

[22] 刘介才.工厂供用电手册[M].北京:中国电力出版社,2001.

[23] 孙建民.电气照明技术[M].北京:中国建筑工业出版社,1998.

[24] 柳涌.建筑安装工程施工图集 3 电气工程[M].北京:中国建筑工业出版社,2002.

[25] 刘劲辉.建筑电气分项工程施工工艺标准手册[M].北京:中国建筑工业出版社,2003.

[26] 中国建筑标准设计研究所.建筑电气工程设计常用图形和文字符号[M].北京:中国建筑工业出版社,2001.

[27] 王亚星.怎样读新标准实用电气线路图[M].北京:中国水利水电出版社,2002.